分析化学の学び方

澁谷康彦・森内隆代・藤森啓一　共著

三共出版

まえがき

　ここ数年，隣国からの大気汚染物質の一種で大きさがおおむね 2.5 μm 以下の微小粒子状物質（略称：PM2.5）が季節風にのってわが国に到達している。当事国の大気汚染状況は改善されるどころか悪化の一途をたどっているようである。影響を受けるわが国では，環境省の検討委員会において 1 日の平均濃度が，これまでの基準値の 2 倍に当たる 70 μg/m^3 を超えると予測される場合は，健康に影響を及ぼす可能性が高くなるとし，外出を控えるよう呼びかけることが決められた。

　1970 年頃，高度経済成長期にあったわが国も同様であった。大気汚染，水質汚濁，土壌汚染，悪臭，振動，騒音，地盤沈下のいわゆる典型 7 公害が全国各地で起こっていた。前 4 者は有害化学物質によるものであり，化学といえば「臭い・汚い・危険」の 3K であると諸悪の根源のようにいわれた。しかしながら，最近，化学が発達しなければ，衣食住を支える様々な材料から化粧品や嗜好品に至るまでの物質が存在せず，環境も改善できないことが理解されるようになった。すなわち，我々の日常生活を未来に向けて持続的に発展させるためには，化学技術が不可欠であることが，ようやく世界中で認識されるようになった。具体的には，2008 年の国連総会で「2011 年は国際化学年」と決議され，化学によって生み出された技術と学問的成果を祝福し，その知識への貢献と環境保護および経済発展への貢献を祝福することになった。当然，化学技術者・研究者の果たすべき役割と責任も益々増大する。

　その反面，昨今のわが国では人的不安が増大しつつある。ゆとり教育で育った若者の勉学意欲ならびに問題解決能力の低下が進み，2012 年 8 月 28 日の中央教員審議会では「生涯学び続け，主体的に考える力を育成する大学」の答申が出されている。合わせて Problem Based Learning: PBL と称し，学生が小グループを形成する問題解決型授業が各大学で実施されている。いずれもゆとり世代の弱点をカバーするための方策である。これらの取組によってある程度は改善されるであろうが，日進月歩で進歩する化学技術に即応できるとは到底思えない。2015 年度入学生からはゆとり脱却とのことであるが，高等学校において学ぶべき内容が急激に増すことになり，これまで以上に暗記を中心とした詰め込み教育にならないかと案じられる。

筆者が育った時代の学部教育は，今から思えば不親切であった。教授陣は「勉強は自分でするもので，人から教えられて実力はつかない」，「計算問題を探して解きなさい」，「分からないことは自分で調べよ。それを勉強という」との考えであった。お陰で実力がついたように思う。このようなことから，自ら学ばねばとする考えは非常に大切であるので，本書を作成するにあたり，問題解決能力を養うためには，どの問題点がクリアできればよいかを念頭においた。まず，各章の始めに到達目標を記すとともに，項目ごとに難しいと感じる場合に参考となる図書，科目を示した。

また，各章末に「練習問題」，「課題」，「宿題」を配した。練習問題および課題は復習すべき内容，宿題は次の章に進む前に予習すべき内容である。練習問題の解答については，できる限り懇切丁寧に説明することを心がけて，問題の解き方を覚える必要がないことを示した。このほか，学年進行にともなって化学的な英単語に触れる機会も増し，卒業研究を行う頃には，英語の論文を多数読むことになる。そこで，低学年から少しでも専門用語に慣れるためにも基礎的な語句には英語を併記した。英語が併記されている単語については，化学を学ぶ上での大切なキーワードであると考えてほしい。さらに，本文中のゴチックは，その語句が示す具体的な内容を理解しておく必要性を示すもので，当該語句の理解が曖昧であれば，「理化学事典」や「化学大事典」等で調べ，整理することを望む。

終わりに，本書の企画と編集にあたられた三共出版株式会社岡部勝氏に深謝の意を表します。

平成 26 年 10 月 1 日

筆者を代表して　澁谷　康彦

化学のバイブルともいえる辞典で化合物の名称の付け方，既知物質の物理化学的性質や分析方法を調べることができる。
・日本化学会編，「化学便覧　基礎編」，丸善出版
・日本分析化学会編「分析化学便覧」，丸善出版
・日本分析化学会編，「分離分析化学事典」，朝倉書店
・分析化学事典編集委員会，「分析化学事典」，共立出版

以下は実験に関する情報が簡潔に集約されており便利である。
・日本化学会編「実験化学ガイドブック」，丸善出版
・日本分析化学会編，「分析化学データブック」，丸善出版

目　次

序　論

分析化学の役割 …………………………………………… 1
分析化学の分類と目的 …………………………………… 3
課　題 ……………………………………………………… 5
宿　題 ……………………………………………………… 6

1章　化学反応の種類

1-1　化合物の名称と化学反応式の書き方 ……………… 7
　1-1-1　化合物の名称と組成式 ………………………… 7
　1-1-2　化学反応の種類と反応式の書き方 …………… 9
1-2　溶液の濃度 …………………………………………… 14
　1-2-1　原子量，分子量，式量，モル質量，物質量 ………… 14
　1-2-2　濃度の表し方 …………………………………… 15
　1-2-3　各種濃度の計算例 ……………………………… 19
1-3　活量，イオン強度，活量係数とギブズの自由エネルギー … 21
　1-3-1　活量，活量係数とイオン強度 ………………… 21
　1-3-2　活量の計算例 …………………………………… 23
　1-3-3　ギブズの自由エネルギーと化学ポテンシャル ……… 24
練習問題 …………………………………………………… 26
課　題 ……………………………………………………… 29
宿　題 ……………………………………………………… 29

2章　質量作用の法則と化学平衡

2-1　化学方程式 …………………………………………… 30
　2-1-1　物質収支，電荷均衡，プロトン均衡 ………… 30
2-2　化学反応と化学平衡 ………………………………… 32
　2-2-1　反応速度 ………………………………………… 32
　2-2-2　質量作用の法則と化学平衡 …………………… 32
　2-2-3　ル・シャトリエの原理 ………………………… 36
　2-2-4　平衡定数の応用例 ……………………………… 38
練習問題 …………………………………………………… 42
課　題 ……………………………………………………… 43

宿　題 ………………………………………………………………… 44

3章　酸塩基平衡および酸塩基滴定

　3-1　水の電離，水素イオン濃度と水素イオン指数（pH） ……… 45
　3-2　酸と塩基 …………………………………………………………… 48
　　3-2-1　酸・塩基・塩の種類と名称 ………………………………… 49
　3-3　強酸と強塩基の水溶液 …………………………………………… 49
　3-4　弱酸と弱塩基の水溶液 …………………………………………… 51
　　3-4-1　一塩基酸および一酸塩基の水素イオン濃度と pH ……… 53
　　3-4-2　共役酸塩基対と緩衝溶液 …………………………………… 55
　　3-4-3　多価の弱酸および弱塩基の解離平衡 ……………………… 57
　　3-4-4　溶液中に存在する化学種 …………………………………… 58
　3-5　緩衝容量 …………………………………………………………… 60
　3-6　混合溶液 …………………………………………………………… 61
　3-7　酸塩基滴定（中和滴定） ………………………………………… 62
　　3-7-1　滴定曲線 ……………………………………………………… 63
　　3-7-2　二塩基酸の塩の水溶液の pH ……………………………… 66
　　3-7-3　当量点の指示法 ……………………………………………… 69
　　3-7-4　滴定誤差 ……………………………………………………… 70
　　3-7-5　酸塩基滴定の実際 …………………………………………… 70
　練習問題 ………………………………………………………………… 71
　課　題 …………………………………………………………………… 73
　宿　題 …………………………………………………………………… 73

4章　沈殿平衡および沈殿滴定

　4-1　溶解度と溶解度積 ………………………………………………… 74
　　4-1-1　溶　解　度 …………………………………………………… 74
　　4-1-2　モル溶解度と溶解度積 ……………………………………… 75
　　4-1-3　溶解度積，共通イオン効果と塩効果 ……………………… 75
　4-2　定量的沈殿と分別沈殿ならびに酸塩基平衡との競合 ……… 80
　　4-2-1　分別沈殿 ……………………………………………………… 80
　　4-2-2　酸塩基平衡との競合 ………………………………………… 81
　　4-2-3　陽イオンの定性分析への応用 ……………………………… 82
　4-3　沈殿滴定への応用 ………………………………………………… 83
　　4-3-1　滴定曲線 ……………………………………………………… 83
　　4-3-2　当量点の指示法 ……………………………………………… 84
　　4-3-3　沈殿滴定の実際 ……………………………………………… 84

4-4	重量分析への応用	87
	4-4-1　沈殿法の実際	88
	4-4-2　沈殿の生成	89
	4-4-3　沈殿の汚染	90
	4-4-4　重量分析に関する計算法	91
練習問題		92
課　題		94
宿　題		95

5章　錯生成平衡と錯滴定-キレート滴定

5-1	錯体および錯イオン	96
	5-1-1　配位子の種類とキレート効果	97
	5-1-2　錯体の化学式と名称	98
	5-1-3　錯体の異性体	100
5-2	錯生成平衡	101
	5-2-1　逐次生成定数と全生成定数	101
	5-2-2　錯体の安定性におよぼす因子	104
5-3	錯生成平衡とほかの平衡	107
	5-3-1　錯生成平衡と沈殿生成平衡	107
	5-3-2　錯生成平衡におよぼす pH の影響	108
5-4	錯滴定と EDTA によるキレート滴定	108
	5-4-1　EDTA の特徴	109
	5-4-2　金属-EDTA キレートの生成定数と EDTA の解離定数	110
	5-4-3　金属-EDTA キレートの条件生成定数	111
5-5	金属指示薬	114
5-6	EDTA によるキレート滴定の実際	114
練習問題		117
課　題		119
宿　題		120

6章　溶媒抽出法

6-1	分離と精製について	121
	6-1-1　物質の溶解度に影響をおよぼす因子	121
6-2	溶媒抽出	123
	6-2-1　溶媒抽出に用いられる有機溶媒	124
6-3	抽出剤としてのキレート試薬	126
6-4	溶媒抽出の基礎理論	127

	6-4-1 分配平衡と分配則	127
	6-4-2 抽出百分率	127
	6-4-3 効率的な抽出	128
	6-4-4 キレート試薬を含む有機溶媒による金属イオンの抽出	129
	6-4-5 金属イオンの分離とマスキング剤の利用	132
	6-4-6 協同効果	133
6-5	溶媒抽出の実際	134
練習問題		135
課　題		137
宿　題		138

7章　酸化還元平衡および酸化還元滴定

7-1	酸化還元平衡と電極電位	139
	7-1-1 電極電位とネルンストの式	139
7-2	電極電位におよぼす種々の影響	143
	7-2-1 金属を金属イオンの溶液に浸した場合	143
	7-2-2 半反応に水素イオンが関与する場合	143
	7-2-3 沈殿生成や錯生成反応が関与する場合	144
7-3	酸化還元反応の平衡定数と平衡時の電位	146
	7-3-1 （1：1）反応の場合	146
	7-3-2 （$m:n$）反応の場合	148
7-4	酸化還元滴定法	150
	7-4-1 滴定曲線	150
	7-4-2 酸化還元指示薬	151
	7-4-3 酸化還元滴定の実際	152
練習問題		156
課　題		160
宿　題		160

付録 A-1	指数と対数の計算	161
付録 A-2	二次方程式	162
付録 A-3	有効数字	162
付録 A-4	測定結果の整理と記載	163
付録 B-1	測定結果の処理について	164
	B-1-1 正確さと精度	164
	B-1-2 系統誤差と偶然誤差	165

B-1-3　測定値の精度 ·····································166
　　　B-1-4　平均値の精度 ·····································167
　　　B-1-5　測定値の棄却 ·····································167

練習問題解答 ···168
索　　引 ···189

序　論

分析化学の役割

　分析化学（analytical chemistry）は，物質の構成成分を定性的，定量的に追求するとともに，その物質および構成成分の物理的，化学的性質の解明とそのための手段を追求する学問である。現代化学の発展は，分析化学の貢献によってもたらされたといって過言ではない。その根本は，質量保存の法則の確立であり，重量分析法や容量分析法を駆使することによって様々な化学反応が定量的に取り扱われ，化学平衡論により経験則から物理化学的の理論へと展開されてきたことによる。例えば，分析対象物が無機化合物であれば，得られた情報は無機化学・錯体化学に集約され，有機化合物の場合であれば有機化学・有機反応論・高分子化学に寄与することとなる。このようにして蓄積された新事実が，各分野をはじめ分析化学にフィードバックされ，新たな分析技術の発展にとどまらず，新素材の開発や機能性分子の創成へと繋がっている。

　本講義では，その発展の過程をたどりながら，定性・定量・状態分析の考え方を学ぼうとするものである。大学における勉学とは，自学自習による修得が狙いであり，その原動力は知的好奇心に基づく。幼い頃に，身の回りの生活用品から自然現象に至まで様々な事柄に対して抱いた「なぜ，なぜ」がそれであり，これまで色々と経験を積んだ諸君であっても，常にフレッシュな気持ちをもち続け，何事にも疑問を抱ける新鮮な視野と思考力をもってほしい。

　そうすることで，化学の各分野で遭遇する疑問を見つけ出し，それを解決するために種々の書物に接し，その疑問を払拭できたとき，1つの成長といえる。それが勉学である。その目標を概念的に理解する前に，身近な具体例を紹介しよう。

例　題

　4種類の銅二価の化合物 A，B および I，II がある。

　化合物 A は青色，化合物 B は緑色でいずれも結晶水を持つ。これら2つの化合物を加熱して結晶水を取り去ると，白色の化合物 I と褐黄色の化合物 II の無水物が得られる。それぞれが何か，化合物名を答えよ。

解　答

A：硫酸銅（II）五水和物，I：硫酸銅（II），B：塩化銅（II）二水和物，II：塩化銅（II）

青色の硫酸銅（Ⅱ）五水和物を加熱脱水すると白色の硫酸銅（Ⅱ）になることは，高校の化学で学ぶ。一方，塩化銅（Ⅱ）については高校の化学には記載されていないが，これら化合物について様々な疑問がわくであろう。

疑問1）　硫酸銅（Ⅱ）五水和物は青色で，塩化銅（Ⅱ）二水和物は緑色と色が違う原因は何か。結晶水の違い？陰イオンの違い？

疑問2）　AとBで結晶水の数が違うのはなぜ？

疑問3）　硫酸銅（Ⅱ）五水和物を加熱脱水すると白色の硫酸銅（Ⅱ）になるのに，塩化銅（Ⅱ）二水和物を加熱脱水しても白色にならないのはなぜ？

疑問4）　白色の硫酸銅（Ⅱ）に水を加えると青色になる。さらに水に溶かすと淡青色溶液になる。同じように，塩化銅（Ⅱ）を水溶液にすると淡緑色溶液になる？

分析化学の役割の1つは，それらを明らかにすることにある。

硫酸銅（Ⅱ）五水和物が青く見えるのは，銅（Ⅱ）イオンに4分子の水が配位結合（coordination bond）して［$Cu(H_2O)_4$］$^{2+}$が生成するためである（より詳細な理由は，d-d遷移吸収帯を調べると良い）。残りの1分子の水は硫酸イオンに結合している。これを加熱すると銅（Ⅱ）イオンに結合している4分子の配位水が 1) 2分子ずつ2段階に解離し，最終的に硫酸イオンに結合した水が解離し，無色[*1]となる。この説明に対し，新たな疑問として，同じ水分子が配位結合しているのに，結合力が等価でなく2分子ごとに異なる？が思いうかぶであろう。塩化銅（Ⅱ）二水和物の場合は，銅（Ⅱ）イオンに2分子の水と2つの塩化物イオンが配位結合している。2) 塩化銅（Ⅱ）二水和物を加熱すると2分子の水が解離するが，塩化物イオンは蒸発しにくく銅イオンに結合（多核化する）した状態なので無色とはならない。また 3) 塩化銅（Ⅱ）二水和物に水を加えると，結合していた塩化物イオンが，より結合力の強い水分子により置き換えられ（置換反応），［$Cu(H_2O)_4$］$^{2+}$が生成するために，硫酸銅（Ⅱ）五水和物の水溶液と同じ色になる。

これらの変化については，次のように追跡できる。例えば，加熱炉，天秤，熱量計を組み合わせた熱分析装置を用いると，加熱しながら化合物の重量変化と反応熱を調べられるので，下線部1）と2）の変化を推測することができる。残存する物質の定性・定量分析から，加熱した場合におこる熱分解過程が推定できる。また，下線部3）については，紫外・可視分光光度計で確かめることができる。加熱によって銅ならびに構成元素の酸化状態や陰イオンに変化がないことをX線光電子分光法

[*1] 白色に見えるのは，結晶を形成する粒子の間に空気が存在するためである。水は無色であるが，雪が白く見えるのと同じで，400〜800 nmの波長の光のどれもが吸収されないためである。

や赤外分光法などで調べることができる。

さらに遡って考えると，自然界には硫化銅を含んだ鉱物が存在し，色々な共存物質の中から銅を取り出し，硫酸銅（Ⅱ）や塩化銅（Ⅱ）が製造されている。各々を合成する行程で分離・精製が必要であり，その手段となる技術や物質の純度が向上したことを確認するにも分析化学が必要であることがわかる。

分析化学の分類と目的

現在の分析化学は，表1に示すように分類される。まず，分析目的の第1番目にあげられるのは定性分析（qualitative analysis）である。鉱物に含まれる物質や合成された物質を構成する元素の種類から物質の物理化学的性質までが調べられる。ついで定量分析（quantitative analysis）により，元素や化合物の存在量が調べられる。場合によっては分離・精製が行われて純物質として単離され，結合状態から酸化状態などが調べられる。これを状態分析またはキャラクタリゼーションという。諸君にとって最もなじみ深いのは，有機化合物の元素分析であろう。元素分析によって求められた炭素，水素，酸素などの含有量から，実験式が求められる。別途，分子量が測定され，実験式を整数倍して分子式が求められ，どのような官能基が含まれるかで示性式となる。さらに，分子中の官能基などの位置を示した構造式が求められる。このように分析対象が有機化合物であれば立体的な構造（構造異性体，立体異性体，配座異性体，光学異性体，幾何異性体など）の決定が必要である。さらに，錯化合物となれば，それらの他にイオン化異性体，結合異性体などを明らかにすることが求められる。

最近，必要な試料量が極微量であっても定性・定量分析が可能となってきた。例えば，水質汚濁防止法が策定された1970年，ポリ塩化ビフェニル（PCB）およびその誘導体209種の排水基準値[*2]が最もきびしく 0.003 ppm（0.003 mg/L）であった[*3]が，2001年に制定されたダイオキシン特別措置法にみる環境基準値は，1pg-TEQ/L（1×10^{-12}g-TEQ/L）[*4]となっている（類縁体を合わせて419種）。この30年の間に検出下限が，$1/10^{-6}$低下するとともに分析対象となる物質も倍増していることになる。このことからもわかるように，科学技術の発達にともなって，分析対象となる物質も簡単な組成の無機化合物や有機化合物にとどまらず，機能性新素材から生理活性物質さらには食品添加物，環境汚染物質から犯罪に関わる毒物・証拠確認まで守備範囲が拡大されてきた。その存在量もグラムオーダーからピコグラムオーダでの計測が求められ，超微量成分での種々の化学種，結合様式，微細構造構造の解明が社会的

*2
　健康項目の中に指定されている有害物質（カドミウムおよびその化合物，シアン化合物，六価クロム他）27品目，生活環境項目（pH, BOD, COD 他）15項目の河川，湖沼，港湾，沿岸海域とその他公共用水域に流してよい許容限度。

*3
　水俣病＆新潟水俣病の原因物質とされるアルキル水銀の排水基準が最も厳しく，「検出されない」となっている。

*4　**TEQ とは**
　毒性等価係数（TEQ: toxic equivalency factor）と呼ばれ，最も毒性が強いとされるダイオキシン：2, 3, 7, 8 -tetrachlorodibenzo-*p*-dioxine の毒性を1としたときの相対毒性を表わす。ポリ塩化ビフェニルとポリ塩化ジベンゾフランはともかく，ダイオキシンの急性毒性については，疑問視する声もある。

表1 分析化学の分類

分 類	分 類 名	備 考
分析目的	定性分析	色調・形・偏光性・蛍光性・比重・磁性・硬度・融点・炎色反応・溶解度・沈殿生成,呈色等の反応性
		紫外可視分光分析・発光分光分析・質量分析・蛍光X線分析・放射化分析・クロマトグラフィー・赤外分光分析・核磁気共鳴分光法
	定量分析	重量分析以外の容量分析,各種機器分析では標準試料が必要。器具,機器の校正。各々の感度に留意。
	状態分析	対象となる試料の構成成分の化学状態(原子価,励起状態,吸着状態,結合状態など)や物理状態(相,形状,サイズ,結晶性,分布など)
	キャラクタリゼーション	異性体がある化合物や合成法によって異なる分子量分布を持つもの等を規定化すること。対象物質によって大きく異なる。
対 象 物	無機分析	無機化合物,錯体
	有機分析	有機化合物,高分子化合物
	環境分析	環境基準にみる大気関係,水質汚濁関係(健康項目,生活環境項目)土壌汚染関係等ほか環境モニタリング
	臨床分析	日常的な項目(総タンパク質,アルブミン,尿素,尿酸,電解質,血清酵素,脂質など)
	食品分析	栄養成分(水分,タンパク質,脂質,炭水化物,無機質,ビタミンなど)
分析手法	機器分析	紫外可視吸光光度法,蛍光(リン光)光度法,原子吸光分析法,原子発光分析法,化学発光法,蛍光X線分析法,放射化分析法,質量分析法,赤外分光法,ラマン分光法,屈折率・施光分散・円偏光二色性分析法,光音響分光法,核磁気共鳴分光法,電子スピン共鳴分光法,熱分析法,電気化学分析法,電子プローブマイクロアナリシス,光電子分光法,二次イオン質量分析法,X線回折法,ガスクロマトグラフィー,高速液体クロマトグラフィー
	化学分析	重量分析,容量分析(酸塩基滴定,沈殿滴定,酸化還元滴定,キレート滴定)
試 料 量	常量分析	数 g～0.1 g(％～ppm)
	半微量分析	100 mg～10 mg(1％～0.01％)
	微量分析	10 mg～1 mg(100 ppm 以下)
	超微量分析	1 mg 以下(ppm 以下)
成分分離の有無	分離分析	複雑な混合試料中の特定成分を分析する際,多くの場合,前処理により分離を必要とされる。しかし,選択性が高い分析法では,分離を必要としないこともある。分離および検出手段を兼ね備えた,分析法への期待が強い。
	共存分析	

括弧内の値は,目的成分の相対量を示す。

ニーズとしてあげられる。すなわち分析化学の目的がここにあるといえる。

進歩したIT技術の分析機器への組み込みにより，分析装置も格段に進歩し，自動運転による測定と分析結果の数値化からグラフ化までデータ整理が行えるようになってきた。このように，一見便利になったと思われる反面，分析機器のブラックボックス化が急速に進展したことにより，必要とされる化学的な前処理がおろそかにされる事態が散見されるようになった。ときにはプロの分析技術者であっても，25%の測定誤差がもたらされることもあり，最新の測定機器を用いる測定であればあるほど，その原理を十二分に理解し，あわせて必要となる化学分析的前処理法についても熟考できる能力が要求されていることを忘れてはならない。

分析化学に携わる研究者・技術者は，工学部の化学出身者に限らず，医学・薬学・農学・理学・業界（官公庁，環境分析，食品，機器，試薬，医薬品など）とあらゆる理科系分野にわたる。いいかえると，将来，分析化学を修得した学生の活躍の場が多岐にわたることが容易に想像でき，より身近に感じられることと思う。当然，各々の立場や分野ごとに重要度が異なるなか，分析結果の精度・再現性・信頼性の向上を目的に努めていることに改めて注意を払ってほしい。

このような背景にあって，本書は，高等専門学校ならびに学部1～2年次の分析化学の講義に用いるために，きわめて基礎的な内容としながらも，その理解度を向上させるために必要と思われる無機化学・有機化学・物理化学などの関連項目も盛り込んだ。そのねらいは，座学でありながら実験を意識し，誤差を誘発する事柄を見抜き，そして対処できるまでの応用力を培うことにある。さあ，これからはじめよう。

どの学問もそうであるように，書物から情報を得，得られた情報を理解しなければならない。化学の最も基本は化合物の名称・化学式とその存在量である。まず，基礎的な事柄として1章において，主に無機化合物の名称と化学式，化学反応式の書き方，ついで濃度表記を扱う。

課題序-1 X線，紫外線，赤外線の名前はどのようにしてつけられたか，調べよ。

課題序-2 高校の化学の教科書に記載されている化合物について，化学式と名称を系統ごとに整理せよ。

課題序-3 これまでに習った化学で疑問に思うことをまとめよ。

息抜き

分析 analysis (*pl.* analyses) はアナリシスという。学生時代にハナリシスなるいたずら言葉がはやった。意味は，物質の臭いでおおよその見当がつくことからで，昔の大先生が研究室に入ってこられたとき，合成実験中の学生に向かって，目的物が生成しているねと発言されてまわりが驚いたとの逸話もある。今日では，臭いセンサーに発展した。この他，注意深く観察すれば，フラスコ内で反応する化合物が見えると教えられたものである。

宿 題

❶ 高校の化学で学んだ酸化剤と還元剤について，名称，化学式，その働き方を表すイオン反応式の3項目を表にまとめよ。

❷ 硫酸銅（Ⅱ）五水和物について，次の項目で整理せよ。

　ⓐ 化学式を記し，モル質量を計算せよ。

　ⓑ 10.0 g の硫酸銅（Ⅱ）五水和物がある。①何モルか。②含まれる銅，硫黄，酸素はそれぞれ何モルか。

　ⓒ 10.0 g の硫酸銅（Ⅱ）五水和物を水に溶かして 150 mL 溶液を調製した。①溶液中の銅イオンの物質量は何モルか。②銅イオンの濃度，および硫酸イオンの濃度をそれぞれ mol/L で表せ。③この溶液に NaOH を加えて，水酸化銅（Ⅱ）を沈殿させた。得られる沈殿の質量は計算上何 g か。

❸ 価電子と最外核電子について，具体例を示して説明せよ。

1章　化学反応の種類

到達目標
- 化合物の名称と化学式の関係を理解する。
- 化学変化を反応式で表せる。
- 各種濃度の表し方を理解し、濃度の変換ができる。
- 物質収支を計算できる。

1-1　化合物の名称と化学反応式の書き方

化学では、化合物 (compound) の名称と組成式 (compositional formula)、それらを反応させたときに起こる変化を理解するとともに、化学反応式で表わせなければならない。化学反応式を正しく書くために、まず、化合物の名称と組成式の書き方をおぼえよう。その際、化学式と名称とを丸暗記するのではなく、化合物の化学式の書き方と名前のつけ方のルールを理解しよう。

以下に、化合物の名称と化学式および反応式の書き方のルールの一例を記す。

1-1-1　化合物の名称と組成式

学生実験などで接することの多い、主として無機の酸およびその塩の名称と組成式を表1-1にまとめて示す。

これらの化学式と名称に見られる規則性の一端を以下に示す。

1) 化学式は、まず陽イオン (cation)、ついで陰イオン (anion) の順に記載する。
2) 化合物の和名は陰イオン、ついで陽イオンの順に呼ぶ。英名では化学式の記載順に呼ぶ。
3) 代表的な単原子陰イオンである Cl^-, Br^-, S^{2-} については、塩化〜、臭化〜、硫化〜のように○○化をつけて呼び、(OH^-, CN^- も〜化と呼ばれる)、陽イオンについてはそのまま呼ぶ。英名では、相当する語尾が 〜ide となる。
4) 多原子陰イオンの多くは酸素酸であり、その陰イオンは○○酸イオンと呼ぶ。その塩では陰イオンの名称、○○酸に続けて陽イオン名をそのまま呼ぶ。中心元素の酸化数が異なり、その種類の多い ClO_4^-, ClO_3^-, ClO_2^-, ClO^- では、和名では過塩素酸イオン、塩素酸イ

化合物の名前のつけ方の詳細については、「化学便覧　基礎編I、3章 化合物の性質、3・1 化合物命名法」、丸善出版を参照するとよい。

以下「化学便覧」が出てきたら「化学便覧　基礎編」丸善出版のことを指す。図書館等で調べる時の参考にしてほしい。

表 1-1 酸およびその塩の名称

総称	グループ名	化学式	和名	英名
ハロゲン化物	塩化物	HCl	塩化水素	Hydrogen chloride
		NaCl	塩化ナトリウム	Sodium chloride
	臭化物	HBr	臭化水素	Hydrogen bromide
		NaBr	臭化ナトリウム	Sodium bromide
	ヨウ化物	HI	ヨウ化水素	Hydrogen iodide
		NaI	ヨウ化ナトリウム	Sodium iodide
	硫化物	H_2S	硫化水素	Hydrogen sulfide
		Na_2S	硫化ナトリウム	Sodium sulfide
		NaHS	硫化水素ナトリウム	Sodium hydrogen sulfide
	酸素酸	$HClO_4$	過塩素酸	Perchloric acid
		$HClO_3$	塩素酸	Chloric acid
		$HClO_2$	亜塩素酸	Chlorous acid
		HClO	次亜塩素酸	Hypochlorous acid
		HNO_3	硝酸	Nitric acid
		HNO_2	亜硝酸	Nitrous acid
		H_2SO_4	硫酸	Sulfuric acid
		H_2SO_3	亜硫酸	Sulfurous acid
		H_3PO_4	リン酸	Phosphoric acid
		H_2CO_3	炭酸	Carbonic acid
塩	正塩（中性塩）	$NaClO_4$	過塩素酸ナトリウム	Sodium perchlorate
		$NaClO_3$	塩素酸ナトリウム	Sodium chlorate
		$NaClO_2$	亜塩素酸ナトリウム	Sodium chlorite
		NaClO	次亜塩素酸ナトリウム	Sodium hypochlorite
		$NaNO_3$	硝酸ナトリウム	Sodium nitrate
		$NaNO_2$	亜硝酸ナトリウム	Sodium nitrite
		Na_2SO_4	硫酸ナトリウム	Sodium sulfate
		Na_2SO_3	亜硫酸ナトリウム	Sodium sulfite
		Na_3PO_4	リン酸ナトリウム	Sodium phosphate
		Na_2CO_3	炭酸ナトリウム	Sodium carbonate
	酸性塩	$NaHSO_4$	硫酸水素ナトリウム	Sodium hydrgen sulfate
		$NaHSO_3$	亜硫酸水素ナトリウム	Sodium hydrogen sulfite
		Na_2HPO_4	リン酸水素二ナトリウム	Disodium hydrogen phosphate
		NaH_2PO_4	リン酸二水素ナトリウム	Sodium dihydrogen phosphate
		$NaHCO_3$	炭酸水素ナトリウム	Sodium hydrogen carbonate
	塩基性塩	MgCl(OH)	塩化水酸化マグネシウム	Magnesium hydroxide chloride

オン，亜塩素酸イオン，次亜塩素酸イオンのように接頭語（過・亜・次亜）をつけて区別している。英名では次に示すように，語頭・語尾を次のように工夫することで，酸および塩の名称を区別している。例えば，酸の場合：過○○酸では per△△ic acid，接頭語なしの○○酸では△△ic acid，亜○○酸では△△ous acid，次

亜○○酸では hypo △△ ous acid とし，各々の塩の場合：過○○酸塩では per △△ ate，○○酸塩では△△ ate，亜○○酸塩では△△ ite，次亜○○酸塩では hypo △△ ite となっている。

改めて表 1-1 を見ると，酸・塩基・塩の種類が異なっても同じ扱い方になっていることに気づくであろう。このような規則性により，1 つの化合物の名前から他の名前を類推することができる。思い浮かんだ名称が正しいか否か，また，その化合物の一般的な性質を「化学大事典」東京化学同人や，「理化学事典」岩波書店などで調べることができる。名称がわからない場合，分子式（molecular formula）や組成式から調べる方法もある。

1-1-2 化学反応の種類と反応式の書き方

放射性壊変を除く化学反応は，反応前後で元素の酸化数（oxidation number）が変化しない置換反応（displacement reaction）と酸化数が変化する酸化還元反応（redox reaction）の 2 本の種類に区分される。これらの置換反応や酸化還元反応のいずれの化学反応も可逆反応（reversible reaction）と考えられており，反応の方向は 2 本の等価な両方向の矢印（⇄）で示される。化学変化が指示方向に 99.9 % 以上の反応率で進行する場合は，定量的な反応といわれ，その反応式では単一方向を示す矢印（→）や等号（＝）が用いられる。なお，平衡の位置は各々の濃度の変化によって移動し，ル・シャトリエの原理（Le Chatelie's Principle）に従う。

(1) 置換反応

置換反応は，反応系から 1 つまたはそれ以上の生成物が除去されるときに進行する。

例えば，以下の 3 つの反応式に示すように，沈殿生成，ガスの発生や錯イオン生成など，わずかしかイオン化しない化合物が生成する化学反応では，平衡（equilibrium）が右方向へ移動する。

$$Fe^{3+} + 3\,OH^- \longrightarrow Fe(OH)_3$$
$$S^{2-} + 2\,H^+ \longrightarrow H_2S$$
$$Ag^+ + 2\,NH_3 \rightleftarrows [Ag(NH_3)_2]^+$$

また，強電解質（strong electrolyte）間の反応では，化合物はほぼ完全解離するためにイオン反応式で表わし，固体電解質（solid substance），ガスならびに可溶性の弱電解質（weak electrolyte）が関与する化学変化については，分子または塩で表わす。

化学方程式の作成にあたっては，次の 3 項目に注意する。

化学式の種類

化学式とは，化学物質を構成する元素を，元素記号を用いて表現する表記法で，分子からなる物質については分子式で表し，イオンから構成される電解質化合物については組成式で表わされる。

1 字違いで大違い

NaCl と NaClO の化学式はよく似ているが，性質は全く異なり，間違えて使用すると大変な事故をまねく。後者は表 1-1 に示すように次亜塩素酸ナトリウムという。アンチホルミンとも呼ばれる。水溶液はアルカリ性を示す。特異な臭気（プールや漂白剤の臭い）があり，酸化作用，漂白作用，殺菌作用を持つ。このため洗濯機，キッチン，ほ乳びん等の除菌に，また野菜ならびに果実の殺菌に用いられる。

問 次の英名の化合物が何か，各々の化学式を書け。
　① Sodium chloride
　② Sodium chlorate,
　③ Sodium chlorite

解 ①：NaCl，②：NaClO_3，③：NaClO_2
①と③は d と t，②と③は a と i で 1 字違い。化学式，名称ともに十分に注意して確認すること。

① 反応物を左辺，生成物を右辺に化学式で記し，→または⇄を記す。
② 両辺での各元素の原子数が等しくなるように係数をつける。
③ 両辺で電荷が釣り合っていることを確認する。

なお，置換反応の反応式を記すときには，金属イオンの配位数（coordination number）の知識も必要である。代表的な金属イオンの配位数を表 1-2 に示す。

その他の金属の配位数ならびに立体構造については，無機化学・錯体化学を勉強するとよい。

表 1-2　金属イオンの配位数

配位数	金属イオン
2	Cu^+, Ag^+, Au^+, Hg^+, Hg^{2+}
3	Sn^{2+}, Hg^{2+}
4	Be^{2+}, Co^{2+}, Ni^{2+}, Cu^{2+}, Zn^{2+}, Pd^{2+}, Cd^{2+}, Pt^{2+}, Hg^{2+}
5	Nb^{5+}, Ta^{5+}, Mo^{5+}
6	Ca^{2+}, Al^{3+}, Sc^{3+}, Ti^{4+}, V^{3+}, Cr^{3+}, Mn^{3+}, Mn^{5+}, Fe^{2+}, Fe^{3+}, Co^{2+}, Co^{3+}, Pd^{4+}

ところで，錯体の化学式は直角括弧，[　]で囲んで表わされる。括弧内は錯体の内圏（inner sphere）を表わし，括弧外は外圏（outer sphere）を表わす。一方，平衡時の濃度は，一般的に斜め括弧，〔　〕で表わされるが，本書では，これらを区別することなく，いずれも直角括弧で表わすこととする。

(2) 酸化還元反応

酸化還元反応式は，酸化数の変化を考慮するとより簡単に組み立てられる。

酸化（oxidation）とは，物質を構成しているある元素の電子が奪われる変化[*1]をいう。還元（reduction）はその逆の変化を表わす。

物質 A を酸化するには，A から電子を奪う物質 B が必要であり，電子を奪った B は還元されることになる。この場合，A は還元剤（reducing reagent），B は酸化剤（oxidizing reagent）として作用したことになる。すなわち，次式のように酸化と還元は同時に進行するので，このような反応を酸化還元反応と呼ぶ。ここで，A′ および B は酸化体（oxidant），また A および B′ は還元体（reductant）という。

*1　酸化還元反応
　正式には，酸化反応あるいは還元反応なる語句は用いられない。なぜなら，いずれか一方だけが起こることはないためで，これらの語句は，英語表示も存在しない。酸化または還元とは酸化状態の変化を表す言葉で，両方が同時に起こって初めて反応するため，酸化還元反応と呼ぶ。

$$\begin{array}{c}\xrightarrow{\text{酸化}}\\ A\ +\ B\ \rightleftarrows\ A'\ +\ B'\\ \xleftarrow{\text{還元}}\end{array}$$

このように酸化還元反応では電子の移動が不可欠である。これを理解するために酸化数（oxidation number）あるいは酸化状態（oxidation state）が必要となる。

オキシダント
　光化学オキシダントという語句をよく耳にする。窒素酸化物と揮発性有機化合物の混合状態に太陽光が照射されることにより，光化学反応を経て生じるオゾンや硝酸ペルオキシアセチル [$CH_3(CO)O_2NO_2$] などの酸化力の強い大気汚染物質をいう。

> **例 題**
> 元素の酸化数の最大または最小はいくらか。

> **解 答**
> 最大は+7で最小は−7。

解答をおぼえてもしかたがない。解答が理解できないのであれば，<u>価電子</u>（valence electron）と<u>最外核電子</u>についての正確な知識が不足している証拠である。無機化学の基礎を復習してほしい。

表1-3に，構成元素として塩素をもつ代表的な物質の酸化数と電子配置を示す。これをもとに，酸化還元および酸化剤，還元剤について考えよう。

表1-3 塩素の単体および化合物にみる酸化状態

化学式	塩素の酸化数	塩素の電子配置	状態変化		備考
NaCl	−1	$1S^2 2S^2 2P^6 3S^2 3p^6$	↑ 電子数が減少 ↓ 酸化	強力な酸化剤によって酸化される還元剤	塩素による酸化力なし
Cl_2	0	$1S^2 2S^2 2P^6 3S^2 3p^5$		酸化剤，漂白剤，消毒剤	
NaClO	+1	$1S^2 2S^2 2P^6 3S^2 3p^4$	↓ 還元 ↑ 電子数が増加	食器，食品の消毒剤，食品添加物	最外核電子が8である物質は安定（8偶説：octet theory）。
$NaClO_2$	+3	$1S^2 2S^2 2P^6 3S^2 3p^2$		紙，パルプの漂白用の酸化剤	
$NaClO_3$	+5	$1S^2 2S^2 2P^6 3S^2$		マッチ，爆薬に使われるほどの酸化剤	
$NaClO_4$	+7	$1S^2 2S^2 2P^6$		ロケット燃料に使われるほどの酸化剤	

(3) 酸化数の数え方

酸化数とは，電子の数を次に示す規則に従って数えるとき，元素が持っている電荷として定義される。

1) <u>単体</u>（simple substance）の酸化数はゼロとする。

   例 窒素や酸素ガスN_2，O_2や酸化力の強いCl_2でも，それぞれN，O，Clの酸化数はゼロとする。

2) 単原子イオンの酸化数はイオンの価数に等しい。

   例 塩化物イオンCl^-の酸化数は−1，硫化物イオンS^{2-}のそれは−2，銅（Ⅱ）イオンCu^{2+}は+2とする。

3) 化合物中の酸素の酸化数は−2とする。なお，H_2O_2やNa_2O_2のような過酸化物の場合は−1とする。また，OF_2では+2とする。

4) 化合物中の水素の酸化数は+1とする。なお，NaHやCaH_2のようなアルカリおよびアルカリ土類金属の水素化物では−1とする。

5) 化合物を構成する原子の酸化数の総和はゼロである。一方，錯イオンなど多原子イオンを構成する原子の酸化数の総和は，そのイオ

化合物の正式名称と慣用名
化学式：和名：英名（通称または環境名）
NaOH：水酸化ナトリウム：sodium hydroxide（苛性ソーダ caustic soda）
NaHCO：炭酸水素ナトリウム：sodium hydrogencarbonate（重炭酸ナトリウム sodium bicarbonate，重炭酸ソーダ，重曹，酸性炭酸ナトリウム，ベーキングパウダー）

ンの価数に等しい。

　ところで，3），4）に示すような符号の逆転がなぜ起こるのであろうか。その原因は，電気陰性度（electronegativity）に由来する。一般に，ある元素Aが電気陰性度の高い元素Bと結合するとAの酸化数は正になり，逆に，ある元素Aが電気陰性度の低い元素Cと結合するとAの酸化数は負になる。

　代表的な元素について電気陰性度の大きな順に並べると，F：4.0，O：3.5，N：3.0，C：2.5，H：2.1，Ca：1.0，Na：0.9である。このため上述したように，OF_2を構成する酸素の酸化数は+2に，NaHやCaH_2中の水素の酸化数は-1となる。

(4) 酸化還元反応の化学方程式の書き方

　上に述べたように，酸化還元反応は酸化剤と還元剤との間で等しい物質量の電子を授受することによって進行する。以下に，酸化還元反応の化学方程式の書き方を説明する。

1）半反応または半電池反応（half-cell reaction）を用いる方法

　酸化あるいは還元についての半反応を作製し，ついで還元体から失われる電子の物質量と酸化体が得る電子の物質量を等しくすることによって，反応式を完成する方法である。ここでも，酸化剤として働く時の半反応は？と丸暗記する必要は全くなく，書き方に従い半反応を作成し，その半反応が進む方向から判断できる。

　例として，硫酸酸性条件下で$K_2Cr_2O_7$にH_2O_2を作用させてCr^{3+}に還元する反応を考える。H_2O_2が反応した後，O_2またはH_2Oのいずれかになることを覚えておく必要がある。

　H_2O_2が還元剤として作用する（相手に電子を与える）ためには，自らは電子を失い酸化される。すなわち，酸素の酸化数が-1からプラス側となるには，酸化数がゼロのO_2となることがわかる。よって，この場合の酸化還元反応は，2つの半反応（$Cr_2O_7^{2-} \rightarrow Cr^{3+}$，$H_2O_2 \rightarrow O_2$）の組み合わせであり，その反応式を①〜⑦の手順，とくにunder lineに注意しながら完成してみよう。

① まず，半電池反応の両辺で，酸化数が変化する元素の数をそろえる。

$$\langle Cr_2O_7^{2-} \longrightarrow 2\,Cr^{3+}\rangle, \quad \langle H_2O_2 \longrightarrow O_2\rangle$$

② 半電池反応の左辺または右辺に水分子を加えて，反応前後の酸素の数を等しくする。

$$\langle Cr_2O_7^{2-} \longrightarrow 2\,Cr^{3+} + 7\,H_2O\rangle, \quad \langle H_2O_2 \longrightarrow O_2\rangle$$

③ 半電池反応の左辺または右辺にプロトンH^+を加えて，反応前後の

昔の名前

　現在でも参照される過去の名著には，括弧内に示すような古い名称や単位が見られる。
　メタノール（木精），エタノール（酒精），NaOH（苛性ソーダー），KOH（苛性カリ），nm（μm：ミリミクロンという）。

環境計量士の資格試験で扱われる濃度等

　化学関連の国家資格（経済産業省所管）に環境計量士（濃度関係）がある。その資格試験で問われる濃度表示等：モル濃度，百分率濃度，溶解度積，ネルンストの式，質量モル濃度，ppm，ppb，ppt。
（p.31の脚注も参照のこと）

水素の数を等しくする。

$$\langle Cr_2O_7^{2-} + 14\,H^+ \longrightarrow 2\,Cr^{3+} + 7\,H_2O \rangle$$
$$\langle H_2O_2 \longrightarrow O_2 + 2\,H^+ \rangle$$

　もし，溶液がアルカリ性であるときは，先に加えられたプロトンを中和するために，その反応の両辺に適切な数の OH^- を加え，各プロトンを水分子に変換する。両辺に生じた水分子については，相殺する。

④　両辺の電荷を釣り合わせるために，必要な数の電子を加え，電荷に関して等しくする。

$$\langle Cr_2O_7^{2-} + 14\,H^+ + 6\,e \longrightarrow 2\,Cr^{3+} + 7\,H_2O \rangle$$
$$\langle H_2O_2 \longrightarrow O_2 + 2\,H^+ + 2\,e \rangle$$

⑤　還元および酸化の両半反応に関与する電子の数を等しくするために，用いる物質の物質量を整える。

$$\langle Cr_2O_7^{2-} + 14\,H^+ + 6\,e \longrightarrow 2\,Cr^{3+} + 7\,H_2O \rangle$$
$$\langle 3\,H_2O_2 \longrightarrow 3\,O_2 + 6\,H^+ + 6\,e \rangle$$

⑥　得られた2つの式を加えて，式の両辺にある同じ項については整理する。

$$\langle Cr_2O_7^{2-} + 3\,H_2O_2 + 14\,H^+ \longrightarrow 2\,Cr^{3+} + 7\,H_2O + 3\,O_2 + 6\,H^+ \rangle$$
$$\langle Cr_2O_7^{2-} + 3\,H_2O_2 + 8\,H^+ \longrightarrow 2\,Cr^{3+} + 7\,H_2O + 3\,O_2 \rangle$$

⑦　全反応式とするために，両辺に同じ数の元素を加える。
　最終的に得られた式について，電荷および元素の原子の数が両辺で釣り合っていることを確かめる。もちろん，⑥まで完成できれば化学量論の計算は可能である。

$$\langle K_2Cr_2O_7 + 3\,H_2O_2 + 4\,H_2SO_4 \longrightarrow Cr_2(SO_4)_3 + 3\,O_2 + K_2SO_4 + 7\,H_2O \rangle$$

2) 酸化還元反応の化学反応式の係数を求める代数計算法

　物質収支，すなわち各々の元素の原子の物質量が式の両辺で等しいとの法則に基づいて代数計算することによって反応式の係数を求められる。なお，イオン式においては物質収支以外に電荷均衡についても考慮しなければならない。
　例として

$$a\,CrO_3 + b\,KI + c\,HCl \longrightarrow d\,CrCl_3 + e\,I_2 + f\,KCl + g\,H_2O$$

に係数をつけて釣り合わせてみよう。

両辺の各元素の数については，① Cr：$a=d$，② O：$3a=g$，③ K：$b=f$，④ I：$b=2e$，⑤ H：$c=2g$，⑥ Cl：$c=3d+f$ の関係にある。まず，任意に $a=d=1$ とおき，②から $g=3$ となり，⑤から $c=6$ となり，⑥から $f=3$，③から $b=3$，ついで④から $e=3/2$ と順に決められ

$$CrO_3 + 3\,KI + 6\,HCl \longrightarrow CrCl_3 + 3/2\,I_2 + 3\,KCl + 3\,H_2O$$

となるが，係数は最小の整数であるので

$$2\,CrO_3 + 6\,KI + 12\,HCl \longrightarrow 2\,CrCl_3 + 3\,I_2 + 6\,KCl + 6\,H_2O$$

となる。

1) および 2) の実用性について考えてみよう。実際に実験する場合には，既知の物質どうしを反応させ，生じた生成物が何かを調べ，それらに基づいて反応式を書くことになる。また，過去の実験から明らかにされた数多くの半電池反応が化学便覧などに標準電極電位とともに電極反応として記載されている。通常，それらを組み合わせて反応式を完成させることになるので，1) の半電池反応を用いる方法が実用的である。なお，半電池反応については 7 章で述べる。

1-2 溶液の濃度

分析の目的は，序論でも述べたように，物質を同定する定性分析とその存在量を決定する定量分析および分離（separation），濃縮（concentration）ならびに精製（purification）にある。その目的にそって化学的手法による化学分析（chemical analysis）や物理化学的手法による機器分析（instrumental analysis）が用いられる。分析対象となる物質は溶液（solution）状態で取り扱う場合が多いので，溶液中に存在する物質の量を表わす尺度として濃度（concentration）が必要となる。

溶液は，気体，液体または固体状態の溶質（solute）を溶媒（solvent）に溶解（dissolution）させて均一となった混合物として定義され，それらの関係を表わすために種々の濃度表示が用いられる。ここでは，一般的な濃度表示ならびに活量について説明する。

1-2-1 原子量，分子量，式量，モル質量，物質量

原 子 量：元素の原子量（atomic weight）は 1961 年に，「質量数 12 の炭素 ^{12}C の質量を 12（端数なし）としたときの相対質量とする」と決められた。すなわち，炭素 0.012 kg 中に含まれる炭素原

子の数：**アボガドロ定数**（Avogadro's constant：$6.022 \times 10^{23}\,\mathrm{mol}^{-1}$）と同数の原子の集団の質量をグラム単位で示した数値と定義されている。国際純正・応用化学連合（IUPAC）では，新しく測定されたデータの収集と検討をもとに，2年ごとの奇数年に原子量表の改訂を行っている。それを受けて，日本化学会原子量専門委員会では，その年の原子量の値を日本化学会の会誌「化学と工業」の4月号にて公開している。

分　子　量：**分子量**（molecular weight）は，おもに非電解質の有機化合物について使われ，その化合物を構成している 6.022×10^{23} 個の原子の原子量の総和の質量をグラム単位で示した数値を示す。正式には，**相対分子質量**（relative molecular mass）といわれる。

式　　　量：**式量**（formula weight）は**化学式量**（chemical formula weight）ともいう。電解質化合物について使われ，6.022×10^{23} 個のその化合物を構成している原子の相対原子質量の総和をグラム単位で示した数値を示す。

モ ル 質 量：**モル質量**（molar mass）は物質1モルあたりの質量を示し，原子量，分子量，式量に単位（g/mol）をつけて表わされる。

物　質　量：**物質量**（mol）は，アボガドロ数と同数の物質粒子（原子，分子，イオン，ラジカル，電子等またはこれらの粒子の特定のグループ）を含む物質集団を表わす単位として定義される[*2]。

例えば，鉄 1 mol は 6.022×10^{23} 個の鉄原子を含み，その質量は 55.845 g である。鉄 1 mol が Fe^{2+} に酸化されるとき，2 mol の電子を放出する。放出される電子の数は $2 \times 6.022 \times 10^{23}$ 個である。

1-2-2　濃度の表し方

濃度は，溶媒あるいは溶液の単位質量（または単位体積）あたりの溶質の量（質量あるいは体積）として定義される。実験に応じた濃度表示が用いられる。

(1) 百分率濃度（percent concentration）; $C_\%$　単位：%

固体試料中のある特定の化合物あるいは元素の含有率を表す場合や，おおよその濃度の試料溶液を調製する場合に用いられ，次のように求める。

$$C_\% = \frac{W}{w} \times 10^2 \qquad (1\cdot1)$$

ここで，W は溶質の質量または体積，w は溶液の質量または体積であり，その組合せによって次の3種がある。

同位体

原子核は陽電荷を帯びた**陽子**（proton）と電荷を持たない**中性子**（neutron）から構成される。陽子の数はその元素の原子番号に等しく，同数の電子が原子核のまわりに配置されて中性の原子となっている。陽子と中性子の和を質量数という。中性子の異なる核種は**同位体**（isotope）と呼ばれる。同位体どうしは，化学的性質は同じで質量数だけが異なる。このため，同位体どうしを分離するには，現時点では質量の違いを利用する方法しかなく，遠心分離機にたよる以外にない。

[*2]　○○数とはいわない
「生じる化合物のモル数はいくらか」あるいは「グラム数は」などと単位に数をつけたいい方を耳にすることがある。これらは不適切で，「生じる化合物の物質量は…」または「化合物が何モル生じた…」というべきである。身長は何 cm 数で，体重は何 kg 数とはいわないでしょう。

1) **質量百分率濃度**；$C_{\%(w/w)}$　溶液 100 g 中に含まれる溶質の質量 (g) を百分率で表わす。

2) **質量対容量比濃度**；$C_{\%(w/v)}$　溶液 100 mL 中に含まれる溶質の質量 (g) を百分率で表わす。

3) **容量百分率濃度**；$C_{\%(v/v)}$　溶液 100 mL 中に含まれる溶質の体積 (mL) を百分率で表わす。

質量対容量比濃度および容量百分率濃度は，主に液体試料，気体試料に使われるが，温度による体積変化をともなうので，厳密には温度を記載する必要がある。

(2) モル濃度（molarity）；M 単位：$\mathrm{mol\,dm^{-3}}$

定量分析から速度論的解析まで，最も一般的に用いられる濃度表示である。溶液 1000 mL 中に含まれる溶質の物質量を示す。

$$C_\mathrm{M} = \frac{W}{mw} \times \frac{1000}{V} \tag{1・2}$$

ここで，W は溶質の質量 (g)，mw は溶質のモル質量 (g/mol)，V は溶液の体積 (mL) である。また，W/mw の項は，溶質の物質量を表わす。

なお，物質の量を表わすのに古くはグラム分子，グラムイオン，グラム当量が用いられた。国際単位系の SI 単位では "mol" を用いることだけが許される。また，濃度の単位としての mol/L（非 SI 単位）は，$\mathrm{mol\,dm^{-3}}$ と記すべきで，さらにモル濃度の単位の記号として M を用いる場合には，その定義（$1\,\mathrm{M} = 1\,\mathrm{mol\,dm^{-3}}$）を付記しなければならない。しかし，後述する規定濃度やグラム当量なる考えや，体積の単位として mL が広く用いられているので，それらについても述べる。

(3) 式量濃度（formality）；F 単位：$\mathrm{mol\,dm^{-3}}$

電解質化合物の濃度表示に用いられ，溶液 1000 mL 中に含まれる溶質の物質量を示す。

$$C_\mathrm{F} = \frac{W}{fw} \times \frac{1000}{V} \tag{1・3}$$

ここで，W は溶質の質量 (g)，fw は溶質の 1 グラム**式量**（formula weight）に相当する質量 (g/mol)，V は溶液の体積 (mL) である。

モル濃度で表わす場合と同じ数値となるためモル濃度を用いても支障ない。しかし，NaCl の 58.44 g を溶解させて 1 L とした場合，溶液中には NaCl 分子は存在せず，$\mathrm{Na^+}$ および $\mathrm{Cl^-}$ が $[\mathrm{Na^+}] = [\mathrm{Cl^-}] = 1\,\mathrm{F}$（フォルモル）で存在し，また，$\mathrm{CaCl_2}$ のような場合，$[\mathrm{Ca^{2+}}] = 1\,\mathrm{mol/L}$ であ

原子量は原子番号の約 2 倍？

元素周期表を眺めると，水素以外の元素で，第 4 周期付近までの元素の原子量は，原子番号の約 2 倍となっていることに気づくであろう。これらの元素では，陽子の数とほぼ同数の中性子が存在するため，原子番号の増加とともに中性子の数も多くなる。陽子の質量は $1.672621637 \times 10^{-27}$ kg で中性子の質量は $1.674927211 \times 10^{-27}$ kg と，中性子のほうがやや重い。

例えば，塩素の同位体には，$^{35}\mathrm{Cl}$ が 75.76 %，$^{37}\mathrm{Cl}$ が 24.24 % で天然に 2 種類が存在する。このため Cl の原子量は，$35 \times 0.7576 + 37 \times 0.2424 = 35.485$ となる。

イオンの式量は電子の存在量で変化しない？

電子の質量は $9.10938215 \times 10^{-31}$ kg で，陽子や中性子の約 1800 分の 1 である。このため，酸化状態が異なっても，そのイオンの質量は変化しないとして計算される。

市販の硫酸の濃度表示

① 62.5 %（50° Bé）－$\mathrm{H_2SO_4}$
　括弧内の° Bé はボーメ度（Baoume degree）と称し，液体の比重を表す尺度。比重測定で濃度を測ろうとするときに用いられる。

② 47 %（1+2）－$\mathrm{H_2SO_4}$
　括弧内 (1+2) は体積比を表し，濃硫酸：水＝1：2 で混合したものであることを示す。

③ 1 mol/L（2N）－$\mathrm{H_2SO_4}$
　括弧内（N）は，1-2-2 の (5) に記したように規定濃度を示す。

るが［Cl^-］= 2 mol/L であることを留意させるための濃度表示である。

(4) モル分率 (molar fraction)

溶液中で生成する錯イオンの組成を調べるときなどに用いられ，溶液中の全成分の物質量の総和に対する特定成分の物質量の比で表わす。

例えば，溶液中に H_4A (n_1 mol), H_3A^- (n_2 mol), H_2A^{2-} (n_3 mol), HA^{3-} (n_4 mol) および A^{4-} (n_5 mol) が存在するとき，H_4A のモル分率 x_1 は式 (1・4) で表わされる。

$$x_1 = \frac{n_1}{n_1+n_2+n_3+n_4+n_5} \quad (1・4)$$

残りの各成分のモル分率を $x_2 \sim x_5$ とすると，各成分のモル分率の和 ($x_1+x_2+x_3+x_4+x_5$) = 1 となる。

(5) 規定濃度 (normality); N単位：eq dm^{-3}

物質の量を表わす単位として mol が認められているのに対し，グラム当量なる単位の使用は認められていない。また，反応系によって表示した濃度が異なるなどのために，この濃度表記法は1986年から廃止されている。しかし，定量分析において，物質量比を考慮することなく，$N \cdot V = N' \cdot V'$ の関係により濃度計算が容易となるために現実に利用されることもあり，市販の試薬溶液の濃度に規定濃度も併記されている。

$$C_N = \frac{W}{eq_w} \times \frac{1000}{V} \quad (1・5)$$

$$eq_w = \frac{fm}{n} \quad (1・6)$$

式 (1・5) 中の W は溶質の質量 (g)，eq_w は化学当量であり溶質の1グラム当量に相当する質量 (g/eq)，V は溶液の体積 (mL) を示す。式 (1・6) 中の n は反応単位数 (eq/mol) を表わす。反応単位数 n は，酸塩基反応の場合には置換反応で授受される H^+，OH^- の数に，また酸化還元反応の場合は，反応で移動する電子の物質量に相当する。

例えば，シュウ酸が酸として作用する場合 ($H_2C_2O_4 = 2H^+ + C_2O_4^{2-}$) と還元剤として作用する場合 ($H_2C_2O_4 = 2CO_2 + 2H^+ + 2e$) も $n=2$ であり，反応単位数は変わらない。よって，それぞれの場合に用いる1グラム当量は同じであり，式量の1/2で 45.019 g/eq となる。

硝酸が酸として働く場合 ($HNO_3 = H^+ + NO_3^-$) は $n=1$ であり，1グラム当量は式量と等しく 63.01 g/eq となる。一方，酸化剤として働く場合 ($NO_3^- + 4H^+ + 3e = NO + 2H_2O$) は，電子の数から $n=3$ であり，

1グラム当量は式量の 1/3 で 21.003 g/eq となる。

(6) 質量モル濃度（molality）; m 単位：mol kg^{-1}

溶媒 1000 g 中に含まれる溶質の物質量（mol）を示し，溶質の粒子数によって決まる物質の束一性（例えば，浸透圧，沸点上昇，凝固点降下など）を測定する実験において用いられる。

(7) 微量成分の濃度表示

分析機器の発達により微量成分の定量が可能となり，それにともない次のような濃度が用いられる。これらの濃度表示は，基本的には百分率濃度と同様の表わし方であり，質量／質量あるいは体積／体積で表わすのが妥当である。なお，含まれる物質が極めて微量な場合，水溶液の密度を1とみなせることから，質量／体積で表わされることも多いが，その際には ppm(mg/L) と表示すべきである。

1) **百万分率濃度**（parts per million）; ppm

溶液 1000 g 中に含まれる溶質の質量（mg）を表わす。

$$C_{\mathrm{ppm}} = \frac{W}{w} \times 10^6 \qquad (1\cdot7)$$

2) **十億分率濃度**（parts per billion）; ppb

溶液 1000 g 中に含まれる溶質の質量（μg）を表わす。

$$C_{\mathrm{ppb}} = \frac{W}{w} \times 10^9 \qquad (1\cdot8)$$

3) **一兆分率濃度**（parts per trillion）; ppt

溶液 1000 g 中に含まれる溶質の質量（ng）を表わす。

$$C_{\mathrm{ppt}} = \frac{W}{w} \times 10^{12} \qquad (1\cdot9)$$

なお，m, μ および n は SI 単位の接頭語で，それぞれ milli（10^{-3}），micro（10^{-6}）および nano（10^{-9}）である。

例えば，六価クロムの環境基準値は，0.05 ppm（実際には 0.05 mg/L と記載されている）である。この値は，1 L 中に 0.05 mg の六価クロムの存在を示すが，同じ存在量でも単位によって 0.000005 %，50 ppb あるいは 50000 ppt となる。この場合，数字的に理解しやすい濃度表示は ppm または ppb を単位に用いたときであろう。

(8) 密度と比重

一定体積の液体試料を希釈して試料溶液を調製する場合，密度あるいは比重から試料の物質量を求めることになる。密度（density）は，あ

る温度における単位体積あたりの質量（g cm^{-3}）を表わす。一方，比重（specific gravity）は，同温・同体積の水の質量に対する試料の質量の比で表される。比重の測定法は，一定温度で試料を比重びんに完全に満たしてその質量を測り，ついで同じ温度でその比重びんに純水を満たして質量を測る。比重は式（1・10）で表わされる。

$$d_t^t = \frac{試料の質量}{水の質量} \tag{1・10}$$

この測定が，20℃ で行われ 4℃ の水を基準とした比重は，d_4^{20} と書き，次式で表わされる。

$$d_4^{20} = \frac{試料の質量}{水の質量} \times 0.998206 \tag{1・11}$$

なお，水の密度は 4℃ で 0.999972 g cm^{-3}，20℃ で 0.998206 g cm^{-3} である。

（9）初濃度と平衡時の濃度およびファクター

化学反応 A+B ⇌ X+Y において，通常，反応に用いた物質 A のモル濃度は C_A と表される。この C_A は物質 A の初濃度を意味する。一方，後述する式（1・29）に記す濃度表示［A］は，化学反応が平衡状態に達したときの物質 A のモル濃度を意味する。両者の違いと使い分けに留意せよ。

なお，定量分析において用いられる標準溶液の濃度を表す際に，ファクター（記号 f）が用いられることがある。例えば，$f=1.022$ の 0.1 M HCl と記載されている場合，実際の HCl の濃度は 0.1022 M である。その利点は，滴定実験において，標準溶液や被滴定溶液の体積を容易に見積ることにある。

1-2-3 各種濃度の計算例

様々な濃度表記法があるが，各々に換算できなければならない。次の各濃度を計算してみよう。

> **例　題**
>
> 硫酸カリウムアルミニウム十二水和物（AlK(SO$_4$)$_2$・12H$_2$O；カリミョウバンともいう）の 0.500 g を水に溶かして 500 mL メスフラスコに移し，標線まで水を加えた。この溶液の密度を 1.15 g cm^{-3} として，つぎの濃度を求めてみよう。
>
> 　1）各構成元素の質量 % 濃度

SI 接頭語

係数	記号	読み
10^{24}	Y	yotta（ヨッタ）
10^{21}	Z	zetta（ゼッタ）
10^{18}	E	exa（エクサ）
10^{15}	P	peta（ペタ）
10^{12}	T	tera（テラ）
10^{9}	G	giga（ギガ）
10^{6}	M	mega（メガ）
10^{3}	k	kilo（キロ）
10^{2}	h	hecto（ヘクト）
10	da	deka（デカ）
10^{-1}	d	deci（デシ）
10^{-2}	c	centi（センチ）
10^{-3}	m	milli（ミリ）
10^{-6}	μ	micro（マイクロ）
10^{-9}	n	nano（ナノ）
10^{-12}	p	pico（ピコ）
10^{-15}	f	femto（フェムト）
10^{-18}	a	atto（アット）
10^{-21}	z	zepto（ゼプト）
10^{-24}	y	yocto（ヨクト）

単位の接頭語の一人歩き

よく耳にする接頭語に，c, m, k がある。これら身近な接頭語の間違った用法を時折耳にする。例えば，気象通報では波の高さ 1 メートルから 1 メートル 50 センチと伝えている。正しくは 1 メートルから 1.5 メートルまたは，くどいようでもセンチメートルまでいわねばならない。貴方の体重は何キロというが，本来は何 kg かであろう。それぞれが表す数値を誤解することも濃度計算が厄介に思う原因と考えられる。

2) 各構成イオン種のモル濃度
3) 各構成イオン種の ppm$_{(w/v)}$ 濃度

解 答

まず,必要となるのは,原子量 Al:26.98,K:39.10,S:32.06,H:1.01,O:16.00 で,それらをもとにカリミョウバンのモル質量を求める。

$26.98 + 39.10 + (32.06 + 16.00 \times 4) \times 2 + 12 \times (1.01 \times 2 + 16.00) = 474.44$ g/mol

これをもとに以下のように物質量で考える(化合物の質量について比例関係で考える習慣を捨てよ)。

1) この溶液の質量は,$500 \times 1.15 = 575$ g

カリミョウバンの物質量は,$0.500/474.44 = 1.054 \times 10^{-3}$ mol

これをもとに考えると,Al および K の各々の物質量は 1.054×10^{-3} mol。よって,Al,K の各質量は,物質量×Al または K のモル質量となる。

∴ それらの百分率濃度については

Al:$(1.054 \times 10^{-3} \times 26.98) / 575 \times 100 = 4.95 \times 10^{-3}$ %$_{(w/w)}$

K:$(1.054 \times 10^{-3} \times 39.10) / 575 \times 100 = 7.17 \times 10^{-3}$ %$_{(w/w)}$

同様に考えると,S は $1.05 \times 10^{-3} \times 2$ mol であり

S:$(1.054 \times 10^{-3} \times 2 \times 32.06) / 575 \times 100 = 1.18 \times 10^{-2}$ %$_{(w/w)}$

以下同じように

H:$(1.054 \times 10^{-3} \times 24 \times 1.01) / 575 \times 100 = 4.44 \times 10^{-3}$ %$_{(w/w)}$

O:$(1.054 \times 10^{-3} \times 20 \times 16.00) / 575 \times 100 = 5.87 \times 10^{-2}$ %$_{(w/w)}$

となる。

2) Al^{3+},K^+ のモル濃度:$1.054 \times 10^{-3} / 500 \times 1000 = 2.11 \times 10^{-3}$ M

SO_4^{2-} のモル濃度:$1.054 \times 10^{-3} \times 2 / 500 \times 1000 = 4.22 \times 10^{-3}$ M

3) 1)の数値の一部を利用すると

Al^{3+} の ppm$_{(w/v)}$ 濃度:$(1.054 \times 10^{-3} \times 26.98) / 500 \times 10^6$
$= 56.9$ ppm$_{(w/v)}$

K^+ の ppm$_{(w/v)}$ 濃度:$(1.054 \times 10^{-3} \times 39.10) / 500 \times 10^6$
$= 82.4$ ppm$_{(w/v)}$

SO_4^{2-} の ppm$_{(w/v)}$ 濃度:$\{1.054 \times 10^{-3} \times 2 \times (32.06 + 16.00 \times 4)\} / 500 \times 10^6 = 405$ ppm$_{(w/v)}$

となる。

法令にみる濃度の単位

我々の生活環境を保全するための法律に,環境基本法がある。そのなかで大気,水質,土壌を汚染する物質の環境中への放出を抑制する目的で,許容限度が定められている。その各々で単位が異なる。大気関係ではppm が用いられているが,水質では mg/L,土壌では検液1Lまたは土壌1kgにつき〇〇mgと表示されている。

ほかに,水質汚濁防止法・大気汚染防止法があり,規制値以上の濃度の汚染物質を環境に放出する違反行為には罰則を伴う。これらの法律にみる単位の使い方も,環境基本法の場合と同じである。

化学を学び始めるとき,物質量の概念と各濃度の換算が1つの関門に

なるといわれる．各定義に従った式（1・1）～式（1・11）に愚直に従うのみで，各種濃度を機械的に求めることができる．ついで，A+B⇄X+Yの反応を利用して，Aと反応するBの物質量からAの物質量を調べたり，また生成するXの物質量を求めたりするのが2つ目の関門といわれる．

1-3 活量，イオン強度，活量係数とギブズの自由エネルギー

1-3-1 活量，活量係数とイオン強度

(1) 活 量

強電解質は希薄水溶液中で完全に電離して，陽イオンと陰イオンに別れてある程度自由に運動できるが，濃度が濃くなるにつれて陽イオンと陰イオンとの間に静電的相互作用が生じて，図1-1に示すように，その一部があたかも未解離のようにふるまう．その結果，イオンが濃度Cで存在していても実際の作用（活量）は濃度Cより若干少ない濃度aとなる．

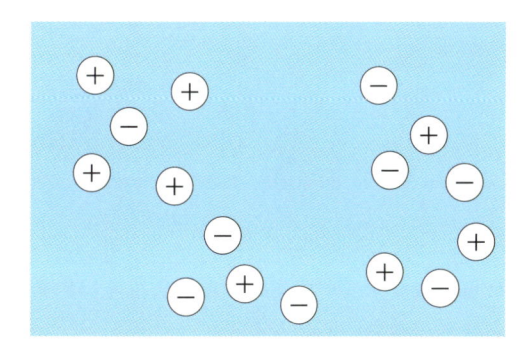

図 1-1 溶液中のイオンの分布
電解質の水溶液中では，1個の陰イオンの周囲には複数の陽イオンが集まり，また，その逆のケースも生じてイオン雲を生じる．

この濃度aはG.N. Lewisによって活量（activity）と名づけられ，次式で定義された．

$$a_i = f_i C_i \tag{1・12}$$

ここで，C_iはイオンiの濃度，f_iはその活量係数（activity coefficient）である．濃度Cは通常，モル濃度で表わされるので，活量もモル濃度と同じ単位（mol dm^{-3}）をもつ．

(2) 活量係数

活量係数は，溶液中のイオン間の引力を補正する係数で，イオンの総

表1-4 水和イオンのイオン径に関するパラメーターと活量係数

無機イオン (Inorganic ion)	Parameter $10^8 a$	Total ionic concentration			
		0.001	0.01	0.05	0.1
H^+	9	0.975	0.933	0.88	0.86
Li^+	6	0.975	0.929	0.87	0.835
$Rb^+, Cs^+, NH_4^+, Ti^+, Ag^+$	2.5	0.975	0.924	0.85	0.80
$K^+, Cl^-, Br^-, I^-, CN^-, NO_2^-, NO_3^-$	3	0.975	0.925	0.85	0.805
$OH^-, F^-, NCS^-, NCO^-, HS^-, ClO_3^-, ClO_4^-, BrO_3^-, IO_4^-, MnO_4^-$	3.5	0.975	0.926	0.855	0.81
$Na^+, CdCl^+, ClO_2^-, IO_3^-, HCO_3^-, H_2PO_4^-, HSO_3^-, H_2AsO_4^-,$ $[Co(NH_3)_4(NO_2)_2]^+$	4-4.5	0.975	0.928	0.86	0.82
$Hg_2^{2+}, SO_4^{2-}, S_2O_3^{2-}, S_2O_6^{2-}, S_2O_8^{2-}, SeO_4^{2-}, CrO_4^{2-}, HPO_4^{2-}$	4	0.903	0.740	0.545	0.445
$Pb^{2+}, CO_3^{2-}, SO_3^{2-}, MoO_4^{2-},$	4.5	0.903	0.742	0.55	0.455
$Sr^{2+}, Ba^{2+}, Ra^{2+}, Cd^{2+}, Hg^{2+}, S^{2-}, S_2O_4^{2-}, WO_4^{2-}$	5	0.903	0.744	0.555	0.465
$Ca^{2+}, Cu^{2+}, Zn^{2+}, Sn^{2+}, Mn^{2+}, Fe^{2+}, Ni^{2+}, Co^{2+}$	6	0.905	0.749	0.57	0.485
Mg^{2+}, Be^{2+}	8	0.906	0.755	0.595	0.52
$PO_4^{3-}, [Fe(CN)_6]^{3-}, [Cr(NH_3)_6]^{3+}, [Co(NH_3)_6]^{3+},$ $[Co(NH_3)_5(H_2O)]^{3+}$	4	0.796	0.505	0.25	0.16
$[Co(ethylenediamine)_3]^{3+}$	6	0.798	0.52	0.28	0.195
$Al^{3+}, Fe^{3+}, Cr^{3+}, Sc^{3+}, Y^{3+}, La^{3+}, In^{3+}, Ce^{3+}, Pr^{3+}, Nd^{3+}, Sm^{3+}$	9	0.802	0.54	0.325	0.245
$[Fe(CN)_6]^{4-}$	5	0.668	0.31	0.10	0.048
$[Co(S_2O_3)(CN)_5]^{4-}$	6	0.670	0.315	0.105	0.055
$Th^{4+}, Zr^{4+}, Ce^{4+}, Sn^{4+}$	11	0.678	0.35	0.155	0.10
$[Co(SO_3)_2(CN)_4]^{5-}$	9	0.542	0.18	0.045	0.020
有機イオン (Organic ion)	Parameter $10^8 a$	Total ionic concentration			
		0.001	0.01	0.05	0.1
$HCOO^-, H_2citrate^-, CH_3NH_3^+$	3.5	0.975	0.926	0.855	0.81
$CH_3COO^-, (C_2H_5)_2NH_2^+, NH_2CH_2COO^-$	4.5	0.975	0.928	0.86	0.82
$CHCl_2COO^-$	5	0.975	0.928	0.865	0.83
$C_6H_5COO^-, C_6H_4OHCOO^-$	6	0.975	0.929	0.87	0.835
$(C_6H_5)_2CHCOO^-, (C_3H_7)_4N^+$	8	0.975	0.931	0.880	0.85
$(COO)_2^{2-}, Hcitrate^{2-}$	4.5	0.903	0.741	0.55	0.45

J.Kielland, *Journal of the American Chemical Society*, 59, 1675 (1937); Individual Activity Coefficients of Ions in Aqueous Solution.

数ならびにそれらの電荷によって変化する。表1-4に各イオンについてのイオン強度と活量係数との関係を示す。

一般に，単純な電解質の希薄溶液（10^{-4} M以下）では，活量係数はほぼ1に等しいので，活量は濃度と等しいとみなせる。しかし，濃度が10^{-4} M以上になるか，あるいは他の電解質が加わると活量係数は1より小さくなるので，活量は分析濃度より小さくなる。

Debye-Hükel理論によれば，希薄な濃度の溶液における活量係数はイオンの電荷とイオン強度に依存し，式（1・13）により近似できる。

$$-\log f_i = \frac{A Z_i^2 \sqrt{\mu}}{1 + B a \sqrt{\mu}} \qquad (1 \cdot 13)$$

ここで，A, Bは定数であり，25℃の水溶液では$A = 0.509$ mol$^{-1/2}$ dm$^{3/2}$, $B = 0.33 \times 10^8$ cm^{-1} mol$^{-1/2}$ dm$^{3/2}$, aは水和イオンの径に相当するパラメーター（Å）である。

表 1-4 に示すように,ほとんどの一価イオンの a は,約 3×10^{-8} cm なので,式 (1・13) は式 (1・14) のように簡略化できる。

$$-\log f_i = \frac{0.51 Z_i^2 \sqrt{\mu}}{1+\sqrt{\mu}} \qquad (1・14)$$

溶液のイオン強度が 0.01 以下では式 (1・14) が,また,イオン強度が約 0.2 まで式 (1・13) が適用できる。

なお,単一イオンの活量係数は,実験的に測定できないので,電解質 A_mB_n の平均活量係数を求めることとなる。A イオン,B イオンの活量係数を f_A, f_B とすると,平均活量係数は式 (1・15) で定義される。

$$(f_\pm)^{m+n} = f_A^m f_B^n \qquad (1・15)$$
$$f_\pm = \sqrt[m+n]{f_A^m f_B^n} \qquad (1・16)$$

(3) イオン強度

1 つの電解質の平均活量係数は,他の電解質が共存すると変化する。1 価 1 価型の平均活量係数は,電解質の濃度の和すなわち全濃度に依存して変化するが,多価イオンの塩が共存する場合は,全濃度が同じであっても平均活量係数は同じにならない。G.N. Lewis は,イオン強度 (ionic strength) という新しい項を考え,総電解質濃度の尺度として式 (1・17) を定義した。

$$\mu = \frac{1}{2}\sum C_i Z_i^2 = \frac{1}{2}(C_1 Z_1^2 + C_2 Z_2^2 + C_3 Z_3^2 + \cdots) \qquad (1・17)$$

ここで,μ はイオン強度,Z_i は個々のイオンの電荷であり,1/2 は陽イオンと陰イオンとの平均を意味し,溶液中に存在するすべての陽イオンと陰イオンが計算に含まれる。また,(2) に記したように,強電解質それのみの溶液でも他の塩が共存しても,イオン強度が同じならばその平均活量係数も同じ値であることがわかる。

1-3-2 活量の計算例

0.001 M の $CaCl_2$ について活量を求めてみよう。

まず,イオン強度は,$\mu = 1/2(C_{Ca^{2+}} Z_{Ca^{2+}}^2 + C_{Cl^-} Z_{Cl^-}^2)$
$\qquad\qquad\qquad = 1/2(0.001 \times 2^2 + 2 \times 0.001 \times 1^2)$
$\qquad\qquad\qquad = 0.003$

ついで,活量係数を式 (1・13) より求めると

$$-\log f_{Ca^{2+}} = \frac{0.509 \times 2^2 \times \sqrt{0.003}}{1 + 0.33 \times 10^8 \times 6 \times 10^{-8} \times \sqrt{0.003}} = 0.101$$

$$f_{Ca^{2+}} = 0.793$$

$$-\log f_{Cl^-} = \frac{0.509 \times 1^2 \times \sqrt{0.003}}{1 + 0.33 \times 10^8 \times 3 \times 10^{-8} \times \sqrt{0.003}} = 0.026$$

$$f_{Cl^-} = 0.942$$

さらに平均活量係数を求めるなら

$$f_{\pm} = \sqrt[3]{(0.793 \times 0.942^2)} = 0.889$$

また，各々のイオンの活量は

$$C_{Ca^{2+}} = 0.793 \times 0.001 = 0.000793 = 7.93 \times 10^{-4} \, M$$

$$C_{Cl^-} = 0.942 \times 0.002 = 0.00188 = 1.88 \times 10^{-3} \, M$$

1-3-3　ギブズの自由エネルギーと化学ポテンシャル

定温定圧下で式（1・18）の化学反応が左右どちらに進むのかは，この系の自由エネルギー（free energy）の変化量に関わる。

$$mA + nB \cdots = pX + qY \cdots \tag{1・18}$$

ここでいう自由エネルギーとは，ギブズ（Gibbs）の自由エネルギー G であり，式（1・19）で定義される。

$$G = H - TS \tag{1・19}$$

式中の H はエンタルピー（enthalpy）でエネルギー因子（熱容量）を，S はエントロピー（entropy）で反応の確率因子（無秩序さ）を意味し，T は絶対温度（absolute temperature）を示す。反応にともなう自由エネルギーの変化量は，式（1・20）で示される。

$$\Delta G = \Delta H - T\Delta S \tag{1・20}$$

ΔG の値が負となるとき，反応は自発的に進む。いいかえると，反応する際，発熱（ΔH が負）を伴い，反応した後に分子数が増加するなどの無秩序さが増大する（ΔS が正）ほど，反応が起こりやすいということになる。なお，ΔG は電気化学的にあるいは平衡定数から求められ，ΔH は熱量計を用いて直接測定できる。

ところで，系の自由エネルギーは式に示す個々の成分の化学ポテンシャル（chemical potential）に由来すると考えられている。

$$\mu_i = \mu_i^\circ + RT \ln a_i \qquad (1 \cdot 21)$$

式中の μ_i は，化学種 i の化学ポテンシャルで，温度，圧力，および化学種 i 以外の全ての化学種の物質量を一定に保った状態で，化学種 i の物質量の変化に伴う自由エネルギー変化を表わす。μ_i° は化学種 i の活量 $a=1$ のときの μ_i の値で，R は気体定数である。さて，式（1・18）の各化学種の化学ポテンシャルについて

$$m\mu_A + n\mu_B + \cdots > p\mu_X + q\mu_Y + \cdots \qquad (1 \cdot 22)$$

の関係があるとき，式（1・18）の反応は右向きに進み，やがてどちらにも反応しないように見える状態，いわゆる平衡状態に達する。その際，ΔG は極小（0）で

$$m\mu_A + n\mu_B + \cdots = p\mu_X + q\mu_Y + \cdots \qquad (1 \cdot 23)$$

が成り立つ。式（1・21）を式（1・23）に代入して整理すると

$$p\mu_X + q\mu_Y + \cdots - (m\mu_A + n\mu_B + \cdots) = \\ p\mu_X^\circ + q\mu_Y^\circ + \cdots - (m\mu_A^\circ + n\mu_B^\circ + \cdots) + RT \ln \frac{a_X^p a_Y^q \cdots}{a_A^m a_B^n \cdots} \qquad (1 \cdot 24)$$

となる。ここで，$p\mu_X + q\mu_Y + \cdots - (m\mu_A + n\mu_B + \cdots)$ はその系の自由エネルギー変化（ΔG）であり，また $p\mu_X^\circ + q\mu_Y^\circ + \cdots - (m\mu_A^\circ + n\mu_B^\circ + \cdots)$ を**標準自由エネルギー変化**（standard free energy change）（ΔG°）とすると，式（1・24）は

$$\Delta G = \Delta G^\circ + RT \ln \frac{a_X^p a_Y^q \cdots}{a_A^m a_B^n \cdots} \qquad (1 \cdot 25)$$

となる。平衡状態では，ΔG の値は極小（ゼロ）なので，式（1・25）は

$$-\Delta G^\circ = RT \ln \frac{a_X^p a_Y^q \cdots}{a_A^m a_B^n \cdots} \qquad (1 \cdot 26)$$

となる。ここで ΔG° は活量に依存せず一定であるから，式（1・26）は

$$\exp(-\Delta G^\circ / RT) = \frac{a_X^p a_Y^q \cdots}{a_A^m a_B^n \cdots} \qquad (1 \cdot 27)$$

となる。すなわち温度一定では $(a_X^p a_Y^q \cdots / a_A^m a_B^n \cdots)$ は定数であり

$$\frac{a_X^p a_Y^q \cdots}{a_A^m a_B^n \cdots} = K \qquad (1\cdot28)$$

と書ける。

式（1・28）で表わされる K は，**熱力学的平衡定数**（thermodynamic equilibrium constant）あるいは活量定数と呼ばれ，物質の熱力学的な性質を議論するのに重要である。

なお，式（1・29）に示すように，濃度の関数として表わされる平衡定数 K' は

$$K' = \frac{[X]^p[Y]^q \cdots}{[A]^m[B]^n \cdots} \qquad (1\cdot29)$$

濃度平衡定数（concentration equilibrium constant）あるいは見かけの平衡定数と呼ばれ，通常の化学分析（酸塩基，酸化還元，沈殿ならびに錯滴定）の条件設定に利用される。化学平衡と平衡定数の応用については，次章で述べる。

───── **練習問題** ─────

1-1 化合物の名称と化学式に関する問いに答えよ。

1) ①〜⑩の化合物の和名と構成元素の酸化数を例にならってすべて示せ。

① NaH ② CaH_2 ③ OF_2 ④ $CrCl_3$ ⑤ Na_3PO_3 ⑥ NaH_2PO_3 ⑦ $PbSO_3$ ⑧ $FeSO_4$ ⑨ $Fe_2(SO_4)_3$ ⑩ $Pb(NO_3)_2$

解答例　$NaHSO_3$：亜硫酸水素ナトリウム
Na：+1，H：+1，S：+4，O：−2

2) ⑪〜⑳の化合物の化学式を記せ。

⑪ 硝酸カリウム，⑫ 亜硝酸ナトリウム，⑬ 酸化マンガン（Ⅱ），⑭ 酸化マンガン（Ⅶ），⑮ 過酸化ナトリウム，⑯ 次亜塩素酸カリウム，⑰ 塩素酸カリウム，⑱ 亜硫酸水素ナトリウム，⑲ 硫酸ナトリウム，⑳ ヨウ素酸ナトリウム

1-2 百分率濃度に関する問いに答えよ。

1) 塩化ナトリウム 20.0 g を水に溶かして 150 g 溶液とした。この溶液の $C\%_{(w/w)}$ を求めよ。

2) 塩化ナトリウム 20.0 g を水 150 g に溶かした。この溶液の $C\%_{(w/w)}$ を求めよ。

3) 溶媒 A g を用いて質量％濃度が B％の溶液を調製したい。必要

な溶質の質量を A, B を含む文字式で示せ。

4) 溶質 C g を用いて $D\%_{(w/w)}$ の溶液を調製したい。得られる溶液の質量を C, D を含む文字式で示せ。

5) 溶質 E g を用いて $F\%_{(w/w)}$ の溶液を調製した。得られた溶液の密度は G g/cm^3 であった。得られた溶液の体積を E～G を含む文字式で示せ。

6) $O\%_{(w/w)}$ の溶液が P g ある。溶質のモル質量は Q g/mol であり，溶液の密度は R g/cm^3 である。この溶液のモル濃度を O～R で必要な記号を用いて，文字式で示せ。

1-3 36.0 $\%_{(w/w)}$ の酢酸水溶液の密度は 1.041 g/mL である。次の問いに答えよ。

1) この酢酸水溶液のモル濃度を求めよ。

2) 1.00 M の酢酸水溶液 500 mL を調製したい。必要な 36.0 $\%_{(w/w)}$ 酢酸の体積を求めよ。

> この問題は，実際に実験する際の試薬溶液を調製する際の考え方を示す。

1-4 A M の溶液が B mL ある。次の問いに答えよ。

1) この溶液に含まれる溶質の物質量を文字式で示せ。

2) 溶質のモル質量を C g/mol とすると，この溶液を調製するのに必要な溶質の質量を文字式で示せ。

3) この溶液の濃度を ppm で表わせ。

1-5 0.110 M BaCl$_2$ 溶液 750 mL について，次の問いに答えよ。
  Ba：137.33, Cl：35.45

1) 塩化物イオンのモル濃度を求めよ。

2) この溶液を調整するのに必要な BaCl$_2$・2H$_2$O の質量を求めよ。

3) この溶液 750 mL に水を加えて 0.050 M の溶液としたい。追加すべき水の体積を求めよ。

4) 0.050 M BaCl$_2$ 溶液 10 mL に水を加えて 2.00 L とした。Ba^{2+} および Cl$^-$ の濃度を ppm で表わせ。

5) 0.050 M BaCl$_2$ 溶液 10 mL に水を加えて Ba^{2+} 濃度が 20 ppm の溶液を調製したい。調製できる溶液の体積を求めよ。

1-6 塩化ナトリウム，硝酸鉄（III），硫酸アルミニウムについて次の問いに答えよ。

1) 各々の組成式を記せ。

2) 各々のモル質量を求めよ。

3) 各々の化合物の 10.0 g を秤りとった。最も物質量が多いのはどの化合物の場合か。その物質量を示せ。

4) 各々の化合物の 10.0 g を水に溶かして 350 mL 溶液とした。各々のモル濃度を示せ。

5) 2.55×10^{-2} M 塩化ナトリウム水溶液の 25.0 mL に硝酸銀水溶液を適切に加えて，塩化物イオンのすべてを塩化銀とした。得られる塩化銀の質量を求めよ。

6) 2.55×10^{-2} M 硝酸鉄（Ⅲ）水溶液の 25.0 mL に水酸化ナトリウム水溶液を適切に加えて，鉄イオンのすべてを水酸化鉄（Ⅲ）とした。得られる水酸化鉄（Ⅲ）の質量を求めよ。

7) 2.55×10^{-2} M 硝酸鉄（Ⅲ）水溶液の 25.0 mL に水を加えて 1000 mL とした。この溶液の鉄イオンおよび硝酸イオンの濃度をそれぞれ ppm$_{(w/v)}$ で示せ。

1-7 炭酸水素ナトリウムを加熱（燃焼ではない）すると CO_2 および水が発生し，残渣として炭酸ナトリウムが生じる。この熱分解反応について，次の問いに答えよ。

1) この化学変化の反応式を記せ。

2) 純度 100 % の炭酸水素ナトリウム 0.3000 g を加熱して生じる炭酸ナトリウムの質量を求めよ。

3) 加熱しても変化しない不純物を含む炭酸水素ナトリウムの試料がある。この試料の 0.3000 g を加熱すると，0.1980 g の残渣が得られることがわかった。試料中の炭酸水素ナトリウムの割合を質量百分率で示せ。

1-8 塩化ナトリウムと塩化カリウムのみからなる試料 0.5311 g を適切に処理して，1.1519 g の塩化銀を得た。試料中の塩化ナトリウム含有率を百分率で示せ。

1-9 次の①～⑥の化学変化について，次の問いに答えよ。
① $\underline{S}^{2-} \rightarrow \underline{S}O_4^{2-}$　② $\underline{Br}O^- \rightarrow \underline{Br}^-$　③ $K_2\underline{Cr}_2O_7 \rightarrow \underline{Cr}_2(SO_4)_3$
④ $\underline{Fe}SO_4 \rightarrow \underline{Fe}_2(SO_4)_3$　⑤ H_2O_2 が酸化剤として働く場合
⑥ H_2O_2 が還元剤として働く場合

1) ①～④で under line をつけた元素の酸化数を示せ。

2) ①～⑥の化学変化について，半反応式で示せ。

3) 次の番号を組み合わせて，酸化還元反応式を記せ。①と②よりイオン反応式を記せ。③と④および⑤と⑥では全反応式を記せ。

1-10 5.00×10^{-1} M HCl および 1.00×10^{-2} M HCl があり，各々の活量係数は，0.757 および 0.924 である。各々の溶液の水素イオン活量および pH を求めよ。

1-11 モル濃度が 0.1 M および 0.001 M である塩化ナトリウム溶液について，平均活量係数を計算し，表 1-4 の値と比較せよ。また，Na^+ イオンの活量係数も求めよ。

課　題 1-1　試薬カタログに見る市販試薬溶液の濃度の種類を調査せよ。

課　題 1-2　環境基本法に見る濃度標記を調査せよ。

宿　題
次の語句の意味，または定義を調べよ。
① 質量作用の法則
② 電荷均衡則
③ 物質収支

2章　質量作用の法則と化学平衡

到達目標

電荷均衡則・プロトン収支を理解し，電解質溶液の平衡時の濃度を表わせる。

平衡定数の算出とその値から，生成物の濃度計算ができる。

平衡定数がギブスの自由エネルギーと関連し，反応系の熱力学的性質を理解できる。

2-1　化学方程式

化学反応式は，反応物（reactant）が生成物（product）となる化学変化を表したものであり，化学方程式とも呼ばれる。

例えば，$AgNO_3 + NaCl \rightarrow AgCl + NaNO_3$ は，1 mol（169.91 g）の硝酸銀と 1 mol（58.44 g）の塩化ナトリウムとが定量的に反応して，1 mol（143.35 g）の塩化銀と 1 mol（85.00 g）の硝酸ナトリウムが生じることを意味する。すなわち，化学方程式は化学量論的計算（stoichiometric calculation）の根拠となる。しかし，反応がどの程度の速さ（反応速度）ならびに反応終了後の溶液中の各物質の量関係（平衡定数）に関しては，化学方程式から知ることはできない。

2-1-1　物質収支，電荷均衡，プロトン均衡

化学方程式では，物質収支（mass balance）と電荷均衡（charge balance）およびプロトン均衡の法則が成立する。

（1）物質収支

物質収支は，質量均衡（material balance）の法則ともよばれ，反応系に加えられた元素は化学変化によって形態が変わっても，消滅することはないし，増加することもない。すなわち，反応系に関与する元素の全量（物質量）は反応前後で変化しない。このため，量論的計算が可能となる。

例えば，$C_{Cu^{2+}}$ の濃度の $CuSO_4$ 溶液にアンモニア水を加えてアンミン錯体をつくろうとしたところ，ある条件では $Cu(NH_3)^{2+}$，$Cu(NH_3)_2^{2+}$，$Cu(NH_3)_3^{2+}$，$Cu(NH_3)_4^{2+}$ と遊離の Cu^{2+} が存在した。この場合の物質収支は，式（2・1）で表わされる。

$$C_{Cu^{2+}} = [Cu^{2+}] + [Cu(NH_3)^{2+}] + [Cu(NH_3)_2^{2+}]$$
$$+ [Cu(NH_3)_3^{2+}] + [Cu(NH_3)_4^{2+}] \quad (2 \cdot 1)$$

(2) 電荷均衡

電気的中性の規則（electroneutrality principle）*1 とも呼ばれ，次のように定義されている。

電解質溶液は過剰の正あるいは負の電荷をもつことなく，すべての溶液は電気的に中性であり，溶液中の正電荷の総和と負電荷の総和は厳密に等しい。

なお，これらの法則は，溶液内での平衡を取扱う場合に最も重要であり，濃度表記で $[M^{n+}]$ と記した場合は，平衡状態における M^{n+} のモル濃度を表わす。

電荷均衡則の例として，次の溶液について考えてみよう。

1) NaCl の水溶液では，Na^+，Cl^- が存在する。それらの量関係を電荷均衡則に従い表わすと

$$[Na^+] = [Cl^-] \quad (2 \cdot 2)$$

となる。

2) NaCl と $CaCl_2$ の混合水溶液では，Na^+，Ca^{2+}，Cl^- が存在する。この場合は

$$[Na^+] + 2[Ca^{2+}] = [Cl^-] \quad (2 \cdot 3)$$

となる。

3) 弱電解質の三塩基酸 H_3A をモル濃度が C_T となるように水に溶かした場合，水溶液中には H_3A，H_2A^-，HA^{2-}，A^{3-} が存在することになる。これら化学種の濃度関係を物質収支に従い表わすと，式（2・4）となる。

$$C_T = [H_3A] + [H_2A^-] + [HA^{2-}] + [A^{3-}] \quad (2 \cdot 4)$$

また，電荷均衡則を適用すると，式（2・5）が成立する。

$$[H^+] = [H_2A^-] + 2[HA^{2-}] + 3[A^{3-}] \quad (2 \cdot 5)$$

もし，酸から生じた水素イオン濃度が極めて希薄な場合は，水の電離による影響も考慮しなければならない。例えば，H_3A，H_2A^-，HA^{2-}，A^{3-} の酸由来の化学種に加えて H_2O，H^+ および OH^- を含めて電荷均衡則を適用することとなり，そのような場合，式（2・5）は $[H^+] = [OH^-] + [H_2A^-] + 2[HA^{2-}] + 3[A^{3-}]$ となる。

---

*1 電気的中性の原理
正確には，分子内の電荷分布について，L. Pauling の提唱した半経験的原理をいう。電荷の異なった原子間に結合が生じるときに，電荷分布ができるだけ中性となるように，電荷分布の再配置が起こり，各原子が中性に近い電荷をもった分布となることをいう。

環境計量士の資格試験の続き
本書で紹介する以外に，環境基本法，大気汚染防止法，水質汚濁防止法の法規，化学結合に関する事柄，物質の三態，機器分析法や排ガス，排水，廃棄物のサンプリング法などに関する知識が問われる（p. 12 参照）。

(3) プロトン収支

プロトン収支（proton balance）は，水素イオンを放出して生成する化学種の濃度の和と水素イオンを受け取って生成する化学種の濃度の和が水素イオンの数に関して釣り合うという考え方であり，物質収支と電荷均衡の法則とも密接に関係している。

プロトン収支の例として，NH_4Cl の水溶液を考える。

NH_4^+ と H_2O から H^+ が解離して NH_3 と OH^- となり，一方，H_2O は H^+ を受け取り H_3O^+（略して H^+ と書く）となり，釣り合うので式 (2・6) が成り立つ。

$$[H^+] = [NH_3] + [OH^-] \qquad (2\cdot6)$$

2-2 化学反応と化学平衡

2-2-1 反応速度

反応速度（reaction rate）は，化学反応に関与する物質の単位時間あたりの変化量として定義される。濃度は通常，モル濃度（記号 M：単位 mol/L）で表わされているので，反応速度は単位時間あたりのモル濃度の変化（単位 M/s）で表わされることになる。

反応速度は多くの因子の影響を受ける。一般的に，反応する化学種がイオン－イオン間である場合の反応は速く，分子－分子間の反応は比較的遅い。また，温度の影響を大きく受け，温度の上昇とともに反応速度は増加する。触媒が存在する系では反応は速められる。さらに濃度の増大にともなって速度は増加する。他に溶媒も速度に影響する。

2-2-2 質量作用の法則と化学平衡

質量作用の法則（law of mass action）は，1867 年に C. M. Guldberg と P. Waage によって提唱され，1887 年，J. H. van't Hoff によって確立されたといわれている。その根拠となる事例は次のようである。実験室的には右向きに進行する反応『$Na_2CO_3 + CaCl_2 \rightarrow 2\,NaCl + CaCO_3$』が，中東のある湖では反対方向『$2\,NaCl + CaCO_3 \rightarrow Na_2CO_3 + CaCl_2$』に進行する。その原因は，湖水中に多量に存在する NaCl と湖岸が石灰石であるためと考えられた。すなわち，反応の進む方向は，存在する物質の mass＝量の影響を強く受けることから，平衡定数が物質の量を表す濃度の積で表されたことがうなずける（先人が mass を質量と誤訳したため質量作用の法則といわれる）。

我々が取り出せるのは電気的に中性な化合物

ガスでも固体物質で取り出せるのは，電気的に±0の物質に限られる。H_2 は取り出せても，H^+ のみは取り出せない。しかし，部分的に偏らせることができ，それが pH 測定に利用されるガラス電極である。

(1) 溶液中での平衡（生成反応）

式 (2・7) の反応をもとに，質量作用の法則なる考えをたどってみよう。

m mol の A と n mol の B … が反応して，p mol の X と q mol の Y … が生成する反応において，右向きの反応速度は v_1 で，左向きの反応速度は v_2 であるとし，反応式で表わすと式 (2・7) となる。

$$m\text{A} + n\text{B} + \cdots \underset{v_2}{\overset{v_1}{\rightleftarrows}} p\text{X} + q\text{Y} + \cdots \qquad (2\cdot 7)$$

化学変化の進行を左右する主な因子として，温度，圧力，濃度が上げられるが，気体の発生をともなわない限り，圧力の変化は無視できる。また，実際の化学分析における反応は，通常大気圧下，室温で行われ，比較的希薄溶液内での反応なので反応熱による温度変化も無視できる。そこで，圧力・温度を一定とするなら，式 (2・7) の化学変化は溶質の量（濃度）のみに左右されることになる。すなわち，右方向への化学変化の反応速度 v_1 と逆方向への反応速度 v_2 は，次式のように濃度のべき関数で表わされる。

$$v_1 = k_1 [\text{A}]^m [\text{B}]^n \cdots \qquad (2\cdot 8)$$
$$v_2 = k_2 [\text{X}]^p [\text{Y}]^q \cdots \qquad (2\cdot 9)$$

ここで，[A]，[B] … [X]，[Y] … は物質のモル濃度を，k_1，k_2 は反応速度定数 (rate constant) を表わす。m, n, $\cdots p$, q, $\cdots$ は定数であり，$(m + n + \cdots + p + q + \cdots)$ を反応次数 (order of reaction) と呼ぶ。（なお，反応次数は実験的な確認を経て決められるもので，式 (2・7) 中の化学量論的係数およびその和と一致しないこともある）

反応が見掛け上起こらなくなるのは $v_1 = v_2$ であり，このとき反応が平衡に達したという。その関係から，次式が得られる。

$$\frac{[\text{X}]^p [\text{Y}]^q \cdots}{[\text{A}]^m [\text{B}]^n \cdots} = \frac{k_1}{k_2} = K' \qquad (2\cdot 10)$$

1章に述べたように，K' を濃度平衡定数あるいは見かけの平衡定数とよび，分析化学では各種測定条件の設定に利用される。一方，物理化学的には，反応系のイオン強度を整え，活量で評価される。厳密には式 (1・28) の熱力学的平衡定数と異なるが，式 (2・11) に示すように

$$\Delta G^\circ = -RT \ln \frac{a_\text{X}^p a_\text{Y}^q \cdots}{a_\text{A}^m a_\text{B}^n \cdots} \fallingdotseq -RT \ln \frac{[\text{X}]^p [\text{Y}]^q \cdots}{[\text{A}]^m [\text{B}]^n \cdots} \qquad (2\cdot 11)$$

により，その反応系の自由エネルギー変化を導くことができる。別途，

JIS について

日本工業規格（Japanese industrial standards: JIS）は，工業標準化法（昭和24年）に基づき，すべての工業製品について制定されているわが国の規格をいう。その規格は3種類に大別される。

①基本規格：用語・記号・単位・標準数などの共通項目を規定したもの。

②方法規格：試験・分析・検査・測定法についての作業標準を規定したもの。

③製品規格：形状・寸法・材質・品質・性能・機能等を規格したもの。

例えば，化学関連で一般共通の項で，「検量線」の用語を見ると，「物質の特定の性質，量，濃度などと測定値との関係を表わした線。校正曲線ともいう。」と定義されており，対応する英語は「calibration curve, working curve」と記載されている。実験を進めるうえで，曖昧な知識についてはJISで確認してほしい。その導入部分となる項目も「化学便覧」にまとめられている。

熱量測定により反応のエンタルピー変化（ΔH）を求めると，式（1・20）より ΔS の算出できるので，ΔS の違いによる反応系の議論まで発展させることができる。

例として，次式の錯体生成反応の平衡定数について考える。

$$Cd^{2+} + 4\,CH_3NH_2 \rightleftharpoons [Cd(CH_3NH_2)_4]^{2+}$$

上記の生成反応に質量作用の法則を適用すると

$$K' = \frac{[Cd(CH_3NH_2)_4^{2+}]}{[Cd^{2+}][CH_3NH_2]^4} \text{ となる。}$$

各化学種の平衡時の濃度を，イオン強度等を整えて計測し，熱力学的平衡定数が

$$K = \frac{a_{[Cd(CH_3NH_2)_4]^{2+}}}{a_{Cd^{2+}} \cdot a^4_{CH_3NH_2}} = 3.31 \times 10^6 \text{ と求められている。}$$

また，その際の標準生成エンタルピーは $\Delta H^\circ = -57.3\,kJ\,mol^{-1}$ と計測されている。

平衡定数の値を用いて，式（2・10）により ΔG° を求めると

$$\Delta G^\circ = -8.3145 \times (25+273) \times 2.303 \times \log(3.31 \times 10^6) = -37.2\,kJ\,mol^{-1}$$

を得る。

また，式（1・20）より，ΔS を求めると

$-37.2 = -57.3 - (25+273) \times \Delta S$ より，$\Delta S^\circ = -67.4\,J\,mol^{-1}K^{-1}$ を得る。類似する反応系で同様の実験を行い，配位子や中心金属イオンの違いを熱力学的に評価することになる。このようにして得られた情報が，新たな配位子の分子設計・合成に反映される。

(2) 溶液中での平衡（解離反応）

1887年 Arrhenius は，電解質化合物は水溶液中において，その一部がイオンに解離して存在すると考えた（電離説：Arrenius theory）。イオンに解離することを電離（ionization）という。Ostowald は，電解質の電離平衡に質量作用の法則を適用した。現在では，当たり前のように扱われているが，まず，電離という現象も1つの化学平衡であるとの考えである。ある物質，BAが電離して B^+，A^- を与えるとし，式（2・12）が考えられた。

$$BA \rightleftharpoons B^+ + A^- \qquad (2\cdot12)$$

ここで，物質BAがイオンに分かれる割合として電離度（γ: degree of dissociation）が用いられた。BAの初濃度 C における電離度を γ とす

環境保全に関する法律にみる濃度について

水質汚濁防止法や土壌汚染対策法にみられる濃度，例えば排水基準にみるカドミウムの許容濃度は 0.1 mg/L，土壌含有量基準にみるカドミウムは ≤ 150 mg/L とわかりやすい。これに対して，大気汚染物質の代表格である二酸化硫黄に対する環境基準濃度は，1時間値の1日平均値が0.004 ppm 以下であり，かつ1時間値が 0.1 ppm 以下であることと記載されている。1時間値とは，1時間に1回測定した値または1時間連続して測定した値の平均値のことである。1日平均値とは，1時間値24の結果の平均値である。その単位ppmは理想気体で評価した時の容積比（μL/L$\times 10^6$）で表わされる。ちなみに，脱硫技術が発達したおかげで，硫黄酸化物の環境基準は達成されている。一方，燃料の燃焼によって発生する窒素酸化物は，空気中の窒素由来である場合が多く，その低減が今日的な課題である。

ると

$$\text{平衡時のイオン種の濃度は } [B^+] = [A^-] = C\gamma$$
$$\text{未解離の BA 濃度は } [BA] = C(1-\gamma)$$

となる。これを質量作用の法則に適用すると

$$\frac{[B^+][A^-]}{[BA]} = \frac{C^2\gamma^2}{C(1-\gamma)} = \frac{C\gamma^2}{1-\gamma} = K \qquad (2\cdot 13)$$

を得る。この式の有用性を確かめるために、濃度の異なる電解質溶液の電気伝導度が調べられた。その結果、弱電解質化合物については電離平衡が成立することが確かめられた。式（2·13）が成り立つことを**オストワルドの希釈率**（Ostwald's dilution law）といわれる。

電離度 γ は溶質の種類、濃度および温度の関数であるが、ある濃度の溶液では、式（2·14）の関係にある。

$$\gamma = \frac{\Lambda(\text{ある濃度における当量伝導度})}{\Lambda_0(\text{無限希釈における当量伝導度})} \qquad (2\cdot 14)$$

種々の濃度における当量伝導度の測定から γ を求め、これを用いて式（2·13）より K の値が算出される。酢酸および塩化カリウムの水溶液について、求められた結果を表 2-1 に示す。

表 2-1 電離度と電離定数

(a) 酢酸の電離（14.1 ℃）

C	Λ	γ	$K\times 10^5$
1.03	1.27	0.0040	1.64
0.625	5.26	0.0166	1.77
0.0003	64.8	0.205	1.76
0.00013	95.1	0.301	1.73
0.00006	129	0.408	1.87
0.0	316(Λ_0)	1.00	……

(b) 塩化カリウムの電離（18 ℃）

C	Λ	γ	K
0.1	112.0	0.862	0.54
0.02	120	0.923	0.22
0.002	126.3	0.972	0.07
0.0002	129.8	0.991	0.02
0.0	130.1(Λ_0)	1.00	……

新良宏一郎, 庄野利之, 増田 勲, 「基礎分析化学」, 三共出版（1982）

表 2-1 (a) に見るように、弱電解質である酢酸の解離定数 K は各濃度においてほぼ同じ値：1.8×10^{-5} を示し、厳密に希釈率（電離平衡）が成立していることがわかる。また、弱電解質の電離度は、濃度が減少するにつれて大きくなる。よって、電解質の強弱については、電離度で

はなく解離定数の値で判断するのが妥当であることがわかる。

一方，強電解質の KCl の場合，表 2・1（b）に見るように濃度が異なると K の値は著しく変化し，希釈率は成立しないことがわかる。

（3）気相中での平衡

気相平衡の場合には，101.325 kPa で理想気体の条件で求められる。例として，$N_2O_{4(g)} \rightleftarrows 2\,NO_{2(g)}$ の反応系について考える。

各々のガスの濃度を mol/L で表わし，質量作用の法則を適用すると

$$K_c = \frac{[NO_2]^2}{[N_2O_4]} \qquad (2\cdot15)$$

となる。K_c は濃度平衡定数を表わす。

ここで，理想気体（law of ideal gases）の状態方程式（equation of state）は

$$PV = nRT \qquad (2\cdot16)$$

であり，ガスの濃度 C として $[NO_2]$ および $[N_2O_4]$ は n/V となっているので，式（2・16）にあてはめると，各々のガスの圧力は

$$P_{NO_2} = [NO_2]RT \text{ および } P_{N_2O_4} = [N_2O_4]RT \qquad (2\cdot17)$$

と成分濃度の関数となる。よって

$$K_P = \frac{(P_{NO_2})^2}{P_{N_2O_4}} = \frac{[NO_2]^2 R^2 T^2}{[N_2O_4]RT} = K_c RT \qquad (2\cdot18)$$

を得る。

$$\text{一般に，} K_P = K_c(RT)^{\Delta n} \qquad (2\cdot19)$$

であり，Δn は，気体の物質量の変化を示す。もちろん，$\Delta n = 0$ の場合，$K_P = K_c$ となる。K_P は圧平衡定数と呼ばれ，$-\Delta G^\circ = RT \ln K_P$ より，ギブスの標準自由エネルギーが求められる。

他に，溶液平衡，気相平衡のほかに液相と気相間の平衡：気液平衡もあるが，物理化学で学ぶ。

なお，反応機構や反応の遷移状態は，反応速度の解析で調べられるもので，平衡定数はもっぱら，次のように応用される。

2-2-3 ル・シャトリエの原理

本章の冒頭にも述べたように，化学平衡には，反応系に関わる物質の濃度・圧力・温度が影響をおよぼす。

置換活性と置換不活性

H. Taube は，金属イオンの錯形成反応あるいは金属錯体の配位子置換反応の速さを 0.1 M 溶液で調べ，1 分以内に反応が終わる場合には，その錯体は置換活性（labil），それ以上に時間がかかる錯体については置換不活性（inert）と区分した。多くの金属錯体は置換活性であるが，Cr^{3+}，Co^{3+}，Rh^{3+}，Ru^{2+}，Mo^{3+} の錯体は置換不活性錯体といわれる。このような金属イオンに配位子を加えても反応は瞬時に完結しない。

例えば，平衡状態に達した反応系に，原料となる反応物を加えて増加させると，それを減らす方向に平衡は右へと移動する。一方，生成物を加えるとそれらを減らす方向に平衡は左へと移動する。このように平衡状態に達した系に温度・圧力・濃度などを変化させると，その変化を打ち消す方向に反応が移動する。これをル・シャトリエの原理 (Le Chatelier's principle) という。以下に，反応におよぼす濃度以外の影響を考える。

(1) 温度の影響と活性化エネルギー

熱を加えて反応系の温度を上昇させると，吸熱する方向に進行し，加えられた熱の影響を小さくする方向に移動する。すなわち，吸熱反応において温度を上昇させると，平衡は生成物が増加する方向に移行して平衡状態に達する。一方，発熱反応をともなう場合，温度を上昇させると出発物に戻る方向に移動する。これを利用し，温度を変えて反応速度定数を測定すると，その反応系の活性化エネルギーが求められる。S. Arrhenius は，反応速度定数 (k) と温度との関係について，次の式 (2・20) を提案した。

$$k = A \exp(-E_a/RT) \tag{2・20}$$

式 (2・20) はアレニウス式 (Arrhenius equation) と呼ばれ，A は頻度因子 (frequency factor)，E_a は活性化エネルギー (activation energy) という。また，式 (2・20) は

$$\ln k = -\frac{E_a}{RT} + \ln A \tag{2・21}$$

と書ける。2つの温度 T_1 および T_2 における速度定数を k_1 および k_2 とすると

$$\ln \frac{k_2}{k_1} = -\frac{E_a}{R}\left(\frac{1}{T_2} - \frac{1}{T_1}\right) \tag{2・22}$$

を得る。この関係から活性化エネルギーが求まる。

実験する際は，種々の温度における速度定数を求め，横軸 $1/T$ に対する縦軸 $\ln k$ をプロットする。最小二乗法 (method of least squares) に従い回帰分析 (regression analysis) を行い，傾き $-E_a/R$ ならびに $1/T = 0$ に位置する切片 $\ln A$ が求められる。

(2) 圧力の影響

液相反応においては一般に体積変化が小さいので，溶液平衡におよぼす圧力の影響は比較的小さい。これに対して，2-2-2 にも述べたように，

平衡定数は反応速度と無関係

平衡定数は，反応しなくなった時点での反応物と生成物の濃度比を表す。またその値は，自由エネルギー変化に換算できる。平衡定数は反応の速さとは無関係であることに注意しよう。活性化（自由）エネルギーは反応速度の実験から求められる。

反応速度の詳細な取り扱いは，物理化学を参照せよ。

気相反応の場合には，大きな体積変化を伴うことが多く，平衡の位置は圧力の影響を敏感に受ける。とくに，反応にともなって分子の数が変化する場合，その系の圧力を減少させると，圧力を減少させない方向，すなわち分子の数が増加する方向に平衡は移動する。

(3) 触媒の影響

触媒（catalyst）は，反応系に共存させて反応速度を増大させる働きをする物質で，それ自身は変化せず，反応の化学量論には無関係である。すなわち正または逆方向の反応速度には影響を及ぼすが，平衡定数には無関係であり同じ量の生成物を得るのに反応時間を短縮できる効果をもつ。

(4) 副反応の影響

多くの化学反応において，目的とする反応を主反応（main reaction）というが，それ以外に副反応（side-reaction）が関与する。例えば，金属イオンの定性分析実験において，まず経験するように，銀イオンに塩化物イオンを加えると，直ちに白色の塩化銀が沈殿する。この溶液中にアンモニアが存在した場合，副反応としてアンミン錯イオン，$[Ag(NH_3)]^+$ や $[Ag(NH_3)_2]^+$ が生成するために銀イオンが塩化銀として定量的に沈殿しない。一方，塩化銀に濃度が非常に濃い塩化物イオン溶液を加えると，副反応としてクロロ錯イオン，$[AgCl_2]^-$ や $[AgCl_3]^{2-}$ が生成する。後者の場合，塩化銀が沈殿しないこともある。これらの副反応を考慮して，反応条件を決定することが分析に関わる技術者・研究者の1つの役割ともいえる。このような，主反応におよぼす副反応の影響の度合いを考慮するために算出する平衡定数を条件平衡定数（conditional equilibrium constant）あるいは見かけの平衡定数という。

2-2-4 平衡定数の応用例

反応系の平衡定数が明らかな場合，生成量を見積ったり，分析条件の設定に利用される。その例として，酢酸エチルの生成反応を取り上げる。

(1) 平衡定数の算出

氷酢酸 1.00 mol と無水エタノール 1.00 mol とを反応させ，反応終了後，酢酸エチルが 0.645 mol 生じていたとする。質量作用を扱う場合，次に示すように，まず反応式を記し，ついで存在量を反応式に書き加えると考えやすい。

$$CH_3COOH + C_2H_5OH \rightleftharpoons CH_3COOC_2H_5 + H_2O$$

反応前：	1.00	1.00	0	0
平衡時：	1.00−0.645	1.00−0.645	0.645	0.645

$CH_3COOC_2H_5$ と等しい物質量で水が生じ，その分だけ酢酸とエタノ

類似する名称でも性質は大違い

・無水エタノール：absolute ethanol｜C_2H_5OH｜15℃でエタノールを 99.5 %(v/v) 以上で含む市販のエタノールの名称。なお，15℃で 95.1〜96.9 %(v/v) 含む場合は，エタノールと呼ばれ，区別される。

・無水酢酸：acetic anhydride｜$(CH_3CO)_2O$｜酢酸の酸無水物。水分が存在するとわずかに分解して酢酸が生じる。よって，試薬の臭いは酢酸とほぼ同じ刺激臭をもつ無色中性の液体。融点−73℃，沸点139℃。水やアルカリと激しく反応して酢酸になる。$(CH_3CO)_2O + H_2O \rightarrow 2CH_3COOH$

・氷酢酸：glacial acetic acid｜CH_3COOH｜99.5 %(v/v) 以上の純度で冬場に氷結するので氷酢酸といわれる。無水アルコールに相当するいい方となるが，無水酢酸と氷酢酸は全く別の物質である。

ールが減少するから，各物質の平衡時の濃度（この場合，物質量）は

$$[CH_3COOH] = [C_2H_5OH] = (1.00 - 0.645) \text{ mol},$$
$$[CH_3COOC_2H_5] = [H_2O] = 0.645 \text{ mol}$$

これらの値を次式に代入すると下記の式になる。

$$K = \frac{[CH_3COOC_2H_5][H_2O]}{[CH_3COOH][C_2H_5OH]} = \frac{(0.645)^2}{(1.00 - 0.645)^2} = 3.30$$

(2) 生成量の見積もり

温度・圧力一定では，K の値は変化しないので，濃度の変化による生成量を見積もることができる。同じ温度で氷酢酸 1.00 mol に無水エタノール 2.00 mol を反応させた場合に生じる酢酸エチルの物質量を求めてみよう。生じる酢酸エチルの物質量を x とすると

$$3.30 = \frac{[CH_3COOC_2H_5][H_2O]}{[CH_3COOH][C_2H_5OH]} = \frac{x^2}{(1.00 - x)(2.00 - x)} \quad \text{となり}$$

これを整理して，$2.30x^2 - 9.90x + 6.60 = 0$ を得る。

ついで，二次方程式の解の公式を適用して，$x = 3.48$ と 0.825 を得る。用いた氷酢酸 1.00 mol よりも酢酸エチルが多く生じることはあり得ないので，3.48 なる解は不適当であり，答えは 0.825 mol となる。この値については，(1) の反応が平衡状態に達した反応混合物に無水エタノールを 1.00 mol 加えたのと，結果的に同じとなる。

(3) 逐次平衡定数の整理のしかた

生成反応あるいは解離反応が段階的に進行する場合，各段階に応じた平衡定数が複数必要となる。例えば，化合物 A_2B が式 (2・23) および式 (2・24) に示すように，2段階で解離する反応について考えよう。まず，各々の反応式に質量作用の法則を適用した式 (2・25) および式 (2・26) に示す2つの平衡定数 K_1 および K_2 が必要となる。

$$A_2B \rightleftharpoons A + AB \quad (2 \cdot 23)$$

$$AB \rightleftharpoons A + B \quad (2 \cdot 24)$$

$$K_1 = \frac{[A][AB]}{[A_2B]} \quad (2 \cdot 25)$$

$$K_2 = \frac{[A][B]}{[AB]} \quad (2 \cdot 26)$$

式 (2・25) および式 (2・26) に [A]，[AB] として記載されている化学種 A，AB の濃度は，いずれも平衡状態に達した時の濃度を表わ

している．いいかえると，[A]は式（2・23）に示す第1段の解離によって生じたAと，式（2・24）の第2段の解離で生じたAの合計を表わす．一方，[AB]は，第1段の解離で生じたABが，さらに第2段で解離して残ったABの濃度を表わしている．このため，式（2・25）と式（2・26）に見る同じ化学種の濃度は等しいので，この反応が式（2・27）で示す1段階で進行したとするときの平衡定数は，式（2・28）にまとめることができる．

$$A_2B \rightleftarrows 2A + B \qquad (2\cdot27)$$

$$K_1K_2 = \frac{[A]^2[B]}{[A_2B]} \qquad (2\cdot28)$$

この考え方は錯形成反応における逐次生成定数・全生成定数を表わす場合も同じである．

(4) 定量的反応

分析化学では，様々な反応ごとに質量作用の法則を適用し，分析条件の設定に利用されている．とくに，定量分析においては，試薬の混合と瞬時に反応が完結するほどに反応速度が速いことが必須であるが，反応率が99.9％以上の**定量的反応**（quantitative reaction）でなければ利用できない．

例えば，式（2・29）のような等モル反応に質量作用の法則を適用すると，平衡定数Kは式（2・30）で表わされる．

$$A + B \rightleftarrows C + D \qquad (2\cdot29)$$

$$K = \frac{[C][D]}{[A][B]} \qquad (2\cdot30)$$

ここで反応が定量的に進行するとは，出発物質である[A]および[B]は，0.1％＝0.001以下に減少し，生成物である[C]および[D]が99.9％＝0.999以上に生成することになる．したがって，それらの値を式（2・30）に代入すると，$K \fallingdotseq 1.0 \times 10^6$となる．すなわち，等モル反応では$K > 10^6$以上であれば反応は定量的であるといえる．

このような考えにより，各反応が定性分析や定量分析に利用できるか否かの判断に平衡定数が活用される．2-2-3（4）の副反応の影響でも述べたように，硫化物の沈殿生成条件に溶解度積と酸塩基反応を考慮したpH条件（4章），容量分析の際の指示薬の変色域に基づく指示薬の選択，キレート滴定のpH条件，補助錯化剤の選定などの設定（5章）である．次章以降に各種条件設定について，具体的な考え方を示すが，最もなじみ深い利用方法は，3章に記載する酸塩基平衡で扱われる解離定数で，

溶液中の水素イオン濃度の算出であろう。

その他に反応の違いによって平衡定数の名称は異なる。表2-2に示すように，水の解離を扱う水のイオン積，酸塩基平衡では酸解離定数または酸解離指数，加水分解定数および指示薬定数，沈殿生成平衡での溶解度積，錯生成平衡での安定度定数または錯解離定数ならびに溶媒抽出における抽出平衡定数などがある。「化学便覧」の10章にも種々の反応の平衡定数が記載されている。以後，様々な平衡定数を利用することになるので，その理解度を問う本章の練習問題は極めて大切であり，もれなく解いてほしい。

なお，化学においては，同じ反応系に複数の化学種が存在し，それらの濃度が極端に異なる場合，小さな濃度については無視することにより

表2-2 温度25℃での化学平衡と平衡定数の代表例

化学平衡の種類	反応例	名称と平衡定数の記号		式
水の解離平衡	$H_2O \rightleftarrows H^+ + OH^-$	水のイオン積	K_w	$K_w = [H^+][OH^-]$
弱酸の解離平衡	$HA \rightleftarrows H^+ + A^-$	弱酸の解離定数	K_a	$K_a = [H^+][A^-]/[HA]$
弱塩基の解離平衡	$B + H_2O \rightleftarrows BH^+ + OH^-$	弱塩基の解離定数	K_b	$K_b = [HB][OH^-]/[B^-]$
沈殿平衡	$MX \rightleftarrows M^+ + X^-$	溶解度積	K_{sp}	$K_{sp} = [M^+][X^-], [MX] = 1$
錯生成平衡	$M + L \rightleftarrows ML$ (電荷略)	安定度定数	K_f	$K_f = [ML]/([M][L])$
酸化還元平衡	$Ox_1 + Red_2 \rightleftarrows Red_1 + Ox_2$		K	$K = \dfrac{[Red_1][Ox_2]}{[Ox_1][Red_2]}$

表2-3 容量分析用標準試薬の種類と乾燥条件

試薬 名称	化学式	純度 /%	乾燥条件
亜鉛	Zn	99.99以上	塩酸（1+3），水，エタノール（99.5）（JIS K 8101），ジエチルエーテル（JIS K8103）で順次洗い，直ちにデシケーターに入れて，約12時間保つ
アミド硫酸	$NOSO_2NH_2$	99.90以上	めのう乳鉢で軽く砕いたのち，減圧デシケーターに入れ，内圧を2.0 kPa以下にして，約48時間保つ
塩化ナトリウム	NaCl	99.98以上	600℃で約60分間加熱，デシケーター内で放冷
酸化ヒ素（III）	As_2O_3	99.98以上	105℃で約2時間加熱したのち，デシケーターに入れ，放冷する
シュウ酸ナトリウム	$Na_2C_2O_4$	99.95以上	200℃で約60分間加熱したのち，デシケーターに入れ，放冷する
炭酸ナトリウム	Na_2CO_3	99.97以上	600℃で約60分間加熱したのち，デシケーターに入れ，放冷する
銅	Cu	99.98以上	塩酸（1+3），水，エタノール（99.5）（JIS K 8101），ジエチルエーテル（JIS K8103）で順次洗い，直ちにデシケーターに入れて，約12時間保つ
ニクロム酸カリウム	$K_2Cr_2O_7$	99.98以上	めのう乳鉢で軽く砕いたのち，150℃で約60分加熱したのち，デシケーターに入れ，放冷する
フタル酸水素カリウム	$C_6H_5(COOK)(COOH)$	99.95〜100.05以上	めのう乳鉢で軽く砕いたのち，120℃で約60分加熱したのち，デシケーターに入れ，放冷する
フッ化ナトリウム	NaF	99.90以上	500℃で約60分間加熱，デシケーター内で放冷
ヨウ素酸カリウム	KIO_3	99.95以上	めのう乳鉢で軽く砕いたのち，130℃で約120分加熱したのち，デシケーターに入れ，放冷する

計算過程を簡略化（近似）することが多い。このような柔軟な考え方も随所で必要となるので，その例として，練習問題 2-8 から 2-10 で取り上げる。

■ 練習問題 ■

2-1

次の溶液中に存在する化学種に電荷均衡則を適用せよ。

(1) NaCl，$CaCl_2$，$CrCl_3$ の混合水溶液中に存在する Na^+，Ca^{2+}，Cr^{3+}，Cl^-。

(2) $CoCl_2$ と NaCl の混合水溶液中に存在する Co^{2+}，$CoCl^+$，$CoCl_2$，$CoCl_3^-$，$CoCl_4^{2-}$，Na^+，Cl^-。

2-2

温度・圧力一定の条件で $mA + nB \rightleftarrows pC + qD$ なる反応について，熱力学的平衡定数と濃度平衡定数との関係を，活量係数を用いて表わせ。

2-3

次の錯生成反応の熱力学的平衡定数は 3.98×10^{10}，また標準生成エンタルピーは $-56.5 \text{ kJ mol}^{-1}$ である。

$$Cd^{2+} + 2\,NH_2CH_2CH_2NH_2 \rightleftarrows [Cd(NH_2CH_2CH_2NH_2)_2]^{2+}$$

この反応系の標準生成エントロピーの値を求めよ。

2-4

反応 $H_2 + I_2 \rightleftarrows 2HI$ が平衡状態に達した時，反応系中の濃度は $[H_2] = [I_2] = 2.50 \times 10^{-3}\,M$，$[HI] = 1.80 \times 10^{-2}\,M$ であった。次の問いに答えよ。

1) 平衡定数の値を求めよ。

2) 同じ温度で 10.0 L の容器に H_2 および I_2 を 4.00 mol ずつ封入し，反応させた。平衡状態に達したときの各物質の濃度を求めよ。

2-5

速度定数の値が，10 ℃ から 40 ℃ に上がると 4 倍になる反応について，次の問いに答えよ。

1) この反応の活性化エネルギーを求めよ。

2) 温度を 10 ℃ から 100 ℃ に上昇させると，速度定数は何倍になるか。

2-6

2-2-4 の (1) で扱った酢酸エチルの生成反応と同じ温度・圧力の条件において，

1) 無水エタノール 4.00 mol を用いて 85.0 % の反応率（収率）で酢酸エチルを得たい。必要な，氷酢酸の物質量を求めよ。
2) 氷酢酸 1.00 mol に無水エタノール 2.00 mol を反応させた後，水 0.400 mol を反応容器に入れ，長時間放置した。この条件で酢酸エチルは何 mol まで減少するか。

2-7

1) $A + B \rightleftarrows C + D$ の化学変化で平衡定数が 3.30 であるような反応において，$A : B = 1 : 1$ で反応させた。このときの反応率を求めよ。
2) 反応式 $A + 2B \rightleftarrows C + D$ で表される化学変化が定量的（99.9 % 以上）に進行する場合，平衡定数の値はいくら以上か。

2-8

$K = 2.00 \times 10^{15}$ の平衡定数を持つ反応「$A + B \rightleftarrows C + D$」がある。この反応において，0.200 mol の A と 0.400 mol の B とを 1 L の溶液として反応させた。平衡状態に達したときの各物質の濃度を求めよ。（平衡定数が大きく，反応が定量的に進行するので反応物と生成物の物質量に極端な差が生じる。このような場合，微量成分の物質量は無視する。）

2-9

物質 AB は溶液中で $AB \rightleftarrows A + B$ のように解離し，その平衡定数（解離定数）は $K = 2.00 \times 10^{-6}$ である。この AB の 0.100 M 溶液を調製し，平衡状態に達したときの溶液中の A および B の濃度を求めよ。

2-10

$A + 2B \rightleftarrows 2C$ なる反応の平衡定数は，$K = 2.0 \times 10^{10}$ である。媒体 1 L 中，A の 0.10 mol に B の 0.20 mol を反応させた。平衡状態に達したときの各化学種の濃度を求めよ。

課題 2-1 「化学便覧」の 11 章に種々の化学平衡と平衡定数の値および生成エンタルピーが記載されている。次の事柄について調べよ。

1) 有機配位子 − 金属錯体のうち，同じ配位子からなる金属錯体を選び，その生成定数より標準自由エネルギー変化を算出し，金属の

違いによる値の違いを考察せよ。
2) 生成エンタルピーが併記されている錯体のエントロピー変化を比較せよ。

> **宿 題** ✏️
> ❶ 酸・塩基について，次の項目を調べよ。
>   ① 3種類の定義　② 強酸および弱酸の化学式と名称　③ 強塩基および弱塩基の化学式と名称
> ❷ 酸素酸の種類と酸としての強弱について調べよ。
> ❸ 中性塩，塩基性塩および酸性塩の化学式と名称をまとめよ。

3章　酸塩基平衡および酸塩基滴定

到達目標

酸塩基の3つの定義と酸，塩基および塩の種類を理解する。

弱酸の解離，緩衝溶液，加水分解を相互に関連づけて理解する。

分析対象の酸・塩基およびその濃度に応じて，指示薬の選択ができる。

滴定の段階ごとに pH 計算ができ，滴定曲線を作成できる。

3-1　水の電離，水素イオン濃度と水素イオン指数 (pH)

水は極めて弱電解質であるが，式 (3・1) のように解離する[*1]。

$$H_2O + H_2O \rightleftarrows H_3O^+ + OH^- \qquad (3・1)$$

水の解離反応は，一般的に $H_2O \rightleftarrows H^+ + OH^-$ で表わされ，25℃の純水について Kohlrausch による実測では，$[H^+] = 1 \times 10^{-7}$ M であったとされる。逆の反応は中和反応と呼ばれ，発熱 (56 kJ/mol) をともなうので，温度が上昇すると 2-2-3 に述べたル・シャトリエの原理に従い水の電離がすすむことになる。式 (3・1) の解離反応に質量作用の法則を適用すると，平衡定数 K は式 (3・2) で表わされる。

$$K = \frac{[H^+][OH^-]}{[H_2O]} \qquad (3・2)$$

純水の水の濃度は，$[H_2O] = 1000/18 = 55.6$ M であり，電離により水分子は減少するが，その値は $(55.6 - 1 \times 10^{-7})$ M であり無視できる。よって，水の濃度は一定とみなされ，式 (3・2) は式 (3・3) となる。この場合の平衡定数 K_w は**水のイオン積** (ion product) といい，室温 (25℃) で $K_w = 1 \times 10^{-14}$ であり，水素イオン濃度を計算する際に，この値が用いられる。

$$K[H_2O] = K_w = [H^+][OH^-] \qquad (3・3)$$

式 (3・3) は溶液に他の酸または塩基が加えられても，$[H^+]$ と $[OH^-]$ の積が常に一定であることを示す。H^+，OH^- などのイオンの濃度を次のように常用対数とし，-1 をかけたものをイオン指数といい，H^+ については**水素イオン指数** {hydrogen ion exponent: pH（ピーエイチ）} と呼ぶ。

[*1] ヒドロニウムイオン＆オキソニウムイオン

水中では遊離の H^+ はほとんどなく，水と結合したヒドロニウムイオン (hydronium ion; $[H(H_2O)_n]^+$) として存在し，通常，プロトンに水1分子が配位したオキソニウムイオン (oxonium ion; H_3O^+) が最も多いといわれている。

$$-\log[\mathrm{H}^+] = \mathrm{pH} \tag{3・4}$$

$$-\log[\mathrm{OH}^-] = \mathrm{pOH} \tag{3・5}$$

また，式 (3・3) を同様に指数化すると

$$-\log K_\mathrm{w} = -\log[\mathrm{H}^+] + (-\log[\mathrm{OH}^-]) \tag{3・6}$$

となる。

はじめに述べたように，水のイオン積は表 3-1 に示すように温度によって異なる。室温において中性は pH = 7.0 であるが，0 ℃ では pH = 7.5 また 100 ℃ では pH = 6.0 となり，中性を表す pH 値も温度によって変化する。

室温 (room temperature) とは

化学反応において外部から熱を加えたり冷却したりしない場合は，室温での反応と称されることが多く，日本においては 20～25 ℃ と定義される。物理学においては，絶対温度において切りのよい数字である 300 K (27 ℃) が室温とされる場合が多い。JIS では，試験場所での温度。5～35 ℃ と記載されている。

表 3-1　各温度における水のイオン積

温度 ℃	K_w	pK_w	温度 ℃	K_w	pK_w
0	1.15×10^{-15}	14.94	30	1.89×10^{-14}	13.72
18	7.4×10^{-15}	14.13	40	3.80×10^{-14}	13.42
20	8.6×10^{-15}	14.07	50	5.59×10^{-14}	13.25
22	1.01×10^{-14}	14.00	99	7.20×10^{-14}	13.14
25	1.27×10^{-14}	13.90			

特殊な場合を除いて，通常の実験は室温で行なわれる。22 ℃ において $K_\mathrm{w} = 1.01\times10^{-14}$ また 25 ℃ において $K_\mathrm{w} = 1.27\times10^{-14}$ であることから，室温では $K_\mathrm{w} = 1.0\times10^{-14}$ として用いることとし，次式が常に成立するとしている。

$$\mathrm{p}K_\mathrm{w} = \mathrm{pH} + \mathrm{pOH} = 14 \tag{3・7}$$

このようにして水のイオン積に基づいて pH が定義されている。

例えば，$[\mathrm{H}^+] = 1.8\times10^{-8}\,\mathrm{M}$ を pH に変換すると，pH $= -\log(1.8\times10^{-8}) = -0.26 + 8 = 7.74$ となる。この表現方法に従い，室温において

$[\mathrm{H}^+] > 10^{-7}$ ならば pH < 7 となり，酸性

$[\mathrm{H}^+] = 10^{-7}$ ならば pH = 7 となり，中性

$[\mathrm{H}^+] < 10^{-7}$ ならば pH > 7 となり，アルカリ性

といわれる。

また，図 3-1 に示すように，pH 値の変化は 0～14 に限られ，pH メーターもそのように設定されている。実際には 1 M より濃度の濃い塩酸や水酸化ナトリウム溶液が実験で用いられる。もし，これら溶液の pH を測定するならば，pH が 0 以下や 14 以上となるであろうが，pH メーターの測定範囲は pH 0.00～14.00 となっており，いずれもスケー

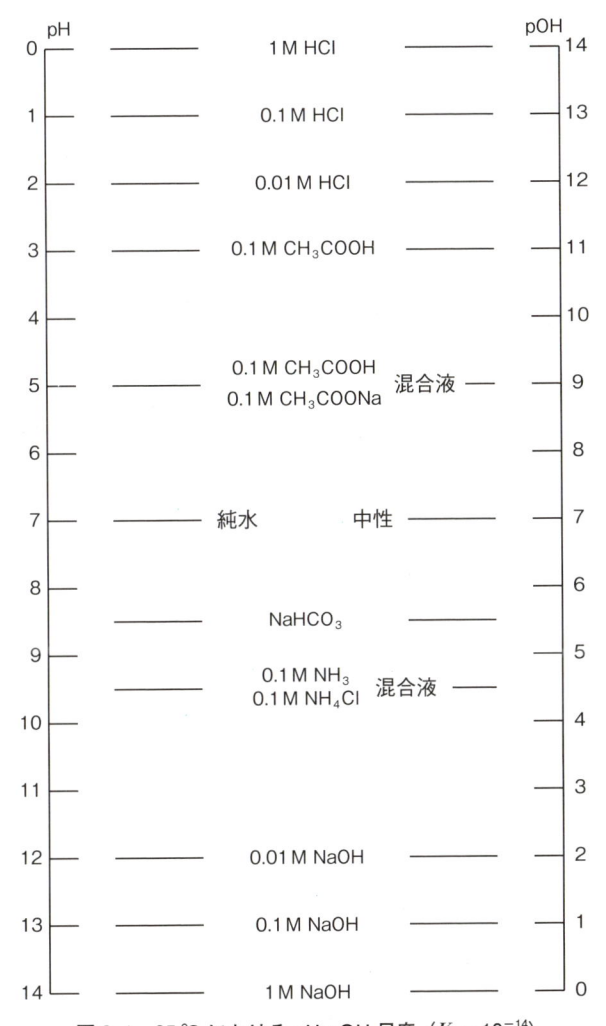

図3-1 25℃におけるpH-pOH尺度（$K_w=10^{-14}$）

ルオーバーである。酸性やアルカリ性の尺度として用いるのであれば，もっと的確に数値化してほしいと思うかもしれないが，表3-2に示す身近なもののpHを見るように，その液性の表示については十分である。また，pHは酸性雨の指標としてもよく利用される。

表3-2 身近なもののpH

物質など	pH	物質など	pH
虫さされ中和剤	10.8	ビール	4.0
海水	8.3	炭酸飲料	3.4
人の血液	7.3〜7.4	コーラ	2.3
牛乳	6.6	成人の胃液	1.5〜2.2
ウーロン茶	5.7	空気中のCO_2を吸収した水	5.6
酸性雨（雪・霧）	5以下		

3-2 酸と塩基

酸 (acid) と塩基 (base) の定義は 3 種類ある。

(1) Arrhenius の定義

酸：水素を含み，水に溶解すると H^+ イオンと陰イオンを生じる物質

塩基：水酸基を含み，水に溶解すると OH^- と陽イオンを生じる物質

(2) Brønsted-Lowry の定義

酸：他の物質にプロトン（H^+ イオン）を与えることのできる物質（プロトン供与体）

塩基：他の物質からプロトンを受け取ることのできる物質（プロトン受容体）

(3) Lewis の定義

酸：少なくとも 1 つの電子対を受け取ることのできる空の軌道をもつ物質（電子対受容体; electron pair acceptor）

塩基：共有されていない少なくとも 1 つの電子対をもつ物質（電子対供与体; electron pair donor）

Arrhenius の定義は狭義で，塩の加水分解を説明できない。一方，Lewis の定義は，最も広義で，H^+ イオンや金属イオンを酸とし，非共有電子対をもつ塩基，すなわち配位子との錯生成反応までを包含する。分析化学では解離定数による量的取扱が容易な Brønsted-Lowry の定義がよく用いられる。

Brønsted-Lowry の定義に従って，一塩基酸（モノプロトン酸）HA および一酸塩基 B の水中での解離平衡を表わすと，式 (3・8)，式 (3・9) のようになる。

$$HA + H_2O \rightleftarrows H_3O^+ + A^- \qquad (3 \cdot 8)$$
（酸）　（塩基）　（酸）　（塩基）

$$B + H_2O \rightleftarrows BH^+ + OH^- \qquad (3 \cdot 9)$$
（塩基）　（酸）　（酸）　（塩基）

酸には適当な濃度において水中で完全に解離する強酸と，その一部しか解離しない弱酸がある。塩基にも同様に強塩基と弱塩基がある（酸および塩基の強弱については，後述する解離定数の値で判断される）。酸が解離するためには，解離するプロトンを受容する塩基が必要であり，塩基がプロトンを受容するためには，プロトンを供与する酸の共存が必要である。水中での酸あるいは塩基の解離では，水がこれらの共存する塩基あるいは酸として働く。すなわち，酸塩基の反応はプロトン移動反応であり，その媒体となる溶媒はプロトン性溶媒 (protonic solvent)

溶媒について

水およびアルコール類は酸あるいは塩基として作用するために，プロトン性溶媒のなかの両性溶媒 (amphiprotic solvent) に分類される。このほかカルボン酸類などの酸性溶媒 (acidic solvent)，アミン類などの塩基性溶媒 (basic solvent) がある。

一方，プロトンを供与あるいは受容する傾向のほとんどない溶媒は非プロトン性溶媒 (aprotic solvent) とよばれ，シクロヘキサン，ベンゼン，クロロホルム，エーテルなどがそれに属す。

という。

3-2-1 酸・塩基・塩の種類と名称

代表的な酸・塩基および塩には種々の分類がある。その一例を示す。

酸の種類

一塩基酸 (monobasic acid): ① HCl　② HNO_3　❶ CH_3COOH
❷ HCOOH

二塩基酸 (dibasic acid):　③ H_2SO_4　④ H_2CO_3　❸ $H_2C_2O_4$

三塩基酸 (tribasic acid):　⑤ H_3PO_4　⑥ H_3BO_3　⑦ H_3AsO_4

これらの酸のうち，①〜⑦は無機酸(鉱酸)であり，❶〜❸は有機酸に属す。無機酸のうちで①以外は酸素酸と称される。

塩基の種類

一酸塩基 (monoacidic base): NaOH　KOH　NH_3　CH_3-NH_2

二酸塩基 (diacidic base): $Ba(OH)_2$　$Ca(OH)_2$

三酸塩基 (triacidic base): $Al(OH)_3$

塩の種類

中性塩 (neutral salt): NaCl　Na_2SO_4　Na_2CO_3　NH_4Cl

酸性塩 (acidic salt): $NaHSO_4$　$NaHCO_3$

塩基性塩 (basic salt): MgCl(OH)　CaCl(OH)

中性塩（正塩とも称される）とは，その化学式にさらに置換できるH^+，OH^-をもたない塩をいう。酸性塩（水素塩とも称される）は，多塩基酸の塩に見られ，その化学式にはさらに置換できるH^+をもつものをいう。また，塩基性塩には，電気的陰性成分にOH^-を含む水酸化物塩（ヒドロキシ塩とも称される）と中心金属に結合する酸素（O^{2-}）を含む酸化物塩（オキシ塩とも称される）の2種類がある。

これらの分類に用いられた名称は，いずれも塩の水溶液が中性・酸性またはアルカリ性かを表わすものでない。その液性については，加水分解の項で学ぶ。

3-3 強酸と強塩基の水溶液

酸・塩基の強弱は，3-4に述べる**解離定数**（K_a, K_b; dissociation constant）で判断される。**強酸**（strong acid）とは，K_aが1×10^{-3}以上の酸をいい，$HClO_4$，HCl，HNO_3，H_2SO_4，H_3PO_4が代表的である。一方，**強塩基**（strong base）もK_bが大きいものがあてはまり，NaOH，KOH，$Ba(OH)_2$が代表的である。以下に，それらの水溶液のpHを考える。

無機酸 (inorganic acid)

化学式中に炭素を含まない酸の総称。(なお，炭酸は無機酸に属す) 該当する酸として，塩酸およびフッ化水素酸のような2元酸（水素酸）と硫酸，硝酸，リン酸，過塩素酸のようなオキソ酸（酸素酸）がある。元来，鉱物から得られるので鉱酸（mineral acid）ともいわれる。

有機酸 (organic acid)

有機酸には，カルボン酸 RCOOH，スルホン酸 RSO_3H，スルフィン酸 RSO_2H，フェノール ArOH，エノール RCH=CR′(OH)，チオール RSH，酸イミド RCONHCOR′，オキシム RCH=NOH，スルホンアミド $ArSO_2NH_2$ などがある。

大掃除に有効な有機酸（クエン酸）

CH₂COOH
|
C(OH)COOH
|
CH₂COOH

クエン酸は三塩基酸で金属イオンと水溶性の錯イオンを生成するので，金属イオンのマスキング剤として利用される。家庭では，お風呂やトイレ掃除に活躍し，やかんの底にこびりついた Ca^{2+} の除去に役立つ。

大掃除に有効な無機塩（重曹）

炭酸水素ナトリウム（$NaHCO_3$）は重曹ともいわれ，酸性の汚れ（油汚れ，排水溝の汚れ）の掃除に使われる。この他，ぬるま湯に少し溶かして，ゴミ箱や冷蔵庫内に吹きかけると消臭効果もある。

類似する二炭酸水素三ナトリウム（$Na_2CO_3 \cdot NaHCO_3 \cdot 2H_2O$）はセスキ炭酸ナトリウムともいわれ，より効果的な洗浄剤として用いられる。

一塩基酸の場合の解離平衡は，式（3・8）で表されるが，水分子をはぶいて式（3・10）とするのが便利である。強酸は水溶液中でほとんど完全に解離しているので，その濃度はほぼ水素イオン濃度に等しいとみなされる。

$$HA \longrightarrow H^+ + A^- \quad (3\cdot10)$$

強酸 HA の濃度が C_a となるように水溶液を調製したとする。C_a を初濃度という。強酸なので，式（3・10）はほぼ完全に右方向に進行して，HA 分子は存在しない。また，生じた水素イオンによって水の解離が抑制され，水の解離で生じる H^+ の濃度は無視でき

$$C_a = [H^+] = [A^-] \quad (3\cdot11)$$

となる。

通常の濃度（$1 \sim 1 \times 10^{-5}$ M）で扱われる場合は，強酸の水溶液の水素イオン濃度は，(3・11) に従い，近似してよい。しかし，10^{-7} M 以下の極めて希薄な濃度において，同じように近似すると，実際と異なる値を導くことになる。

例えば，1.00×10^{-8} M の HCl 溶液があるとしよう。もし，式（3・11）に従うと，$[H^+] = 1.00 \times 10^{-8}$ M であり，計算上 pH = 8.00 となる。酸を含む水溶液であるにもかかわらずアルカリ性を示すのは明らかに間違っている。これは，水の解離を無視したためであり，極めて希薄な濃度では水の電離による水素イオンも考慮することで，解決できる。この場合，関係する反応式は

$$HCl \longrightarrow H^+ + Cl^-$$
$$H_2O \rightleftharpoons H^+ + OH^-$$

であり，電荷均衡則をあてはめると

$$[H^+] = [Cl^-] + [OH^-] \quad (3\cdot12)$$

が成り立つ。ここで，HCl の濃度を C_a とし，$[H^+] = C_a + [OH^-]$ を水のイオン積に代入すると，$K_w = (C_a + [OH^-])[OH^-]$ となり，これに $[OH^-] = K_w/[H^+]$ を代入して

$$K_w = \left(C_a + \frac{K_w}{[H^+]}\right)\frac{K_w}{[H^+]} \text{ を経て}$$

$$[H^+]^2 - C_a[H^+] - K_w = 0 \quad (3\cdot13)$$

が導かれる。1.00×10^{-8} M の HCl 溶液について，$[H^+]$ を式（3・13）

から求める（解の公式を適用）と，$[H^+] = 1.05 \times 10^{-7}$ M となり，pH = 6.98 となる。

強塩基の場合も同様である。NaOH の希薄溶液を扱うと，関係する反応式は

$$NaOH \longrightarrow Na^+ + OH^-$$
$$H_2O \rightleftarrows H^+ + OH^-$$

であり，電荷均衡則をあてはめると

$$[Na^+] + [H^+] = [OH^-]$$

が成り立つ。ここで，NaOH の濃度を C_b とし，$[OH^-] = C_b + [H^+]$ を水のイオン積に代入すると

$$K_w = [H^+](C_b + [H^+]) \text{ となり}$$
$$[H^+]^2 + C_b[H^+] - K_w = 0 \qquad (3 \cdot 14)$$

を得る。強塩基の場合も，非常に希薄な濃度の水溶液の場合には，水の解離を考慮した式 (3・14) に従い計算することになる。しかし，通常の濃度範囲（薄くとも 10^{-5} M 程度）において強塩基の初濃度は

$$C_b = [OH^-]$$

と近似してよい。

例えば，1.50×10^{-3} M NaOH 溶液では，$[OH^-] = 1.50 \times 10^{-3}$ M であり $[H^+] = K_w/[OH^-] = 1 \times 10^{-14}/(1.50 \times 10^{-3}) = 6.67 \times 10^{-12}$ M となり，pH = 11.2 となる。

3-4　弱酸と弱塩基の水溶液

Brønsted-Lowry の定義にしたがうと，一塩基酸 HA の水中での解離は，式 (3・8) で表わされ，酸の解離定数 K_a は式 (3・15) で定義されるが

$$K_a = \frac{[H_3O^+][A^-]}{[HA]} \qquad (3 \cdot 15)$$

通常，HA の解離平衡は，便宜的に式 (3・16) のように表わされ，式 (3・15) も式 (3・17) と書くことが多い。

表3-3 酸塩基の解離定数

(1) 一塩基酸

	化学式	名 称	K_a
無機酸	HF	Hydrofluoric acid	7.2×10^{-4}
	HCN	Hydrocyanic acid	4×10^{-10}
	HOCN	Cyanic acid	1.2×10^{-14}
	HSCN	Thiocyanic acid	1×10^{-4}
有機酸	HCOOH	Formic acid	2×10^{-4}
	CH_3COOH	Acetic acid	1.80×10^{-5}
	$CH_3CH_2CH_2COOH$	n-Butyric acid	1.53×10^{-5}
	$CH_3CH(CH_3)COOH$	iso-Butyric acid	1.48×10^{-5}
	$CH_3CH(OH)COOH$	Lactic acid	1.55×10^{-5}
	C_6H_5COOH	Benzoic acid	6.86×10^{-5}
	C_6H_5OH	Phenol	1.3×10^{-10}
	NH_2CH_2COOH	Glycine	3.4×10^{-10}

(2) 一酸塩基

化学式	名 称	K_b
NH_3	Ammonia	1.81×10^{-5}
$Fe(OH)_2$	Ferrous hydroxide	6.8×10^{-10}
$Pb(OH)_2$	Lead hydroxide	9.6×10^{-4}
CH_3NH_2	Methylamine	4.4×10^{-4}
$(CH_3)_2NH$	Dimethylamine	5.0×10^{-4}
$(CH_3)_3N$	Trimethylamine	6.5×10^{-5}
$C_6H_5NH_2$	Aniline	4.0×10^{-10}
C_5H_5N	Pyridine	1.4×10^{-9}
NH_2CH_2COOH(塩基として)	Glycine	2.7×10^{-12}

(3) 多塩基酸

	化学式	名 称	K_1	K_2	K_3
無機酸	H_2S	Hydrogen sulfide	1.1×10^{-7}	1.3×10^{-14}	
	H_2Se	Hydrogen selenide	1.7×10^{-4}	1×10^{-10}	
酸素酸	H_2SO_4	Sulfuric acid	1×10^3	1.2×10^{-2}	
	H_2CrO_4	Chromic acid	1.8×10^{-1}	3.2×10^{-7}	
	H_2SO_3	Sulfurous acid	1.2×10^{-2}	1×10^{-7}	
	H_2SeO_3	Selenious acid	3×10^{-3}	4×10^{-8}	
	H_2TeO_3	Tellurous acid	3×10^{-3}	2×10^{-8}	
	H_2CO_3	Carbonic acid	4.3×10^{-7}	4.7×10^{-11}	
	H_3PO_4	Phosphoric acid	7.5×10^{-3}	6.2×10^{-8}	1×10^{-12}
有機酸	HOOC·COOH	Oxalic acid	5.9×10^{-2}	6.4×10^{-5}	
	$HOOC·CH_2·COOH$	Malonic acid	2.2×10^{-3}	5.2×10^{-6}	
	$HOOC·CH_2·CH_2·COOH$	Succinic acid	6.6×10^{-5}	5.9×10^{-6}	
	HOOC·CH=CH·COOH	Maleic acid	1.5×10^{-2}	8×10^{-7}	
	HOOC·CH(OH)·CH(OH)·COOH	Tartaric acid	9.7×10^{-4}	9×10^{-6}	
	$HOOC·CH(OH)·CH_2·COOH$	Malic acid	4×10^{-4}	9×10^{-6}	
	$HOOC·C(OH)(CH_2COOH)_2$	Citric acid	8×10^{-4}	5×10^{-5}	1.8×10^{-6}

$$HA \rightleftarrows H^+ + A^- \qquad (3 \cdot 16)$$

$$K_a = \frac{[H^+][A^-]}{[HA]} \qquad (3 \cdot 17)$$

同様に,一塩基酸 B に対しては式 (3・9) と塩基の解離定数 K_b が得られる。

$$K_b = \frac{[BH^+][OH^-]}{[B]} \qquad (3 \cdot 18)$$

表 3-3 に酸および塩基の解離定数を示す。
解離定数は,25 ℃,無限希釈溶液中(濃度を薄めながら測定され,濃度を 0 mol/L まで外挿すること)で算出される。

3-4-1　一塩基酸および一酸塩基の水素イオン濃度と pH
(1) 弱酸 HA の水溶液の pH

弱酸 HA の初濃度を C_a とすると,溶液中では 2 つの平衡($HA \rightleftarrows H^+ + A^-$ と $H_2O \rightleftarrows H^+ + OH^-$)が成立している。溶液中の各化学種の濃度については,物質収支から

$$C_a = [HA] + [A^-] \qquad (3 \cdot 19)$$

また,電荷均衡則から

$$[H^+] = [A^-] + [OH^-] \qquad (3 \cdot 20)$$

の関係にあることがわかる。これらの関係を式 (3・17) に代入すると,式 (3・21) が得られる。

$$K_a = \frac{[H^+]([H^+] - [OH^-])}{C_a - ([H^+] - [OH^-])} \qquad (3 \cdot 21)$$

ここで,水のイオン積から $[OH^-] = K_w/[H^+]$ なので,K_a,C_a が既知であれば,$[H^+]$ を求めることができ,さらに他の化学種の濃度も計算できる。しかし,水の解離が無視できる $[H^+] \gg [OH^-]$ の場合には,式 (3・20) が $[H^+] = [A^-]$ とみなせるので,式 (3・21) は

$$K_a = \frac{[H^+]^2}{C_a - [H^+]} \qquad (3 \cdot 22)$$

と近似できる。さらに,$C_a \gg [H^+]$ なら式 (3・22) を式 (3・23) のように近似することができる。

$$K_\mathrm{a} = \frac{[\mathrm{H}^+]^2}{C_\mathrm{a}} \quad \text{すなわち} \quad [\mathrm{H}^+] = \sqrt{K_\mathrm{a} \cdot C_\mathrm{a}} \tag{3・23}$$

また，式 (3・23) の両辺の対数をとり，-1 をかけると，式 (3・24) の近似式を得る。

$$\mathrm{pH} = -\log(\sqrt{K_\mathrm{a} \cdot C_\mathrm{a}}) = 1/2\,\mathrm{p}K_\mathrm{a} - 1/2 \log C_\mathrm{a} \tag{3・24}$$

(2) 弱塩基 B の水溶液の pH

初濃度 C_b の一酸塩基 B の水溶液の pH の求め方を考えてみよう。弱塩基 B についての式 (3・9) より，物質収支を適用して式 (3・25) を，また電荷均衡則を適用して式 (3・26) を得る。

$$C_\mathrm{b} = [\mathrm{B}] + [\mathrm{BH}^+] \tag{3・25}$$
$$[\mathrm{BH}^+] = [\mathrm{OH}^-] \tag{3・26}$$

これらを式 (3・18) に代入し，式 (3・27) を得る。

$$K_\mathrm{b} = \frac{[\mathrm{OH}^-]^2}{C_\mathrm{b} - [\mathrm{OH}^-]} \tag{3・27}$$

さらに，$C_\mathrm{b} \gg [\mathrm{OH}^-]$ なら式 (3・28) と近似でき，溶液中の $[\mathrm{OH}^-]$ が計算できる。

$$K_\mathrm{b} = \frac{[\mathrm{OH}^-]^2}{C_\mathrm{b}} \quad \text{すなわち，} \quad [\mathrm{OH}^-] = \sqrt{K_\mathrm{b} \cdot C_\mathrm{b}} \tag{3・28}$$

また，これをイオン指数化すると，式 (3・29) の近似式を得る。

$$\mathrm{pH} = 14 - \{-\log(\sqrt{K_\mathrm{b} \cdot C_\mathrm{b}})\} = 14 - 1/2\,\mathrm{p}K_\mathrm{b} + 1/2 \log C_\mathrm{b} \tag{3・29}$$

(3) 弱酸と強塩基との塩の水溶液の pH

上記の考え方は，塩の加水分解にもあてはまる。すなわち，その塩を NaA とすると，水溶液中で完全に解離し，生じた A^- は塩基として働き，水と反応して酸 HA を生じるので式 (3・9) と同じとなる。

$$\begin{aligned}
\mathrm{NaA} &\longrightarrow \mathrm{Na}^+ + \mathrm{A}^- \\
\mathrm{A}^- + \mathrm{H_2O} &\rightleftarrows \mathrm{HA} + \mathrm{OH}^-
\end{aligned} \tag{3・9′}$$

その溶液中の $[\mathrm{OH}^-]$ は式 (3・29) で近似できるが，式 (3・9′) の平衡定数である K_b は記載されておらず，HA の K_a より次のように求めることとなる。

すなわち，式 (3・9′) の平衡定数は，式 (3・30) と書ける。

$$K_b = \frac{[HA][OH^-]}{[A^-]} \qquad (3\cdot 30)$$

中和される前の弱酸 HA の K_a は式（3・17）で表わされるので

$$K_a = \frac{[H^+][A^-]}{[HA]} \qquad (3\cdot 17)$$

式（3・30）および式（3・17）より，式（3・31）となる。

$$K_b = \frac{[H^+][OH^-]}{K_a} \qquad \therefore K_a \cdot K_b = K_w \text{ となる。} \qquad (3\cdot 31)$$

よって，$[OH^-] = \sqrt{K_b \cdot C_b} = \sqrt{(K_w/K_a)C_b}$ で計算できる。

このため，上式にみる K_b を K_h と記すとともに，加水分解定数 (hydrolysis constant) とする考えもあるが，次節に示す共役酸塩基対にほかならない。

3-4-2 共役酸塩基対と緩衝溶液

Brønsted の酸塩基の概念によると，酸に対しては必ず共役な塩基が存在する。すなわち，式（3・16）に示す HA と A^- の対，また式（3・9）に示す BH^+ と B の対をそれぞれ共役酸塩基対（conjugate acid-base pair）という。応用例として，弱酸とその共役塩基あるいは弱塩基とその共役塩基との混合水溶液は緩衝溶液（buffer solution）があげられる。

表 3-4 代表的な緩衝液と pH 領域

緩衝液の名称と組成	pH 領域
塩酸―塩化カリウム緩衝液	1.00–2.20
フタル酸水素カリウム―塩酸緩衝液	2.20–4.00
フタル酸水素カリウム―水酸化ナトリウム緩衝液	4.10–5.90
リン酸二水素カリウム―水酸化ナトリウム緩衝液	5.80–8.00
ホウ酸―水酸化ナトリウム緩衝液	8.00–10.20
炭酸水素ナトリウム―水酸化ナトリウム緩衝液	9.60–11.00
リン酸水素二ナトリウム―水酸化ナトリウム緩衝液	10.90–12.00
水酸化ナトリウム―塩化カリウム緩衝液	12.00–13.00
Tris 緩衝液（トリス（ヒドロキシメチル）アミノメタン）	7.00–9.00

前者の緩衝液の例として，酢酸と酢酸ナトリウムのような，初濃度 C_a の弱酸 HA と初濃度 C_b の共役塩基 A^- の混合溶液を考える。

関与する化学反応式は

$$HA \rightleftarrows H^+ + A^-$$
$$NaA \longrightarrow Na^+ + A^-$$

物質収支から

$$C_a + C_b = [HA] + [A^-] \tag{3・32}$$

電荷均衡をあてはめると，$[H^+] + [Na^+] = [A^-] + [OH^-]$ なので

$$[H^+] + C_b = [A^-] + [OH^-] \tag{3・33}$$

式（3・32）と式（3・33）から

$$[A^-] = C_b + [H^+] - [OH^-], \quad [HA] = C_a - [H^+] + [OH^-]$$

となり，これらを式（3・17）に代入すると式（3・34）が得られ，$C_b = 0$ なら式（3・21）になる。

$$K_a = \frac{[H^+](C_b + [H^+] - [OH^-])}{C_a - ([H^+] - [OH^-])} \tag{3・34}$$

一方，$C_a = 0$ なら

$$K_a = \frac{[H^+](C_b + [H^+] - [OH^-])}{[OH^-] - [H^+]} = \frac{K_w}{[OH^-]} \times \frac{C_b - ([OH^-] - [H^+])}{[OH^-] - [H^+]} \tag{3・35}$$

から

$$K_b = \frac{[OH^-]([OH^-] - [H^+])}{C_b - ([OH^-] - [H^+])} = \frac{K_w}{K_a} \text{ より } K_w = K_a K_b \tag{3・36}$$

を与える。

酸HAの共役塩基であるA^-のK_bは「化学便覧」には記載されない（塩基Bの共役酸のK_aも記載されない）ので，必要な場合には式（3・36）より算出することになる。

$C_a \gg |[H^+] - [OH^-]|$ および $C_b \gg |[H^+] - [OH^-]|$ なら，式（3・34）は式（3・37）とさらに簡略化できる。

$$K_a = \frac{[H^+]C_b}{C_a} \text{ より } [H^+] = \frac{C_a}{C_b} \times K_a \tag{3・37}$$

また，$[H^+] \gg [OH^-]$ と酸性が強い場合は

$$K_a = \frac{[H^+](C_b + [H^+])}{C_a - [H^+]} \qquad (3 \cdot 38)$$

逆に，$[OH^-] \gg [H^+]$ の場合は

$$K_a = \frac{[H^+](C_b - [OH^-])}{C_a + [OH^-]} \qquad (3 \cdot 39)$$

と近似される。

3-4-3 多価の弱酸および弱塩基の解離平衡

多価の弱酸 $H_nA (n \geq 2)$ は，次のように段階的に解離し，それぞれに対応する逐次酸解離定数 $K_1 \sim K_n$ が定義される。

$$H_nA \rightleftarrows H^+ + H_{n-1}A^- \qquad K_1 = \frac{[H^+][H_{n-1}A^-]}{[H_nA]} \qquad (3 \cdot 40)$$

$$H_{n-1}A^- \rightleftarrows H^+ + H_{n-2}A^{2-} \qquad K_2 = \frac{[H^+][H_{n-2}A^{2-}]}{[H_{n-1}A^-]} \qquad (3 \cdot 41)$$

$$\vdots \qquad \vdots$$

$$HA^{(n-1)-} \rightleftarrows H^+ + A^{n-} \qquad K_n = \frac{[H^+][A^{n-}]}{[HA^{(n-1)-}]} \qquad (3 \cdot 42)$$

逐次酸解離定数の値は，$K_1 > K_2 > \cdots > K_n$ と連続的に大きく減少するから，このような多価の弱酸の水溶液中の水素イオン濃度を求めるには，第1段と第2段の解離によって生じる水素イオンを考慮するだけで十分である。

例として，二塩基酸である炭酸を取り上げる。この場合，解離平衡は

$$H_2CO_3 \rightleftarrows H^+ + HCO_3^- \qquad K_1 = \frac{[H^+][CO_3^-]}{[H_2CO_3]} \qquad (3 \cdot 43)$$

$$HCO_3^- \rightleftarrows H^+ + CO_3^{2-} \qquad K_2 = \frac{[H^+][CO_3^{2-}]}{[HCO_3^-]} \qquad (3 \cdot 44)$$

であり，H_2A の初濃度を C_a とすると

物質収支から，$C_a = [H_2CO_3] + [HCO_3^-] + [CO_3^{2-}] \qquad (3 \cdot 45)$

電荷均衡則から，$[H^+] = [HCO_3^-] + 2[CO_3^{2-}] + [OH^-] \qquad (3 \cdot 46)$

となる。ついで，式 (3・43)～式 (3・46) と $K_w = [H^+][OH^-]$ から，溶液中の $[H^+]$ を与える式 (3・47) が得られる。

$$[H^+]^4 + K_1[H^+]^3 + (K_1K_2 - K_w - K_1C_a)[H^+]^2 \\ - (K_1K_w + 2K_1K_2C_a)[H^+] - K_1K_2K_w = 0 \qquad (3 \cdot 47)$$

> **酸性雨とは**
>
> 二酸化炭素は水に溶けて弱い酸性を示す。大気中の二酸化炭素を吸収した雨のpHは5.6くらいとなるが，火山などから発生する自然由来の酸性酸化物（硫黄酸化物や窒素酸化物等）の影響を考慮に入れて，pH5以下の雨を酸性雨という。
>
> ちなみに，環境白書にみる2007年度の降水の平均pH値は，大分久住4.79，尼崎4.63，京都八幡4.60，東京4.77，札幌4.57である。
>
> アメリカでも酸性雨は大きな問題となっており，ある大統領がpH5以下とならないような対策では生温い，pHをゼロ以下となるように対策を講じよと命じたとの笑い話がある。

ここで，水の解離が無視できるなら

$$[\mathrm{H}^+]^3 + K_1[\mathrm{H}^+]^2 + (K_1K_2 - K_1C_\mathrm{a})[\mathrm{H}^+] - 2K_1K_2C_\mathrm{a} = 0 \quad (3\cdot48)$$

さらに，$K_1 \gg K_2$ の場合は，第2段の解離が無視することで $[\mathrm{H}^+] = [\mathrm{HCO_3^-}]$ とできるので，一塩基酸として扱える。よって，式 (3・48) は式 (3・49) のように近似でき

$$[\mathrm{H}^+]^2 + K_1[\mathrm{H}^+] - K_1C_\mathrm{a} = 0 \quad (3\cdot49)$$

また，$C_\mathrm{a} \gg [\mathrm{H}^+]$ なら，さらに式 (3・50) と書ける。

$$[\mathrm{H}^+] = \sqrt{K_1 C_\mathrm{a}} \quad (3\cdot50)$$

一方，二価の弱塩基についても全く同様であり，式 (3・47)～式 (3・50) 中の $[\mathrm{H}^+]$ および C_a のかわりに $[\mathrm{OH}^-]$ および C_b を用いた式から，水酸化物イオン濃度を計算できる。

3-4-4 溶液中に存在する化学種

これまで溶液中の $[\mathrm{H}^+]$ を求めるための近似式を中心に考えてきたが，沈殿生成反応との競合を考えた場合，溶液中の他の化学種の濃度を知ることも大切となる。

(1) 一塩基酸の場合

3-4-1 に記したように，次の2つの式で電離平衡を考えた。

$$\mathrm{HA} \rightleftarrows \mathrm{H}^+ + \mathrm{A}^- \quad (3\cdot16)$$

$$K_\mathrm{a} = \frac{[\mathrm{H}^+][\mathrm{A}^-]}{[\mathrm{HA}]} \quad (3\cdot17)$$

そして，水素イオン濃度は $[\mathrm{H}^+] = \sqrt{K_\mathrm{a} \cdot C_\mathrm{a}}$ (3・23) で近似した。

その際，水の電離を無視して，$[\mathrm{H}^+] = [\mathrm{A}^-]$ としているので，式 (3・23) で求めた値は，$[\mathrm{A}^-]$ の数値であり，未解離の $[\mathrm{HA}] = C_\mathrm{a} - [\mathrm{H}^+]$ で求められることも忘れてはならない。

(2) 二塩基酸の場合

二塩基酸では，式 (3・43) および式 (3・44) に示すように，2段階での解離平衡が存在する。二塩基酸の第2段の解離定数は第1段のそれに比べて，多くの場合 10^2 以上小さい。そのため水の解離と第2段の解離を無視して，式 (3・50) の $[\mathrm{H}^+] = \sqrt{K_1 C_\mathrm{a}}$ より水素イオン濃度を，また，第2段の解離を無視することにより $[\mathrm{H}^+] = [\mathrm{HA}^-]$，この関係を式 (3・44) に代入して，$[\mathrm{A}^{2-}] = K_2$ とし，さらに $[\mathrm{H_2A}] = C_\mathrm{a} - [\mathrm{H}^+]$ と近似できる。これらでは，陰イオン濃度の近似があまりにも乱暴なの

で，次のように取り扱うのが望ましい。

通常の濃度範囲であれば水の電離は無視できるが，第2段の炭酸水素イオンの解離を無視せずに，各イオン濃度を近似する方法を紹介する。

この方法は，多塩基酸の溶液中に存在する各化学種のモル分率や錯生成反応のおける錯化学種のモル分率の算出にも有効であるので，修得されたい。

H_2A の全濃度を C_a とすると

$$C_a = [H_2A] + [HA^-] + [A^{2-}] \tag{3・51}$$

全濃度に占める $[A^{2-}]$ の割合（$[A^{2-}]$ のモル分率：$[A^{2-}]/C_a$）を求める場合は，まず，式（3・51）の両辺を $[A^{2-}]$ で除す。

$$\frac{C_a}{[A^{2-}]} = \frac{[H_2A]}{[A^{2-}]} + \frac{[HA^-]}{[A^{2-}]} + 1 \tag{3・52}$$

式（3・43）を $[HA^-]/[A^{2-}] = [H^+]/K_2$，式（3・43）と 式（3・44）より $[H_2A]/[A^{2-}] = [H^+]^2/K_1K_2$ とし，これらを式（3・52）に代入して

$$\frac{C_a}{[A^{2-}]} = \frac{[H^+]^2}{K_1K_2} + \frac{[H^+]}{K_2} + 1 \tag{3・53}$$

を得る。通分した後，逆数とすることで $[A^{2-}]$ のモル分率を求めるための式（3・54）を得る。

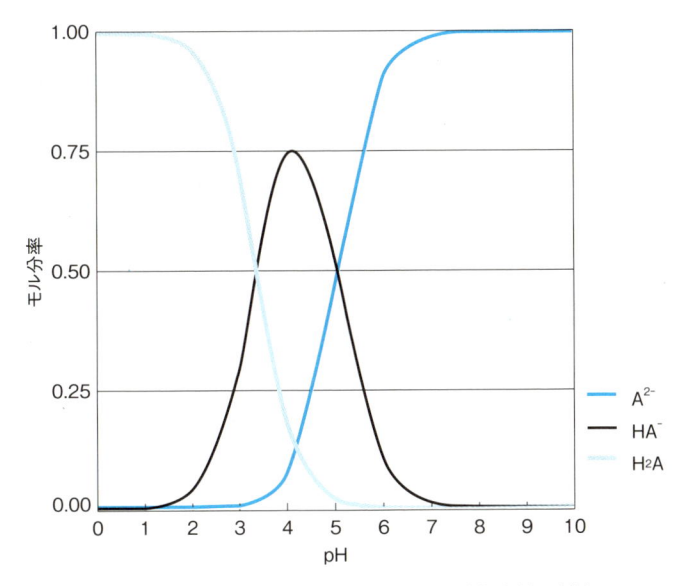

図3-2 各pHにおいて存在するマロン酸化学種の割合

$$\frac{[\text{A}^{2-}]}{C_\text{a}} = \frac{K_1 K_2}{[\text{H}^+]^2 + K_1[\text{H}^+] + K_1 K_2} \quad (3\cdot 54)$$

同様にして

$$[\text{HA}^-]\text{ のモル分率：} \frac{[\text{HA}^-]}{C_\text{a}} = \frac{K_1[\text{H}^+]}{[\text{H}^+]^2 + K_1[\text{H}^+] + K_1 K_2} \quad (3\cdot 55)$$

$$[\text{H}_2\text{A}]\text{ のモル分率：} \frac{[\text{H}_2\text{A}]}{C_\text{a}} = \frac{[\text{H}^+]^2}{[\text{H}^+]^2 + K_1[\text{H}^+] + K_1 K_2} \quad (3\cdot 56)$$

を誘導できる。

式 (3・54)～(3・56) を用いると，K_1 および K_2 が定数であり，実験者が溶液の [H$^+$] および C_a を調製することにより，溶液中の化学種を自由にコントロールできる。例えば，マロン酸について，各 pH に対する化学種のモル分率を求めると図 3-2 となる。

3-5 緩衝容量

3-4-2 で述べたように，弱酸とその塩あるいは弱塩基とその塩の混合溶液が pH 緩衝作用を示す。緩衝溶液に少量の酸や塩基を加えても，また水を加えて希釈しても緩衝溶液の pH の値は極わずかしか変化しない。このため緩衝溶液は，錯生成などの反応過程で pH 変化を避けたいときに用いられる。その緩衝作用の尺度として**緩衝容量**（buffer capacity）β がある（**緩衝能，緩衝指数**（buffer index）ならびに**緩衝価**（buffer value）とも呼ばれる）。緩衝容量は，溶液に加えた強塩基の量（dC_b）あるいは強酸の量（dC_a）と pH の増加（dpH）との比とする式 (3・57) で定義され，β が大きいほど緩衝作用が大で，緩衝溶液としての有効性も高い。

$$\beta = \frac{\text{d}C_\text{b}}{\text{dpH}} = \frac{-\text{d}C_\text{a}}{\text{dpH}} \quad (3\cdot 57)$$

(1) 例として，解離定数が K_a である一塩基酸 HA に強塩基を加えた場合の緩衝容量を求める。酸の初濃度を C_a，加えた強塩基の濃度を C_b とすると

プロトン収支（電荷均衡則とも同じ）から $C_\text{b} + [\text{H}^+] = [\text{OH}^-] + [\text{A}^-]$

　　HA の物質収支から　　　$C_\text{a} = [\text{HA}] + [\text{A}^-]$

　　HA の解離定数は　　　$K_\text{a} = \dfrac{[\text{H}^+][\text{A}^-]}{[\text{HA}]}$

水のイオン積とこれらから，式 (3・58) が得られる。

$$C_b = \frac{K_w}{[H^+]} - [H^+] + \frac{K_a C_a}{([H^+] + K_a)} \tag{3・58}$$

これを［H⁺］で微分すると，

$$\frac{dC_b}{d[H^+]} = -\frac{K_w}{[H^+]^2} - 1 - \frac{K_a C_a}{([H^+] + K_a)^2} \tag{3・59}$$

$$\beta = \frac{dC_b}{dpH} = -2.30[H^+]\frac{dC_b}{d[H^+]} \tag{3・60}$$

式 (3・59) を式 (3・60) に代入すると

$$\beta = 2.30\left\{\frac{K_w}{[H^+]} + [H^+] + \frac{K_a C_a [H^+]}{([H^+] + K_a)^2}\right\} \tag{3・61}$$

が得られる。

(2) 解離定数が同じ K_a である一塩基酸とその共役塩基の混合溶液（全濃度 $C = C_a + C_b$）について，緩衝容量を求める。この場合の β も上記と同様にして式 (3・62) が得られる。

$$\beta = 2.30\left\{\frac{K_w}{[H^+]} + [H^+] + \frac{K_a C [H^+]}{([H^+] + K_a)^2}\right\} \tag{3・62}$$

ここで，混合溶液の［H⁺］が式 (3・37) で近似できる場合には

$$\beta = 2.30\frac{K_a C [H^+]}{([H^+] + K_a)^2} \tag{3・63}$$

となり，式 (3・63) に，式 (3・37) を $[H^+] = K_a C_a / C_b$ とし，$C = C_a + C_b$ とともに代入すると

$$\beta = 2.30\frac{C_a C_b}{(C_a + C_b)} \tag{3・64}$$

となる。

式 (3・64) より，強い緩衝作用を得る（β を大きくする）ためには，C_a および C_b の値を大きくすると良いことがわかる。

3-6 混合溶液

酸と塩基の混合は，次節に述べる酸塩基滴定で見られるが，酸と酸あるいは塩基と塩基を混合する場合もある。弱酸と強酸ならびに弱塩基と強塩基との混合溶液では，各々強酸または強塩基単独の水溶液と考えて

差し支えなく，また強酸どうしあるいは強塩基どうしの混合水溶液では，両者の算術和に等しい。そこで，ここでは解離定数の異なる2つの一塩基弱酸（解離定数 K_1 である HA_1 と K_2 である HA_2）の混合溶液（HA_1 の初濃度 C_{a1}，HA_2 の初濃度 C_{a2}）について考える。

電荷均衡則から $\quad [H^+] = [A_1^-] + [A_2^-] + [OH^-] \quad (3 \cdot 65)$

物質収支から $\quad C_{a1} = [HA_1] + [A_1^-] \quad (3 \cdot 66)$

$\quad C_{a2} = [HA_2] + [A_2^-] \quad (3 \cdot 67)$

各々の電離定数は $\quad K_1 = \dfrac{[H^+][A_1^-]}{[HA_1]} \quad (3 \cdot 68)$

$\quad K_2 = \dfrac{[H^+][A_2^-]}{[HA_2]} \quad (3 \cdot 69)$

これらから $\quad [A_1^-] = \dfrac{K_1 C_{a1}}{([H^+] + K_1)} \quad (3 \cdot 70)$

$\quad [A_2^-] = \dfrac{K_2 C_{a2}}{([H^+] + K_2)} \quad (3 \cdot 71)$

水のイオン積とこれらを式 (3・65) に代入すると

$$[H^+] = \dfrac{K_1 C_{a1}}{([H^+] + K_1)} + \dfrac{K_2 C_{a2}}{([H^+] + K_2)} + \dfrac{K_w}{[H^+]} \quad (3 \cdot 72)$$

ここで，もし，$[H^+] \gg K_1$，$[H^+] \gg K_2$ なら次のように近似できる。
$[H^+] = K_1 C_{a1}/[H^+] + K_2 C_{a2}/[H^+] + K_w/[H^+]$ を整理すると

$$[H^+]^2 = K_1 C_{a1} + K_2 C_{a2} + K_w \quad (3 \cdot 73)$$

となり，弱酸どうしの混合溶液の水素イオン濃度を計算できる。弱塩基どうしの混合溶液についても同様の考えによる式 (3・74) を用いて水酸化物イオン濃度を計算できる。

$$[OH^-]^2 = K_1 C_{b1} + K_2 C_{b2} + K_w \quad (3 \cdot 74)$$

3-7 酸塩基滴定（中和滴定）

試料溶液に濃度既知の標準溶液（standard solution）を滴下し，化学量論的に等しい当量点（equivalence point）までに要した標準溶液の体積から試料溶液中の対象成分の含有量を決定する定量法を容量分析といい，この一連の操作を滴定（titration）という。

ここで取り上げる酸塩基滴定は，容量分析の典型的な例である。滴定に伴う滴定溶液の水素イオン濃度の変化を図示したものを滴定曲線

(titration curve）という．酸塩基反応に限らず，滴定は当量点で完結するが，実際の滴定では指示薬（indicator）の変色や，滴定曲線の変曲点などから実験者が当量点を判断することとなる．これを終点（end point）といい，終点が許容実験誤差内で当量点と一致しなければならず，両者の差を滴定誤差（titration error）あるいは終点誤差という．

3-7-1 滴定曲線

酸塩基滴定には，強酸—強塩基，強酸—弱塩基，弱酸—強塩基および弱酸—弱塩基の4種類の組み合わせが考えられる．弱酸—弱塩基の場合は，当量点近傍でのpH変化が小さく，終点を決めにくく，強いて標準溶液として弱酸や弱塩基を用いる必要もないので，この組み合わせの滴定は行われない．

ここでは，試料溶液としての酸に標準溶液である強塩基を滴下していく過程の水素イオン濃度の変化について説明する．

(1) 強酸を強塩基で滴定する場合

濃度 C_a^o の強酸，例えばHClを濃度 C_b^o の強塩基，例えばNaOHで滴定する場合を考える．

① 滴定前のpH

3-3に述べたように，強酸のみの水溶液なので，その濃度が 10^{-5} M以上であるなら $[H^+] = C_a^o$ と近似でき，式（3・11）より

$$\mathrm{pH} = -\log C_a^o \tag{3・75}$$

を経て，pHを計算できる．

② 当量点までのpH

水の解離が無視できる範囲において，水素イオン濃度は，未中和の酸の濃度に等しいと近似できるので，①と同じ式を用いて計算できる．なお，強酸の濃度が非常に希薄な場合（10^{-7} M以下）には式（3・13）から誘導される式（3・76）により計算できる．なお，当然のことながら次式にみる C_a の値は，初濃度である C_a^o と異なる．中和と体積変化により残存する酸の濃度 C_a が変化していることに注意を要する．

$$[H^+] = \frac{C_a + \sqrt{C_a^2 + 4K_w}}{2} \tag{3・76}$$

③ 当量点におけるpH

当量点では，$$[H^+] = \sqrt{K_w} \tag{3・77}$$

により，pH = 7.00となる．

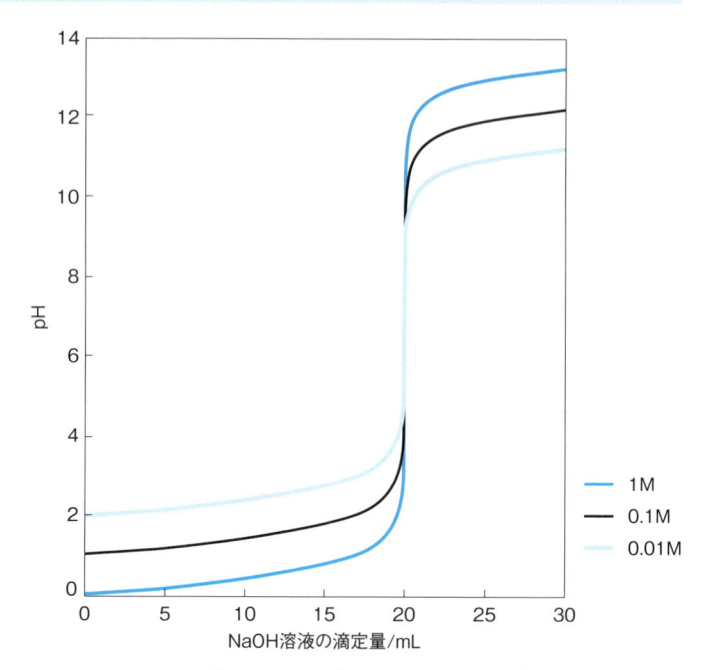

図3-3 1.0×10^{-1} M, 1.0×10^{-2} M および 1.0×10^{-3} M の HCl 溶液 20.00 mL を同じ濃度の NaOH 溶液で滴定したときの滴定曲線

④ 当量点以降の pH

当量点の極近傍で水の解離が無視できない範囲においては，式（3・78）より求める．

$$[H^+]^2 + C_b[H^+] - K_w = 0 \qquad (3 \cdot 78)$$

ここでも，C_b の値は，C_b^o の値とは異なることに注意せよ．水の解離が無視できる範囲では，$C_b = [OH^-]$ であり

$$pH = pK_w + \log C_b \qquad (3 \cdot 79)$$

となる．

これらに従い，1.0×10^{-1} M, 1.0×10^{-2} M および 1.0×10^{-3} M の HCl 溶液の 20.00 mL を同じ濃度の NaOH 溶液で滴定するときの pH を求めると，図 3-3 に示す滴定曲線が得られる．

(2) 弱酸を強塩基で滴定する場合

$K_a = 1.50 \times 10^{-5}$ なる一塩基弱酸 HA の $C_a^o = 1.00 \times 10^{-1}$ M の溶液 10.00 mL を同じ濃度の NaOH 溶液で滴定する場合の滴定曲線を考える．

① 滴定開始前の pH

3-4-1 に述べたように，弱酸 HA のみの水溶液で，通常の酸濃度では $C_a^o \gg [H^+]$ であり，式（3・23）で求められる．また，式（3・24）でもよい．

$$[\text{H}^+] = \sqrt{K_a C_a} = \sqrt{1.50 \times 10^{-5} \times 1.00 \times 10^{-1}} = 1.22 \times 10^{-3} \text{M}$$
$$\text{pH} = -\log(\sqrt{K_a C_a}) = 2.91$$

② 当量点までのpH

弱酸とその共役塩基の混合溶液であり，未中和により残存する $[\text{HA}]$ と中和されて生じた塩の解離による $[\text{A}^-]$ を求めた後，式 (3・37) より導かれる $[\text{H}^+] = (C_a \times K_a)/C_s$ にあてはめる。

NaOH溶液を 1.00 mL 加えたとする。反応により HA が減少し，NaA が生じる。それらの濃度を表すと

$$[\text{HA}] = 1.00 \times 10^{-1} \times (10.00-1.00)/(10.00+1.00) = 8.18 \times 10^{-2} \text{M} = C_a$$
$$[\text{NaA}] = 1.00 \times 10^{-1} \times 1.00/(10.00+1.00) = 9.09 \times 10^{-3} \text{M} = C_s$$
$$\therefore [\text{H}^+] = (8.18 \times 10^{-2} \times 1.50 \times 10^{-5})/9.09 \times 10^{-3} = 1.35 \times 10^{-4} \text{M}$$
$$\text{pH} = 3.87$$

③ 当量点でのpH

NaOH溶液を 10.00 mL 滴下したところが当量点となる。当量点における溶液の体積が 20.00 mL となることに注意。

塩の濃度は，$[\text{NaA}] = 1.00 \times 10^{-1} \times 10.00/(10.00+10.00) = 5.00 \times 10^{-2} \text{M} = C_s$ であり，加水分解が生じるので，式 (3・28) に従うことになる。

$$[\text{OH}^-] = \sqrt{K_w C_s/K_a} = \sqrt{(10^{-14} \times 5.00 \times 10^{-2}/1.50 \times 10^{-5})}$$
$$= 5.77 \times 10^{-6} \text{M} \quad \therefore \text{pOH} = 5.24 \quad \therefore \text{pH} = 8.76$$

となる。

また，$[\text{H}^+] = K_w/(\sqrt{K_w C_s/K_a}) = \sqrt{K_w K_a/C_s}$ とし

さらに $\log[\text{H}^+] = 1/2 \log K_w + 1/2 \log K_a - \log C_s$ を経て

$$\text{pH} = \frac{1}{2}\text{p}K_w + \frac{1}{2}\text{p}K_a + \log C_s \qquad (3 \cdot 80)$$

となる。この式 (3・80) を用いても良い。

④ 当量点以降のpH

NaOH溶液を 11.00 mL 滴下したとする。

$[\text{OH}^-]$ は，過剰の NaOH 溶液の濃度 C_b であり，その濃度は
$$[\text{NaOH}] = [\text{OH}^-] = 1.00 \times 10^{-1} \times 1.00/(10.00+11.00)$$
$$= 4.76 \times 10^{-3} \text{M} = C_b$$

$\therefore \text{pOH} = 2.32, \quad \therefore \text{pH} = 11.68$ となる。

$K_a = 1.80 \times 10^{-5}$ の酢酸，$K_a = 6.86 \times 10^{-5}$ の安息香酸および $K_a = 3.20 \times 10^{-8}$ の次亜塩素酸の一塩基弱酸 0.10 M 溶液 20.00 mL を同じ濃度の NaOH 溶液で滴定するときのpHを求めると，図 3-4 に示す滴定曲線が

二酸化炭素が溶解した水のpHを 5.6 とする根拠

大気中の CO_2 は雨水に溶ける。その総モル濃度を $[H_2CO_3]$ とする。水に溶解して生じた炭酸は，式 (3・43)，式 (3・44) に示したように電離するが，第2段での電離を無視する。すなわち，次式の電離だけであるとすると

$$H_2CO_3 \rightleftarrows H^+ + HCO_3^-$$
$$K = \frac{[H^+][HCO_3^-]}{[H_2CO_3]}$$

で，$[H^+] = [HCO_3^-]$ と捉えるので，$[H^+]^2 = K[H_2CO_3]$ を得る。対数をとると，$2\log[H^+] = \log K + \log[H_2CO_3]$ となり

$$\text{pH} = 1/2 \{\text{p}K - \log[H_2CO_3]\} \quad ①$$

を得る。雨水に溶ける CO_2 の量，$[H_2CO_3]$ は大気中の CO_2 の分圧 P_{CO_2} に比例する。

$$[H_2CO_3] = kP_{CO_2} \quad ②$$

ここで，k は，比例定数。式②を式①に代入して整理すると

$$\text{pH} = 1/2(\text{p}K + \text{p}k - \log P_{CO_2})$$

20°C における $\text{p}K = 6.38$，$\text{p}k = 1.41$ を使い，岩手県大船渡市三陸町綾里（わが国の気象庁の代表観測点）での 1995 年の年平均 CO_2 濃度 363.4 ppm を代入し

$$\text{pH} = 1/2(6.38+1.41+3.44)$$
$$= 5.61$$

と求められている。

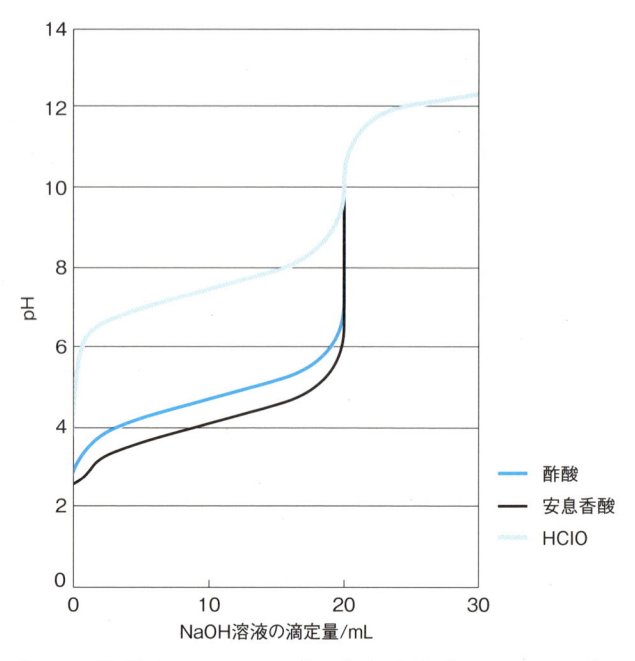

図3-4 酢酸（$K_a=1.80\times10^{-5}$），安息香酸（$K_a=6.86\times10^{-5}$）および次亜塩素酸（$K_a=3.20\times10^{-8}$）の 0.10 M 溶液を同じ濃度の NaOH 溶液で滴定したときの滴定曲線

得られる。

3-7-2 二塩基酸の塩の水溶液の pH

多価の弱酸を強塩基で滴定する場合，第1段の当量点において酸性塩が生じ，第2段の当量点で中性塩が生じる。それらは各中和した場合の当量点に相当するので，各々の当量点における水素イオン濃度の算出方法について考える。

(1) Na_2CO_3 の場合（炭酸を水酸化ナトリウムで第2段まで中和した場合）

$Na_2CO_3 \rightarrow 2\,Na^+ + CO_3^{2-}$ と塩はほぼ完全に電離し，次式のように加水分解する。

$$CO_3^{2-} + H_2O \rightleftarrows HCO_3^- + OH^- \qquad (3\cdot81)$$

さらに，加水分解して $HCO_3^- + H_2O \rightleftarrows H_2CO_3 + OH^-$ も考えられるが，無視できる。すなわち，$[HCO_3^-] \cong [OH^-]$ と書ける。式 (3・81) に質量作用の法則を適用すると，$K_h = [HCO_3^-][OH^-]/[CO_3^{2-}]$ となり，第2段の電離定数：式 (3・44) を整理して代入し

$$K_h = \frac{K_w}{K_2} \qquad (3\cdot82)$$

を得る。

ここで，Na_2CO_3 の初濃度を C_s とすると，$[CO_3^{2-}] \cong [OH^-]$ また，$C_s - [OH^-] \cong C_s$ なら $K_h = [OH^-]^2/C_s$ となり

$$[OH^-] = \sqrt{\frac{K_w}{K_2} C_s} \qquad (3 \cdot 83)$$

を得る。

(2) $NaHCO_3$ の場合（炭酸を水酸化ナトリウムで第1段まで中和した場合）

$NaHCO_3 \rightarrow Na^+ + HCO_3^-$ と塩はほぼ完全に電離し，次式のように加水分解する。

$$HCO_3^- + H_2O \longrightarrow H_2CO_3 + OH^- \qquad (3 \cdot 84)$$

一方，$HCO_3^- \rightleftarrows H^+ + CO_3^{2-}$ も進行する。

電荷均衡則より

$$[Na^+] + [H^+] = [HCO_3^-] + [OH^-] + 2[CO_3^{2-}] \qquad (3 \cdot 85)$$

$NaHCO_3$ の初濃度を C_s とすると

$$C_s = [HCO_3^-] + [H_2CO_3] + [CO_3^{2-}] = [Na^+] \qquad (3 \cdot 86)$$

式 (3・86) を式 (3・85) に代入して整理すると

$$[H_2CO_3] + [H^+] = [OH^-] + [CO_3^{2-}] \qquad (3 \cdot 87)$$

となる。

ここで，$[HCO_3^-] \cong C_s$ とみなすと式 (3・43)，式 (3・44) および水のイオン積より

$$[H_2CO_3] = \frac{C_s[H^+]}{K_1}, \quad [CO_3^{2-}] = \frac{C_s K_2}{[H^+]}, \quad [OH^-] = \frac{K_w}{[H^+]}$$

とし，式 (3・87) に代入し

$$\frac{C_s[H^+]}{K_1} + [H^+] = \frac{C_s K_2}{[H^+]} + \frac{K_w}{[H^+]} \quad とし$$

$$[H^+]^2 \left(\frac{C_s + K_1}{K_1} \right) = C_s K_2 + K_w \quad をへて，解の公式を当てはめて$$

$$[H^+] = \sqrt{\frac{K_1 K_w + C_s K_1 K_2}{C_s + K_1}}$$

ここで，$K_1 K_w \ll C_s K_1 K_2$ また $C_s \gg K_1$ なので，式 (3・88) と近似でき

る。

$$[H^+]=\sqrt{K_1K_2} \qquad (3\cdot88)$$

リン酸ナトリウムおよびリン酸水素二ナトリウムおよびリン酸二水素ナトリウムのような三塩基酸の塩の場合も同様に扱える。これらの塩の水溶液の pH を近似する式は，第 1 段～第 3 段の当量点における指示薬の選択に必要であり，種々の酸と塩基の当量点における pH を求める近似式を表 3–5 にまとめた。

表 3–5　中和定量の当量点における pH

(1) 強酸，弱酸を強塩基で滴定する場合

	強酸	一塩基弱酸
滴定前	$[H^+]=C_a^\circ$ $pH=-\log C_a^\circ$	$[H^+]=\sqrt{K_a C_a^\circ}$ $pH=1/2\,pK_a-1/2\log C_a^\circ$
当量点まで	$[H^+]=C_a$ $pH=-\log C_a$	$[H^+]=(C_a/C_s)K_a$ $pH=-\log C_a+\log C_s+pK_a$
当量点	$[H^+]=\sqrt{K_w}$ $pH=1/2\,pK_w$	$[H^+]=\sqrt{K_w K_s/C_s}\;(C_s=1/2C_a)$ $pH=1/2\,pK_w+1/2\,pK_a+1/2\log C_s\,(C_s=1/2C_a)$
当量点以降	$[H^+]=K_w/C_b$ $pH=pK_w+\log C_b$	$[H^+]=K_w/C_b$ $pH=pK_w+\log C_b$

(2) 強塩基，弱塩基を強酸で滴定する場合

	強塩基	一酸塩基
滴定前	$[H^+]=K_w/C_b^\circ$ $pH=pK_w+\log C_b^\circ$	$[H^+]=K_w/\sqrt{K_b C_b^\circ}$ $pH=pK_w-1/2\,pK_b+1/2\log C_b^\circ$
当量点まで	$[H^+]=K_w/C_b$ $pH=pK_w+\log C_b$	$[H^+]=(K_w C_s)/(K_b C_b)$ $pH=pK_w-\log C_s-pK_b+\log C_b$
当量点	$[H^+]=\sqrt{K_w}$ $pH=1/2\,pK_w$	$[H^+]=\sqrt{K_w C_s/K_b}\;(C_s=1/2C_b)$ $pH=1/2\,pK_w-1/2\,pK_b+1/2\log C_s\,(C_s=1/2C_b)$
当量点以降	$[H^+]=C_a$ $pH=-\log C_a$	$[H^+]=C_a$ $pH=-\log C_a$

(3) 二塩基酸，三塩基酸を強塩基で滴定する場合

	二塩基酸	三塩基酸
滴定前	$[H^+]=\sqrt{K_1 C_a^\circ}$ $pH=1/2\,pK_1-1/2\log C_a^\circ$	$[H^+]=\sqrt{K_1^\circ C_a^\circ}$ $pH=1/2\,pK_1-1/2\log C_a^\circ$
第一段当量点	$[H^+]=\sqrt{K_1 K_2}$ $pH=1/2\,pK_1+1/2\,pK_2$	$[H^+]=\sqrt{K_1 K_2}$ $pH=1/2\,pK_1+1/2\,pK_2$
第二段当量点	$[H^+]=\sqrt{K_w K_2/C_s}$ $pH=1/2\,pK_w+1/2\,pK_2+1/2\log C_s$	$[H^+]=\sqrt{K_2 K_3}$ $pH=1/2\,pK_2+1/2\,pK_3$
第三段当量点		$[H^+]=\sqrt{K_w K_3/C_s}$ $pH=1/2\,pK_w+1/2\,pK_3+1/2\log C_s$

C_a°: 酸の初濃度，C_a: 酸の濃度，C_b°: 塩基の初濃度，C_b: 塩基の濃度，C_s: 塩の濃度，K_a, K_b, $K_1\sim K_3$: 電離定数

3-7-3 当量点の指示法

酸塩基滴定の当量点を指示する方法には，pH メーターによる滴定溶液の pH 直接測定や，滴定溶液の電気伝導度測定などの電気的な指示法と，指示薬（indicator）の呈色変化を用いる方法がある。

酸塩基指示薬は，一般に有機化合物の弱酸または弱塩基で，共役酸と共役塩基のいずれか一方あるいはその両方が呈色する。いま，弱酸の指示薬を HI_n で表わすと，次式に示すように解離して酸性色（未解離色）と塩基性色（解離色）を呈する。

$$HI_n \rightleftarrows H^+ + I_n^-$$
共役酸　　　　共役塩基

上記の反応に質量作用の法則を適用すると，式（3・89）を得る。

$$\frac{[H^+][I_n^-]}{[HI_n]} = K_{I_n} \tag{3・89}$$

ここで，$[HI_n] = [I_n^-]$ のとき $K_{I_n} = [H^+]$ であり，これに相当する pH 値を指示薬指数 pK_{I_n} という。通常，$[I_n^-]/[HI_n] \leq 0.1$ では酸性色，$[I_n^-]/[HI_n] \geq 10$ ではアルカリ性色に見えるといわれる。すなわち，指示薬の色調の変化は，$pK_{I_n} \pm 1$ の間でおこり，この pH 域を指示薬の変色域という。表 3-6 に代表的な酸塩基指示薬の変色域と色を示す。

表 3-6 酸塩基指示薬

指示薬	酸性色	アルカリ性色	変色 pH 域
チモールブルー（酸性側）	赤	黄	1.2～2.8
メチルイエロー	赤	黄	2.9～4.0
ブロモフェノールブルー	黄	青紫	3.0～4.6
メチルオレンジ	赤	橙黄	3.1～4.4
ブロモクレゾールグリーン	黄	青	3.8～5.4
メチルレッド	赤	黄	4.2～6.3
ブロモチモールブルー	黄	青	6.0～7.6
フェノールレッド	黄	赤	6.8～8.4
ニュートラルレッド	赤	黄	6.8～8.0
チモールブルー（アルカリ側）	黄	青	8.0～9.6
フェノールフタレイン	無	赤	8.3～10.0
チモールフタレイン	無	青	9.3～10.5
アリザリンエロー GG	黄	褐	10.0～12.0
ニトラミン	無	橙褐	11.0～13.0

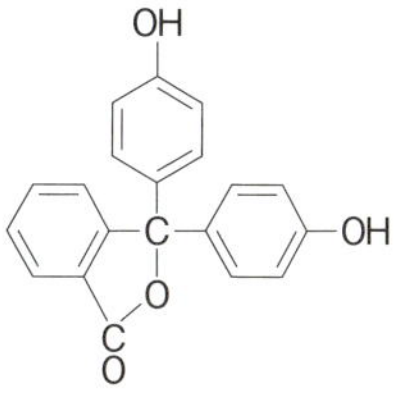

酸性色（無色）

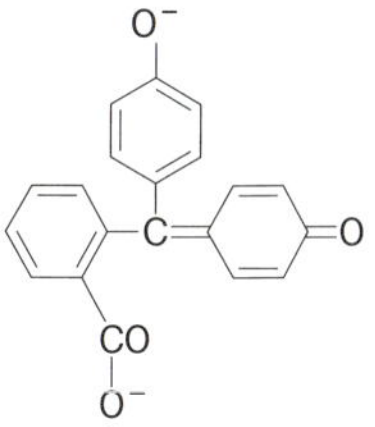

アルカリ性色（赤色）
〈フェノールフタレインの構造〉

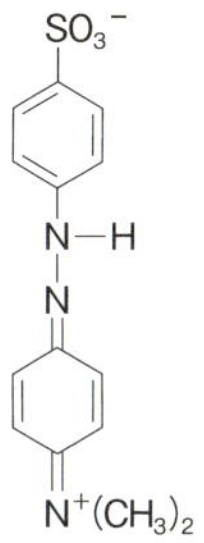

酸性色（赤色）

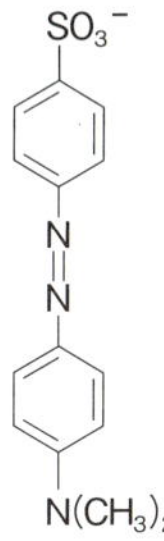

アルカリ性色（橙黄色）
〈メチルオレンジの構造〉

3-7-4 滴定誤差

滴定誤差は，終点と当量点との不一致によるが，指示薬の選択ミスが原因であることが多い。このほかに標準溶液の濃度，器具の検度，あと流れなどにより誤差が生じる。滴定誤差は次式で与えられる。

$$\frac{未中和の酸（塩基）の物質量}{滴定される酸（塩基）の物質量}\times 100 \qquad (3\cdot 90)$$

また

$$\frac{過剰に加えられた塩基（酸）の物質量}{滴定される酸（塩基）の物質量}\times 100 \qquad (3\cdot 91)$$

例えば，0.10 M NaOH で 10 mL の 0.10 M HCl を滴定し，pH = 7.0 となるべきところを，pH 5.0 で終点としたとして考える。滴定されるべき HCl の物質量は $0.10\times 10\times 10^{-3}$ である。しかし，pH = 5.0 のときの体積を 20 mL と見積ると，未中和の HCl の物質量は $1.0\times 10^{-5}\times 20\times 10^{-3}$ mol なので

$$\frac{未中和の酸（塩基）の物質量}{滴定される酸（塩基）の物質量}\times 100$$
$$=\frac{1.0\times 10^{-5}\times 20\times 10^{-3}}{0.10\times 10\times 10^{-3}}\times 100$$

当量点前には－，当量点後では＋をつけると，この場合の滴定誤差は -2.0×10^{-2} ％となる。ここでは，水の解離を無視したが，さらに終点が当量点近くになれば水の解離による水素イオン濃度を考慮しなければならない。

3-7-5 酸塩基滴定の実際

代表的な分析方法を示す。

(1) ウィンクラー法（Winkler's method）

無機工業薬品，洗剤，紙パルプの製造をはじめ幅広い用途をもつ工業用炭酸ナトリウムは，ソルベー法によって製造される。その最終段階で $NaHCO_3$ を加熱分解されるが，その際，Na_2CO_3 に一部 NaOH が生じる。その分析に利用される。

メチルオレンジまたはブロモフェノールブルーを指示薬とし，塩酸標準液で滴定して Na_2CO_3 と NaOH の合量を求める。この当量点では NaCl と H_2CO_3 であり，その濃度が 0.1 M ～ 0.01 M であるとすると，表 3-4 に示す $[H^+]=\sqrt{K_1 C}$ より，pH は 3.68 ～ 4.17 となるので，それらの

指示薬が選ばれている。ついで，試料溶液に$BaCl_2$の少過剰を加えてCO_3^{2-}のすべてを$BaCO_3$として沈殿させたのち，フェノールフタレインを指示薬とし塩酸標準液で滴定し，NaOHの量を求める。

(2) ワルダー法（Warder's method）

上記と同じNa_2CO_3とNaOHの混合物の定量に利用される。

NaOHとNa_2CO_3の混合水溶液に指示薬としてフェノールフタレインを加え，塩酸溶液で滴定する。終点では，NaClと$NaHCO_3$が生じる。すなわち，式（3・88）で求めたように，$NaHCO_3$溶液の$[H^+]=\sqrt{K_1K_2}$で求められ，pH=8.3である。ついで，メチルオレンジを指示薬とし，生じた$NaHCO_3$に塩酸を加えてNaClとしている。

(3) 氷酢酸の強度測定

食酢の測定にも利用される。3-7-1の（2）弱酸を強塩基で滴定する場合の項で述べたように，当量点におけるCH_3COONaの加水分解に基づいて導かれた式（3・80）または$[OH^-]=\sqrt{K_wC/K_a}$を経て$[H^+]$を求める。生じる塩の濃度が0.1 M～0.01 Mとすると，pH範囲は8.3～8.9となるため，フェノールフタレインを指示として用いられている。

(4) ケルダール法（Kjeldahl's method）

タンパク質やアミノ酸，プリン塩基などの含窒素有機化合物の分析法で，濃硫酸・硫酸カリウムまたは硫酸・発煙硫酸で加熱分解して，窒素を硫酸アンモニウムに変化する。ついで，強アルカリを加えて水蒸気蒸留を行い，遊離したアンモニアを過剰の酸の標準溶液に吸収させる。残った酸をNaOHで滴定する。その際は，強塩基による強酸の滴定であるので，指示薬はフェノールフタレイン等が用いられる。

練習問題

次の問題に取組む際，必要に応じて表3-3の解離定数を用いよ。

3-1

HF，HCl，HCNの各々0.010 M溶液中に存在する化学種の濃度およびこれらの溶液のpHを求めよ。

3-2

0.050 Mの酢酸ナトリウム溶液の$[H^+]$，$[OH^-]$およびpHを求めよ。

3-3

0.100 M 酢酸の水溶液が500 mLある。この溶液に固体の酢酸ナトリウムを溶解させて，pH 5.20の緩衝溶液を調製したい。酢酸ナトリウムの溶解による溶液の体積変化はないとして，必要とする酢酸ナトリウ

ムの質量を求めよ。

3-4
弱酸 HA の電離定数 K_a とその共役塩基 A^- の電離定数 K_b との間には，$K_a \cdot K_b = K_w$ の関係があることを示せ。

3-5
塩化アンモニウムの 0.0100 M 溶液中に存在する化学種の濃度およびその溶液の pH を求めよ。

3-6
H_2S 0.050 M 溶液中の $[S^{2-}]$ の濃度を近似せよ。また，この溶液に HCl が 0.30 M となるように加えた溶液中の $[S^{2-}]$ を求めよ。

3-7
0.0200 M 程度のシアン化水素酸，次亜塩素酸（$K_a = 2.95 \times 10^{-8}$）および酢酸の水溶液を酸塩基滴定により定量したい。各々の滴定で適した指示薬を表 3-6（p.69）より選べ。

3-8
1.00×10^{-1} M の酢酸水溶液 100 mL と同じ濃度の酢酸ナトリウム水溶液の同体積を混合した溶液について，次の問いに答えよ。
1) pH を求めよ。
2) この混合溶液に 1.00×10^{-1} M の NaOH 溶液 2.00 mL 加えたときの pH を求めよ。
3) この混合溶液に 1.00×10^{-1} M の HCl 溶液 2.00 mL 加えたときの pH を求めよ。

3-9
0.10 M NaOH 水溶液を用いて 25.0 mL の 0.10 M HCl を滴定した。このとき指示薬の選択を間違い，pH 5.00 で終点となった。この滴定誤差を求めよ。

3-10
次の酸塩基滴定に関する問いに答えよ。
1) 濃度未知の NaOH 溶液の 25.00 mL を 0.1200 M HCl 溶液で滴定した。滴定に要した HCl 溶液の体積は 21.15 mL であった。この

NaOH 溶液 750 mL 中に含まれる NaOH の質量を求めよ。

2) $NaHCO_3$ の 0.3360 g をコニカルビーカーに入れ，少量の水を加えて溶かし，メチルレッドを指示薬として濃度未知の HCl 溶液で滴定した。滴定に要した HCl 溶液の体積は，38.09 mL であった。HCl 溶液のモル濃度を求めよ。

3) HCl と H_3PO_4 を含む水溶液 100 mL を 0.2000 M NaOH 溶液で滴定したところ，メチルオレンジ終点までに 25.00 mL を，またブロモチモールブルー終点まで 10.00 mL（合計で 35.00 mL）を要した。溶液中の HCl と H_3PO_4 の濃度を求めよ。

課題 3-1　表 3-3 の酸塩基の和名を記せ。

課題 3-2　$K_a = \alpha$ の弱酸 HA の β mol/L の水溶液 γ mL を同じ濃度の NaOH 水溶液で滴定するとし，滴定量（mL）に対する pH を代表的な計算式を示しながら求め，表にまとめよ。次に，滴定量（mL）を横軸に，縦軸を pH とした滴定曲線をグラフ用紙に画け。また，その系に適した酸塩基指示薬を表 3-6（p. 69）より選べ。

学生番号の下桁	α	β (mol/L)	γ (mL)
0	1.80×10^{-5}	1.50×10^{-2}	15.0
1	1.30×10^{-7}	2.50×10^{-2}	10.0
2	1.50×10^{-4}	2.00×10^{-2}	20.0
3	2.50×10^{-6}	1.50×10^{-2}	15.0
4	2.30×10^{-7}	2.00×10^{-2}	20.0
5	2.50×10^{-6}	1.00×10^{-2}	10.0
6	1.50×10^{-5}	1.00×10^{-2}	15.0
7	1.80×10^{-7}	2.00×10^{-2}	15.0
8	1.50×10^{-6}	1.50×10^{-2}	20.0
9	2.00×10^{-6}	2.50×10^{-2}	15.0

課題 3-3　コハク酸について，各 pH に対する化学種のモル分率を求め，図に示せ。

課題 3-4　三塩基酸の水溶液に存在する化学種のモル分率を求める式を誘導せよ。

宿題

❶ 飽和溶液とはどのような溶液か。その作り方・溶解度の求め方を調べよ。

❷ 電解質の溶解度に及ぼす溶媒の性質の影響を調べよ。

4章 沈殿平衡および沈殿滴定

到達目標

モル溶解度と溶解度積の相互の関係を理解できる。

沈殿の生成条件を理解し，分別沈殿に繋げることができる。

具体的な沈殿滴定の条件設定を理解できる。

4-1 溶解度と溶解度積

物質の溶媒への溶けやすさの尺度として，**溶解度**（solubility）がある。無機化合物ならびに有機化合物の各種溶媒への溶解度は，「化学便覧」の4章（溶けやすさを定性的に「易」，「溶」，「難」，「不」で表記）および9章（定量的な数値）に見ることができる。ここでは，金属イオンの定性分析ならびに重量分析に応用することを目的とし，無機化合物の水への溶解度について学ぶこととする。

4-1-1 溶 解 度

溶解度は，ある温度で物質を溶け得るまで水に溶解させて得られる飽和水溶液中に存在する溶質の濃度あるいは質量で表わされる。溶解度の表わし方も様々あるが，次の質量百分率濃度で表わされる場合が多い。

> 飽和溶液 100 g 中に含まれる溶質の質量（質量百分率濃度と同じ）
> ：略記号 w

電解質である無機化合物の溶解度に影響を及ぼす因子として，次の3つがあげられる。

温度の影響：一般に温度の上昇とともに電解質の水への溶解度は増大する。一方，温度を上昇させてもほとんど変化しない塩（$BaSO_4$: 20 ℃ 水 1 L 中 2.4×10^{-3} g，100 ℃ で 3.9×10^{-3} g）や，温度を上昇させると溶解度が減少する塩（$CaSO_4$: 20 ℃ 水 100 g 中 0.205 g，100 ℃ で 0.067 g，Li_2CO_3: 20 ℃ 水 100 g 中 1.31 g，100 ℃ で 0.71 g）がある。これらの塩については，熱時ろ過が可能であり，精製が容易に行える。

溶媒の影響：溶媒の性質として水素結合・化学結合・静電的相互作用

「化学便覧」では，難溶性無機化合物の水に対する溶解度として，略記号 s を用い飽和溶液 1 dm³ 中に含まれる溶質の質量（g）で表した値も併用されている。さらに，有機溶媒への無機化合物の溶解度や，水または有機溶媒への有機化合物の溶解度については，これら以外の尺度で溶解度が記載されている。参照するときには十分な注意が必要である。

4章 沈殿平衡および沈殿滴定　75

する程度を反映した誘電率 (permittivity) がある。6章の表6-1および表6-2に示すように，誘電率の大きな溶媒は極性溶媒（水，メタノールなど）と呼ばれ，電解質化合物は溶けやすい。一方，誘電率の小さな溶媒は，無極性溶媒（ベンゼン，クロロホルムなど）とよばれ，電解質化合物は溶けにくい。このほか，溶媒の性質としてドナー数 (donor number) がある。ドナー数は，溶媒のルイス塩基としての性質を示し，ドナー数の大きな溶媒は，陽イオンと結合しやすい。代表的な溶媒のドナー数は，次の通りである。水：18.0，アセトニトリル：14.1，アセトン：17.0，ジオキサン：14.8，酢酸エチル：17.1。

共存塩の影響：電解質化合物が2種以上共存する水溶液では，後述する共通イオン効果により溶解度が減少し，また塩効果により溶解度が増加することがある。

4-1-2　モル溶解度と溶解度積

電解質型の無機化合物が水に溶解する時，その多くは「溶解によって陽イオンと陰イオンに電離する」として扱われる。この電離平衡に質量作用の法則を適用したものを溶解度積 (solubility product) という。その際に必要となる濃度の尺度はモル濃度であり，次のように定義される。

> モル溶解度（飽和溶液 1 dm³ 中に含まれる溶質の物質量：略記号 S）

この尺度は，正式には固溶解度 (solid solubility) と称されるが，本書ではなじみ深いモル溶解度 S と呼ぶ。

溶解度積は，金属イオンの定性分析において沈殿分離するための pH 条件設定や，重量分析で必要な条件である定量的な沈殿を得るための条件設定ならびに沈殿滴定における沈殿生成反応の定量的な考察に役立つ。以後，質量百分率濃度と同じ扱いの略記号 w とする溶解度と略記号 S のモル溶解度を用いる。

4-1-3　溶解度積，共通イオン効果と塩効果

(1) 溶解度積の利用

難溶性塩（溶けると完全にイオン化すると考える[*1]）M_mX_n の飽和溶液では，固相 (s) と液相との間で式 (4・1) の平衡が成立する。

$$M_mX_n(s) \rightleftarrows mM^{n+} + nX^{m-} \qquad K = \frac{[M^{n+}]^m[X^{m-}]^n}{[M_mX_n](s)} \qquad (4・1)$$

類似語

代表的な類似語は，溶解度-モル溶解度，参照電極-基準電極-照合電極，解離-電離，活性化状態-励起状態-遷移状態であろう。分野によって異なる語句が用いられる。また，広義か狭義の微妙な違いに惑わされずに，その意味するところを理解しよう。

[*1] 電離する塩の溶解度が大きい？

塩化水銀（I）は結晶中で Cl–Hg–Hg–Cl として存在するので，その化学式は Hg_2Cl_2 で表せる。甘汞（カンコウ）とも呼ばれる。25℃の水 1 L に 2.1 mg しか溶けないが，溶解した塩は電離し，Hg_2^{2+} となっている。古くから標準電極（カロメル電極），下剤，利尿剤として用いられたが，現在は利用されていない。

塩化水銀（II）の化学式は $HgCl_2$ で，昇汞（ショウコウ）とも呼ばれる。昇の文字は，毒性が強く（ヒトに対する致死量は 0.2〜0.4 g），少しでも体内に入ると昇天することに由来する。25℃の水 100 g に 7.3 g と比較的よく溶ける．

しかし，大部分が電離せず，水和イオンとして存在する割合は極めて小さい。塩化物イオンが過剰に存在すると $[HgCl_3]^-$ や $[HgCl_4]^{2-}$ を生じて，さらに溶解する。

$[M^{n+}]$ および $[X^{m-}]$ はイオン濃度（厳密には活量で表す）を示す。$[M_mX_n]$(s) は固体 M_mX_n の活量であり，標準状態*（298.15 K, 101.32 kPa）において 1 と約束されている。そこで，式 (4・1) は式 (4・2) のように改められる。

$$[M^{n+}]^m[X^{m-}]^n = K \cdot \text{constant} = K_{sp} \quad (4\cdot2)$$

この K_{sp} を塩 M_mX_n の溶解度積という。その値は物質によって固有であり，一定の温度では一定である。したがって，K_{sp} を用いると，次の 3 つの状態が想定できるとともに，両イオンを反応させて沈殿させるときの目安となる。

$[M^{n+}]^m[X^{m-}]^n < K_{sp}$：不飽和溶液（沈殿生成が起こらない）
$[M^{n+}]^m[X^{m-}]^n = K_{sp}$：飽和溶液
$[M^{n+}]^m[X^{m-}]^n > K_{sp}$：過飽和溶液（飽和状態まで沈殿生成が起こる）

さらに，M_mX_n の飽和溶液に塩と共通するイオン（X^{m-} または M^{n+}）をもつ塩（Na_mX や MCl_n）の溶液を加えると，$[M^{n+}]^m[X^{m-}]^n > K_{sp}$ となり，溶解しているほとんどの M^{n+} または X^{m-} を M_mX_n として沈殿させることができることも示す。

例えば，25℃ において AgCl の飽和水溶液 1 L を取り出して水を蒸発させて，含まれる AgCl の質量を求めると，1.93×10^{-3} g であったとする。水溶液中で AgCl は完全に電離しており，次の平衡が成立する。

$$\text{AgCl(s)} \rightleftarrows \text{Ag}^+ + \text{Cl}^- \quad (4\cdot3)$$

溶液中の各イオンのモル濃度を求めると

$$[\text{Ag}^+] = [\text{Cl}^-] = \frac{1.93 \times 10^{-3}}{143.35} = 1.35 \times 10^{-5} \text{ M}$$

であり，溶解度積は $K_{sp} = [\text{Ag}^+][\text{Cl}^-] = 1.81 \times 10^{-10}$ となる。この値は，同じ温度においては，常に一定となる。この飽和溶液に NaCl を 1.00×10^{-3} M となるように加えるとする。加えられた NaCl はほぼ完全に電離し，溶液中の $[\text{Cl}^-]$ が増加する。このため，$K_{sp} = 1.81 \times 10^{-10}$ となるまで式 (4・3) の反応が左に進行して，AgCl が沈殿する（溶液中の $[\text{Ag}^+]$ が 1.35×10^{-5} M より減少する）。どの程度，沈殿するか見積もってみよう。AgCl の飽和溶液中の $[\text{Cl}^-] = 1.35 \times 10^{-5}$ M であるが，NaCl を 1.00×10^{-3} M で加えることにより，$[\text{Ag}^+]$ の値はさらに小さくなる。よって，新たな飽和溶液中での Cl^- 濃度は，AgCl の電離によって生じる Cl^- 濃度を無視できるので，$[\text{Cl}^-] = 1.00 \times 10^{-3}$ M として，

標準状態は反応系によって異なる
溶液内で反応を扱う場合の標準状態は 298.15 K，101.32 kPa であり，SATP (standard ambient temperature and pressure) と呼ばれるが，気体を扱う場合の標準状態は 273.15 K，101.32 kPa であり，STP (standard temperature and pressure) と記される。

[Ag$^+$] を求めると

$$[Ag^+] = K_{sp}/[Cl^-] = 1.81 \times 10^{-10}/(1.00 \times 10^{-3}) = 1.81 \times 10^{-7} \, M \text{ となる。}$$

すなわち，純水には 1.93×10^{-3} g 溶ける AgCl は，NaCl を 1.00×10^{-3} M となるように加えたことにより，$1.81 \times 10^{-7} \times 143.35 = 2.59 \times 10^{-5}$ g までしか溶けなくなる。このとき生じる沈殿の質量は 1.90×10^{-3} g となり，大部分（98.5 %）の AgCl が沈殿したことになる。

このように溶解度積は沈殿生成するための，沈殿剤の必要量を求めることができ，後述する沈殿分離の条件を整えることができる。

(2) 共通イオン効果

上記に述べたように，AgCl の飽和水溶液に共通するイオンとして塩化物イオンを加えることによって，さらに AgCl を沈殿させることができる。このように，難溶性塩と共通するイオンを添加すると，その塩の溶解度が著しく減少する。これを共通イオン効果 (common ion effect) という。共通イオン効果を応用すると，溶液中の特定のイオンを定量的に沈殿させることができる。共通イオン効果の代表的な影響を図 4–1 および図 4–2 に示す。

しかしながら，物事には限度があり，沈殿剤を大過剰に加えた場合，錯イオンを生じて溶解することがある。

例えば，AgCl の飽和溶液に塩化物イオンを多量に添加すると，クロロ錯イオンとして [AgCl$_2$]$^-$ さらに [AgCl$_3$]$^{2-}$ が生じて AgCl は溶解する。硫化物の場合も同様であり，大過剰の硫化物イオンの存在でチオ錯イオンが生じる。SnS$_2$ に硫化物イオンを作用させると [SnS$_3$]$^{2-}$ が生じる。「過ぎたるは及ばざるが如し」の諺が化学反応にもあてはまる。

(3) 溶解度積からモル溶解度の算出

Ag$_2$CrO$_4$ の飽和水溶液を例として，溶解度積の値からモル溶解度の導き方を考えてみよう。この場合，次式の平衡が成立しており

$$Ag_2CrO_4(s) \rightleftarrows 2\,Ag^+ + CrO_4^{2-}$$
$$\text{溶解度積は} \quad K_{sp} = [Ag^+]^2[CrO_4^{2-}] \qquad (4\cdot4)$$
$$= 1.9 \times 10^{-12}$$

と求められている。この飽和溶液における Ag$_2$CrO$_4$ のモル溶解度 S（この場合は，$S = [CrO_4^{2-}]$）を次のようにして求めることができる。

まず，Ag$_2$CrO$_4$ 飽和溶液の電離平衡に電荷均衡則をあてはめると

$$[Ag^+] = 2[CrO_4^{2-}] \qquad (4\cdot5)$$

であり，これを式 (4・4) に代入すると

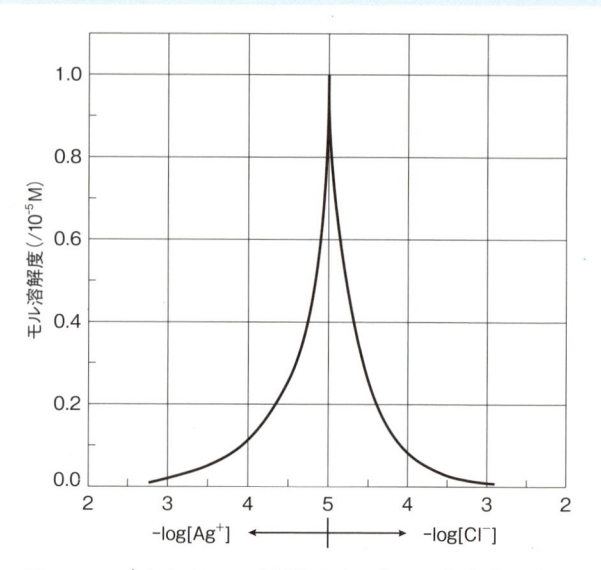

図 4-1 Ag^+ または Cl^- が共通イオンとして存在する時の AgCl の溶解度

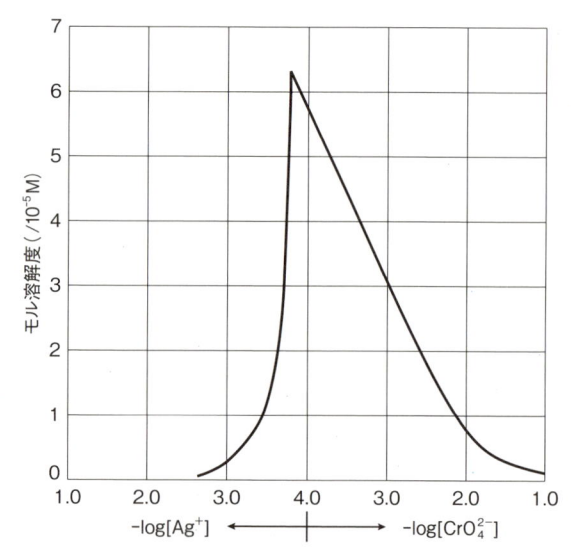

図 4-2 Ag^+ または CrO_4^{2-} が共通イオンとして存在する時の Ag_2CrO_4 の溶解度

$$K_{sp} = 4[CrO_4^{2-}]^3 \qquad (4\cdot6)$$

$$S = [CrO_4^{2-}] = \sqrt[3]{\frac{K_{sp}}{4}} \qquad (4\cdot7)$$

となり，$S = [CrO_4^{2-}] = 7.8 \times 10^{-5}$ M と求められる。

また，飽和溶液中の銀イオン濃度は，式 (4・5) より，$[Ag^+] = 1.6 \times 10^{-4}$ M と求まる。

この飽和溶液に Na_2CrO_4 を 0.050 M となるように加えると，加えた Na_2CrO_4 はほぼ完全に解離し，これによる $[CrO_4^{2-}]$ は 0.050 M であり，

Ag_2CrO_4 の解離によって生じる $[CrO_4^{2-}]$ が無視できる。そこで，式 (4・4) より

$$[Ag^+]^2[CrO_4^{2-}] = [Ag^+]^2 \times 0.050 = 1.9 \times 10^{-12} \text{ となり}$$

$[Ag^+] = 6.2 \times 10^{-6}$ M が求まる。この時の Ag_2CrO_4 のモル溶解度，$S = [Ag^+]/2 = 3.1 \times 10^{-6}$ M となる。

(4) 塩 効 果

濃度の関数として表示された式 (4・2) は，厳密には活量で表されなければならない。例えば，難溶性塩 MX の解離平衡（$MX(s) \rightleftarrows M^+ + X^-$）についての溶解度積は，式 (4・8) のように

$$K_{sp} = a_{M^+} \cdot a_{X^-} \tag{4・8}$$

となる。ここで，a_{M^+} および a_{X^-} は各々 M^+，X^- の活量を示す。1-3 に述べたように，活量は活量係数と濃度の積で表わされるので，式 (4・8) は式 (4・9) となる。

$$K_{sp} = [M^+][X^-]f_{M^+}f_{X^-} \tag{4・9}$$

ここで，f_{M^+}，f_{X^-} は各イオンの活量係数を示す。したがって

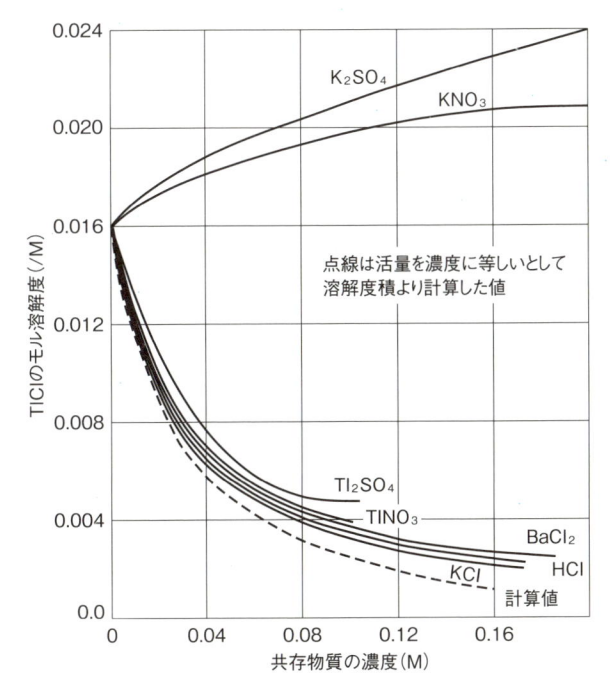

$$[M^+][X^-] = \frac{K_{sp}}{f_{M^+}f_{X^-}} \tag{4・10}$$

図 4-3 共通イオン効果と塩効果の例

となる。難溶性塩 MX の飽和溶液ではイオンの濃度は極めて小さく，f_{M^+} および f_{X^-} はほとんど 1 に等しいとみなせるので，式（4・2）を用いても一般的には支障がない。しかし，この飽和溶液に他の電解質を多量に添加すると，溶液のイオン強度が増大して $f_{M^+} f_{X^-}$ が 1 以下に減少する。K_{sp} は定数なので，活量係数の減少にともなって $[M^+]$ と $[X^-]$ の積は増大することになる。すなわち，電解質の添加によって難溶性塩の溶解度が増加する。この効果を塩効果（salt effect）という。

4-1-3 で述べたように，難溶性塩の溶液にその塩と共通するイオンをもつ電解質を添加することによって塩の溶解度を減少させられるが，この共通イオン効果は，塩効果によって若干減ぜられる。さらに，大過剰の塩の添加は錯イオン生成につながり，定量的な沈殿生成を妨げることになる。塩化タリウムを用いた場合に観察される共通イオン効果および塩効果がどのような結果をもたらすか，図 4-3 に示す。

4-2 定量的沈殿と分別沈殿ならびに酸塩基平衡との競合

共通イオン効果を利用すると，溶液中に溶けている特定のイオンを定量的に沈殿させたり，二種類のイオンをその溶解度の差を利用して別々に沈殿させ分別沈殿（fractional precipitation）を行うこともできる。これらは，溶液中の水素イオン濃度を変化させることによって，沈殿剤（弱塩基の陰イオン）の濃度を溶解度積から判断される沈殿可能範囲に調整することで可能となる。

4-2-1 分別沈殿

硫化物の沈殿を例とし，Mn^{2+} と Pb^{2+} が共存する溶液から，Pb^{2+} を PbS として定量的に分別沈殿させるときの $[S^{2-}]$ を考えてみよう。PbS および MnS の溶解度積は，8.0×10^{-28} および 8.0×10^{-14} であり，$[Mn^{2+}] = [Pb^{2+}] = 1.0 \times 10^{-3}$ M で含まれる混合溶液とする。

まず，それぞれが沈殿し始めるときの $[S^{2-}]$ を求めてみよう。

Mn^{2+} が沈殿し始めるには
$$[S^{2-}] = 8.0 \times 10^{-14} / 1.0 \times 10^{-3} = 8.0 \times 10^{-11} \text{ M}$$

Pb^{2+} が沈殿し始めるには
$$[S^{2-}] = 8.0 \times 10^{-28} / 1.0 \times 10^{-3} = 8.0 \times 10^{-25} \text{ M}$$

より，$[S^{2-}]$ の必要量の少なくて済む PbS が先に沈殿し始めることがわかる。つぎに，Pb^{2+} が PbS として定量的（99.9 % 以上）に沈殿す

天秤の大切さ

化学分析や機器分析による定量分析結果は，物質の質量を再現性よく真の値に近い値をどのようにして得るかに関わっている。質量を測定できる化学天秤は，分析の命ともいえる。現在は，電子上皿天秤が主流であるが，化学天秤には，次のような種類がある。

天秤の種類	秤量(g)	感量(mg)
化学天秤	100〜200	0.1
セミミクロ化学天秤	30〜50	0.01
ミクロ化学天秤	20〜30	0.001

感量は，検知できる最小質量を意味する。ピンセットではなく，素手で秤量びんをつかむと手の汚れが付着する。その汚れが 0.1〜0.2 mg に相当すると認識すべきである。化学天秤は除振台つきの実験台に設置し，常に清掃に心がけながら使用しなければならない。

るときの $[S^{2-}]$ を求める。定量的に沈殿したとき，溶液中に残存する $[Pb^{2+}]$ は沈殿する前の濃度の 0.1%，1.0×10^{-3} M の 1/1000 で 1.0×10^{-6} M となる。この濃度にするためには，$[S^{2-}] = 8.0 \times 10^{-28}/(1.0 \times 10^{-6}) = 8.0 \times 10^{-22}$ M でなければならないことがわかる。一方，MnS が沈殿し始めるには $[S^{2-}] = 8.0 \times 10^{-11}$ M であるから，8.0×10^{-22} M においても MnS が沈殿しない。これらのことから，それぞれを分別沈殿させるときの $[S^{2-}]$ の濃度範囲は

$$8.0 \times 10^{-11} \text{ M} > [S^{2-}] \geq 8.0 \times 10^{-22} \text{ M}$$

となる。

4-2-2 酸塩基平衡との競合

硫化物イオンのような弱塩基の陰イオンを含む難溶性塩では，その陰イオンと水素イオンとの平衡が沈殿平衡と競合する。その具体例が，硫化物法による金属イオンの定性分析にみられる。硫化物法では，溶液のpH を調整することで，溶解度積 $K_{sp} = [M^{2+}][S^{2-}]$ を満すのに必要な硫化物イオン濃度を調節し，種々の金属イオンを分別沈殿させることができる。つぎに，分別沈殿するためのpH 条件を考える。

H_2S は二段階に解離し，その平衡は次のように表わされる。

$$H_2S \rightleftharpoons H^+ + HS^- \quad \frac{[H^+][HS^-]}{[H_2S]} = K_1 = 1.0 \times 10^{-7} \quad (4 \cdot 11)$$

$$HS^- \rightleftharpoons H^+ + S^{2-} \quad \frac{[H^+][S^{2-}]}{[HS^-]} = K_2 = 1.0 \times 10^{-14} \quad (4 \cdot 12)$$

両式から

$$\frac{[H^+]^2[S^{2-}]}{[H_2S]} = K_1 \cdot K_2 = 1.0 \times 10^{-21}$$

ゆえに

$$[S^{2-}] = \frac{1.0 \times 10^{-21} \cdot [H_2S]}{[H^+]^2} \quad (4 \cdot 13)$$

となる。硫化水素の水1 mL への溶解度は，20 ℃，101.32 kP において 2.554 mL[*2] であり，その水溶液中の $[H_2S] = 0.1$ M とみなせる。この値を式 (4・13) にあてはめると，$[S^{2-}] = 1.0 \times 10^{-22}/[H^+]^2$ となり，溶液中のpH を 0 から 11 まで変化（$[H^+]$ では $1 \sim 1 \times 10^{-11}$ M）させると，$[S^{2-}]$ を 1.0×10^{-22} M から 1 M まで変化させた溶液が得られることになる。

このことから，先に述べた Mn^{2+} と Pb^{2+} が共存する溶液から，Pb^{2+} を PbS として定量的に分別沈殿させる際に，硫化水素の分圧が 101.32 kPa において，調整すべき $[H^+]$ を考えてみよう。PbS を分別沈殿させるときの $[S^{2-}]$ の濃度範囲（8.0×10^{-11} M $> [S^{2-}] \geq 8.0 \times 10^{-22}$ M）とするのに必要な水素イオン濃度は，式 (4・13) より

*2 気体の水への溶解度
「化学便覧」の9章の相平衡に記載されている。

$$\sqrt{1.0\times 10^{-22}/(8.0\times 10^{-11})} < [\text{H}^+] \leq \sqrt{1.0\times 10^{-22}/(8.0\times 10^{-22})}$$

$1.12\times 10^{-6}\,\text{M} < [\text{H}^+] \leq 0.35\,\text{M}$ となる。

このように硫化物法で第2族に分属される Hg^{2+}, Cu^{2+}, Cd^{2+}, Pb^{2+} および Sn^{2+} などの金属イオンは,その硫化物の溶解度積（10^{-28}以下）から 0.3 M HCl 溶液（$[\text{S}^{2-}] = 10^{-20}$）中で $[\text{M}^{2+}] = 10^{-8}$ M まで溶解できないので,この条件で十分沈殿する。一方,Zn^{2+}, Co^{2+}, Ni^{2+} などの金属イオンは,その溶解度積（10^{-23}〜10^{-21}）から,同じ酸性条件下では $[\text{M}^{2+}] = 10^{-1}$〜$10^{-2}$ M まで溶け得るので沈殿しない。これらのことは,溶解度の値が後者のようであれば,硫化物が酸に溶解することも示唆している。式（4・14）と式（4・15）に示すように,硫化物は沈殿していても溶液中でわずかに解離し S^{2-} を生じ,これが水素イオンと二段階的に反応し H_2S となり,さらに H_2S が飽和状態になるとガスとして逸散するので,水素イオンが十分の状態では硫化物は溶解することになる。

$$\text{MS} \rightleftharpoons \text{M}^{2+} + \text{S}^{2-} \qquad (4\cdot 14)$$
$$\text{S}^{2-} + \text{H}^+ \rightleftharpoons \text{HS}^- \quad \text{HS}^- + \text{H}^+ \rightleftharpoons \text{H}_2\text{S} \qquad (4\cdot 15)$$

なお,硫化水銀（II）の場合は,$K_{\text{sp}} = 10^{-50}$ と極めて解離しにくいため,王水（aqua regia; 濃硝酸と濃塩酸の体積比1：3の混合液）などで硫化物イオンを酸化分解させなければ溶解させることはできない。このほか,炭酸塩,水酸化物などの溶解性についても同様に,溶液のpHが大きく影響する。

4-2-3 陽イオンの定性分析への応用

学部初年次教育に不可欠な項目として定性分析実験がある。その際,多くの諸君は金属イオンの性質（沈殿生成の仕方,色や溶解性のpH依

表4-1 陽イオンの定性分析における分族表

族	試薬・条件	イオン	沈殿
第1族	HCl	Ag^+, Pb^{2+}, Hg_2^{2+}	AgCl, PbCl_2, Hg_2Cl_2
第2族	H_2S, 0.3M HCl	銅族：(Pb^{2+}), Hg^{2+}, Cu^{2+}, Cd^{2+}, Bi^{3+} 錫族：As^{3+}, Sn^{4+}, Sb^{3+}, Sn^{2+}	(PbS), HgS, CuS, CdS, Bi_2S_3 As_2S_3, SnS_2, Sb_2S_3, SnS
第3族	NH_3, NH_4Cl 共存	Al^{3+}, Cr^{3+}, Fe^{3+}	Al(OH)_3, Cr(OH)_3, Fe(OH)_3
第4族	$(\text{NH}_4)_2\text{S}$	Ni^{2+}, Co^{2+}, Mn^{2+}, Zn^{2+}	NiS, CoS, MnS, ZnS
第5族	$(\text{NH}_4)_2\text{CO}_3$, NH_4Cl 共存	Ba^{2+}, Sr^{2+}, Ca^{2+}	BaCO_3, SrCO_3, CaCO_3
第6族	なし	Mg^{2+}, K^+, Na^+, NH_4^+	

存性など）に興味をそそられることであろう。表4-1に硫化物法による沈殿分離をまとめた。硫化物法による分離の条件は，上記の分別沈殿の考えに基づく。まず，塩化物として沈殿する陽イオンを第1族として沈殿分離し，ついでpH 0.5付近で硫化水素を通じて生じる硫化物を第2族として分離している。その際，第4族が含まれる場合も，酸性条件では沈殿しない。第4族を沈殿させるには，NH_3-NH_4Cl系でわずかにアルカリ性とした溶液に硫化水素を通じることになる。いずれも場合も，沈殿すべき陽イオンを定量的に沈殿させないと，その後の分族および確認方法で誤りを招くことになる。簡単な定性分析実験であっても，注意すべき点が多々含まれる。

4-3 沈殿滴定への応用

　沈殿生成反応に基づく滴定を沈殿滴定（precipitation titration）といい，標準溶液として分析目的イオンと難溶性の沈殿を与える物質（沈殿剤）の溶液を用いる。沈殿生成反応は酸塩基反応の場合と異なり，必ずしも迅速でなく，共沈により不正確になることもある。また，金属イオンの定量には錯滴定法が便利なこともあり，沈殿滴定は利用されないが，陰イオンとくにハロゲン化銀の沈殿生成によるハロゲン化物イオンがこの方法で定量され，銀滴定法（argentometry）が代表的である。

4-3-1　滴定曲線

ハロゲン化物イオン（X^-）の銀滴定について述べる。

$$X^- + Ag^+ \longrightarrow AgX \tag{4・16}$$

縦軸をpXとし，0.10 M Cl^- 10.0 mLを同じ濃度の$AgNO_3$標準溶液で滴定する場合の滴定曲線を考える。

① 滴定前のpCl

　　$pCl = -\log[Cl^-]$ なので，$pCl = 1.00$

② 当量点までのpCl

　加えたAg^+の物質量に相当するCl^-がAgClとして沈殿するので，pClは溶液中に残存する$[Cl^-]$で表わされる。$AgNO_3$標準溶液を2.0 mL加えたとき，$[Cl^-] = 0.1(10.0-2.0)/(10.0+2.0) = 6.7 \times 10^{-2}$，$pCl = 1.18$となる。なお，AgClの解離により生じる$Cl^-$を考慮しなければならないが，当量点の極近傍以外では無視してよい。

③ 当量点での pCl

AgCl の飽和溶液と同じなので，$[Cl^-]=[Ag^+]=\sqrt{K_{sp}}$ であり，$[Cl^-]=\sqrt{1.8\times 10^{-10}}=1.34\times 10^{-5}$，pCl＝4.87 となる。

④ 当量点以降の pCl

過剰に加えられた $[Ag^+]$ より，$pCl=pK_{sp}-pAg$ で求める。

このようにして求めた滴定曲線を図 4-4 に示す。図に見るように，生成する沈殿の溶解度積を小さくするような陰イオンほど，当量点付近でのイオン濃度の変化が大きくなる。

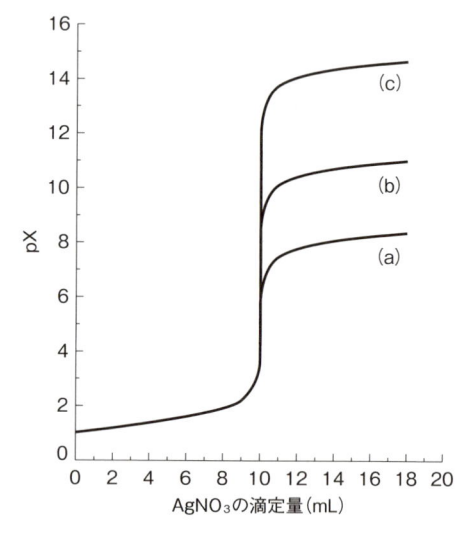

図 4-4　0.10 M の（a）Cl^-（pK_{sp}＝9.74），(b) Br^-（pK_{sp}＝12.3），(c) I^-（pK_{sp}＝16.1）を各々同じ濃度の $AgNO_3$ 水溶液で滴定した時の滴定曲線

4-3-2　当量点の指示法

沈殿滴定における当量点の指示法として，イオン濃度（正確には活量）の変化による電位差や沈殿生成による透過光（濁り測定）あるいは散乱光（比濁分析）を測定する方法などがある。一方，指示薬を用いる方法では，当量点より過剰に加えられた試薬（沈殿剤）と指示薬が反応して着色した沈殿を生じるか，あるいは他の反応と組み合わせて溶液が呈色することや，沈殿表面上への吸着による変色などが利用される。その実用例を述べる。

4-3-3　沈殿滴定の実際

(1) モール法（Mohr method）

K_2CrO_4 を指示薬とする直接滴定法。

式（4・16）に示すようにハロゲン化銀が沈殿したのち，式（4・17）

で赤色のクロム酸銀が沈殿生成するところを終点とする方法である。

$$2\,Ag^+ + CrO_4^{2-} \longrightarrow Ag_2CrO_4 \qquad (4\cdot17)$$

試料溶液 25 mL に対して 5 % K_2CrO_4 溶液を 2 滴ほど加えたのち，硝酸銀の標準溶液を加える。ハロゲン化物イオンが沈殿する当量点では，Ag_2CrO_4 の沈殿生成を確認することは難しい。実際には，Ag_2CrO_4 の生成が確認できるまでには 0.05 M $AgNO_3$ 溶液であれば 0.2 mL 程度を余分に滴下することになる。このため，あらかじめ空実験 (blank experiment) を行い，その量を求めておいて，滴定値から差し引かねばならない。

このほか，注意点として，試料溶液の pH が 6.8 ～ 10 の範囲で滴定しなければならない。酸性側では $H^+ + CrO_4^{2-} \rightleftarrows HCrO_4^-$，$2\,H^+ + 2\,CrO_4^{2-} \rightleftarrows Cr_2O_7^{2-} + H_2O$ により CrO_4^{2-} が減じるので，Ag_2CrO_4 の沈殿生成が妨げられる。pH 5 以下ではクロム酸銀は沈殿しない。一方，アルカリ性側では AgOH の生成を経て Ag_2O となり，結果として，滴定誤差が大きくなるので中性付近で滴定することになる。このため，溶液中にアンモニアやアミンなど銀イオンと錯生成しやすい物質が共存する試料には，この方法を用いることができない。このような場合，次の逆滴定法が用いられる。

(2) **フォルハルト法** (Volhard method)

$Fe(NH_4)(SO_4)_2 \cdot 12H_2O$ を指示薬とする逆滴定法。式 (4・18) に示すように，硝酸酸性条件下，ハロゲン化物イオンに一定既知量の硝酸銀の標準溶液を過剰に加える。ハロゲン化銀を沈殿させたのち，残余の Ag^+ を，Fe^{3+} を指示薬として SCN^- (NH_4SCN を使用) の標準溶液で滴定し，赤色のチオシアナト鉄イオン，$FeSCN^{2+}$ の生成が認められたところを終点とする滴定法である。

$$X^- + excess\,Ag^+ \longrightarrow AgX + rest\,Ag^+ \qquad (4\cdot18)$$
$$rest\,Ag^+ + SCN^- \longrightarrow AgSCN \qquad (4\cdot19)$$
$$Fe^{3+} + SCN^- \longrightarrow FeSCN^{2+} \qquad (4\cdot20)$$

硝酸酸性条件下で滴定が可能であり，アンモニアやアミンが共存する場合も，アンモニウムイオンとなるので Ag^+ との錯形成が起こらず，滴定誤差を招かない。また $FeSCN^{2+}$ の生成反応は極めて敏感で当量点は終点と等しいとして差し支えないなどの利点がある。

ただし，AgSCN の $K_{sp} = 1.0 \times 10^{-12}$ であり，AgCl の $K_{sp} = 1.8 \times 10^{-10}$ より小さく式 (4・21) の反応が起こるために，終点指示が遅れるばかりか，滴定誤差をもたらす。

> **息抜き：空実験はカラ実験**
> 空実験のよび方はカラ実験。実験中に笑い話のように，アキ実験・クウ実験・ソラ実験などを耳にしたことがある。数詞も含めて，日本語は難しい。

$$AgCl + SCN^- \longrightarrow AgSCN + Cl^- \tag{4・21}$$

これを避けるために，式（4・18）の反応により生じた AgCl をろ過，洗浄し，そのろ液を滴定するか，あるいはろ過をはぶくために少量のニトロベンゼンを加えて強く振り混ぜて AgCl を凝結させた後，NH_4SCN の標準溶液で滴定するとよい。

なお，Br^- および I^- の場合，AgBr；$K_{sp} = 5 \times 10^{-13}$，AgI；$K_{sp} = 8.5 \times 10^{-17}$ であり，式（4・21）の交換反応が起こる心配がないため，ろ過などの操作を省略できる。

(3) ファヤンス法（Fajans method）

沈殿は，その表面に自身と共通するイオンを引き付け結合しようとする。例えば，AgCl の沈殿生成において，$AgNO_3$ 希薄溶液に NaCl 希薄溶液を加えると，沈殿は正に帯電し，逆に NaCl 希薄溶液に $AgNO_3$ 希薄溶液を加えると負に帯電する。その結果，図 4-5 に示すように沈殿粒子と溶液の間に<u>電気二重層</u>（electric double layer）が生じる。ファヤンス法は，フルオレセインやエオシンなど（図 4-6）の吸着指示薬を用いる銀滴定で，当量点以降，少過剰の銀イオンにより正に帯電した沈殿表面に指示薬の陰イオンが吸着して着色するところを終点とする滴定法である。

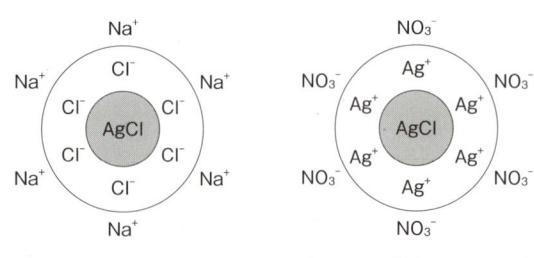

(a) $AgNO_3$ 溶液に NaCl 溶液を加えたときの沈殿表面

(b) NaCl 溶液に $AgNO_3$ 溶液を加えたときの沈殿表面

図 4-5　電気的二重層の模式図

フルオレセイン

エオシン

図 4-6　吸着指示薬

(4) 滴定誤差

塩化物イオンの Mohr 法における滴定誤差を考える。指示薬として 5.0×10^{-3} M K_2CrO_4 を含む 0.10 M NaCl 溶液の 50 mL を同じ濃度の

AgNO$_3$ 溶液で滴定する場合，当量点では，全体積は 100 mL であり溶液中の [CrO$_4^{2-}$] = 2.5×10^{-3} M となる。Ag$_2$CrO$_4$ が沈殿し始めるときの [Ag$^+$] は，式（4・4）より

$$[Ag^+]^2[CrO_4^{2-}] = [Ag^+]^2 \times 2.5 \times 10^{-3} = 1.9 \times 10^{-12}$$
$$[Ag^+] = 2.76 \times 10^{-5} \text{ M}$$

[Ag$^+$] は，過剰の AgNO$_3$ と AgCl の溶解による Ag$^+$ との合計である。

AgCl の溶解による [Ag$^+$] は [Cl$^-$] で示すことができるので，AgCl の溶解度積から求めた [Ag$^+$]（$1.80 \times 10^{-10}/2.76 \times 10^{-5} = 6.52 \times 10^{-6}$）を差し引くと，過剰の AgNO$_3$ の物質量が求められる。

$$(2.76 \times 10^{-5} - 6.52 \times 10^{-6}) \times 100 = 2.11 \times 10^{-3} \text{ m mol}$$

一方，当量点までに要する AgNO$_3$ の物質量は，5.0 m mol なので，滴定誤差は

$$(2.11 \times 10^{-3}/5.0) \times 100 = +0.04\%$$

となる。なお，過剰の Ag$^+$（2.11×10^{-3} m mol）は，0.10 M AgNO$_3$ 溶液の 0.02 mL に相当するが，実際には黄褐色の沈殿生成を見て終点とするので，AgNO$_3$ 溶液をもう少し余分に加えることになる。そこで，前もって指示薬の濃度をほぼ同じとした Cl$^-$ を含まない溶液を滴定する空実験を行い，終点決定までに要する AgNO$_3$ 溶液の体積を滴定値から差し引くことによって，滴定誤差を小さくすることができる。

4-4 重量分析への応用

重量分析（gravimetric analysis）を目的とした沈殿の生成条件について述べる。

重量分析は，古典的な定量分析法であるが，実験条件を整えて行うと極めて正確な結果が得られる。容量分析や機器分析法は標準試料と比較して分析値を決定する相対分析であるが，重量分析法は，分析目的である物質の質量を測定する方法であり，唯一の直接的な分析法といえる。

重量分析には次に示すようにいくつかの方法がある。

沈殿法：試料溶液中の目的成分を難溶性で組成の明らかな化合物として沈殿分離し，乾燥または強熱したのち，化学天秤（chemical balance）で沈殿物の質量を測定し，試料中の目的成分の含有率を求める最も一般的な定量法である。

揮発法：目的成分を加熱することによって揮発させて，逸散成分を適当な吸収剤に吸収させ，その質量の増加分を求める揮発重量法と，揮発して残った化合物の質量から元の化合物の質量を求める間接重量法がある。

電解法：目的成分を電気分解により陰極上に析出させ，その質量を測定する電解重量分析法がある。

その他，適当な溶媒に抽出分離したのち，溶媒を留去して目的成分の質量を測定する抽出重量法がある。本章では，一般的な沈殿法の操作過程について概説する。

4-4-1 沈殿法の実際

沈殿法（precipitation gravimetry）の操作手順をまとめると次のようになる。

① 沈殿剤となる試薬溶液の調製，② 沈殿生成，③ 熟成，④ ろ過，⑤ 洗浄，⑥ 乾燥または強熱，⑦ 秤量

ここで，沈殿法に適した沈殿形と秤量形について，表4-2にまとめて

> **試薬の価格**
> NaIの特級試薬500 gの価格は，NaClのそれの約7倍に相当する。銀イオンの重量法においてNaClがAg^+の沈殿剤として用いられるのは，その理由もある。各種合成実験に用いる試薬選択にも，その価格が関わる事柄である。

表4-2　代表的な沈殿形 (precipitation form) と秤量形 (weighing form)

イオン		沈殿形	乾燥・加熱温度／℃	秤量形
Ag^+	Cl^-	AgCl	130	AgCl
	Br^-	AgBr	110〜130	AgBr
	I^-	AgI	110〜130	AgI
	CN^-	AgCN	110〜550	AgCN
Al^{3+}		$Al(OH)_3$	1000	Al_2O_3
		$Al(C_9H_6ON)_3$	105〜115	$Al(C_9H_6ON)_3$
Ba^{2+}	SO_4^{2-}	$BaSO_4$	200	$BaSO_4$
Bi^{3+}		$Bi(OH)_3$	550	Bi_2O_3
		$BiPO_4$	480〜800	$BiPO_4$
Ca^{2+}		$CaC_2O_4 \cdot 2H_2O$	460〜500	$CaCO_3$
Cr^{3+}		$Cr(OH)_3$	1000	Cr_2O_3
Cu^{2+}		$Cu(OH)_2 \cdot nH_2O$	900	CuO
Fe^{3+}		$Fe(OH)_3$	500〜1150	Fe_2O_3
Hg^{2+}		HgS	130	HgS
K^+		$KClO_4$	130	$KClO_4$
Mg^{2+}	PO_4^{3-}	$Mg(NH_4)PO_4 \cdot 6H_2O$	600	$Mg_2P_2O_7$
Mn^{2+}		$Mn(NH_4)PO_4 \cdot 6H_2O$	700	$Mn_2P_2O_7$
Ni^{2+}		$Ni(C_4H_7N_2O_2)_2$	110〜120	$Ni(C_4H_7N_2O_2)_2$
Si^{4+}		$SiO_2 \cdot nH_2O$	1000	SiO_2
Sn^{4+}		$SnO_2 \cdot nH_2O$	700〜1000	SnO_2
Zn^{2+}		$ZnCO_3$	450	ZnO

C_9H_6ON: 8-ヒドロキシキノリンから水素イオンが解離したもの。
$C_4H_7N_2O_2$: ジメチルグリオキシムから水素イオンが解離したもの。

示す。また，それらの望ましい性質については，次の6項目にまとめられる。

1) 純粋な沈殿が得られやすく，反応溶液中に残量する量が無視できるほどに溶解度が小さいこと。
2) 沈殿粒子が大きく，ろ過および洗浄が容易に行えること。
3) 分析目的イオンと沈殿剤との反応が，可能な限り選択的であること。
4) 秤量誤差を小さくするために，乾燥あるいは強熱によって得られる秤量形のモル質量が可能な限り大きくできる沈殿を選ぶ。
5) 乾燥あるいは強熱によって，秤量型が一定組成になりやすいこと。
6) 得られた秤量型が湿気や炭酸ガスなどの吸収性が少ないこと。

例えば，分析目的イオンが Ag^+ であるなら，沈殿剤としてハロゲン化カリウムが思い浮かぶ。そのなかでもモル質量の最も大きなKIを用いてAgIとするのが，1)，2)，4)，5)，6) の面で有効と思われる。しかしながら，銀イオンの重量分析ではKClが用いられている。一方，ジメチルグリオキシムは Ni^{2+} と，また過塩素酸イオンは K^+ と選択的に沈殿するので，各種イオンが共存する場合にも他の方法でマスキングする必要もなく，Ni^{2+} や K^+ のみを分析できる。

以下に，沈殿の生成条件に関わる注意点と計算方法の一例を示す。

4-4-2 沈殿の生成

溶液に沈殿剤を加えると，沈殿剤のイオンと分析目的イオンの濃度の積が，溶解度積の値をこえると，沈殿が析出し始める。このことについては，4-1-3 において述べた。実際には，金属イオンの定性分析実験で経験するように，沈殿剤を少量ずつ徐々に加えると，溶液の色が少しずつ変化しながら架橋し，結晶種（多くの場合，容器やろ紙の微粒子）を核とし巨大多核構造へと変化しながら，遂には沈殿となる。このとき，沈殿する速度が速ければ，結晶種を多く含み，析出する沈殿粒子は小さくなる。当然，沈殿の純度は低下する。よって，ゆっくりと析出するように，できるだけ温溶液から沈殿させることを心がける。

このように沈殿剤の溶液を添加する方法が一般的であるが，沈殿剤の濃度をどのように薄めても添加した瞬間の部分的な濃度は相当高くなり，沈殿の不純化が起こる。例えば Al^{3+} の水酸化物を作るような場合，アンモニア水を加えるかわりに尿素，$CO(NH_2)_2$ を加えて加熱する方法が採用される。この方法は，均一沈殿法（均一溶液からの沈殿法：precipitation from homogeneous solutions の略称）と呼ばれる。この場合，添加された尿素は 90～100 ℃ で，次式に示すように加水分解を経

ろ 過

実験で行うろ過（firtration）には，自然ろ過と吸引ろ過（filtration by means of suction）がある。自然ろ過はろ液を必要とするとき，吸引ろ過は結晶や沈殿物を必要とするときに利用される。最近，分子レベルでのろ過として，限外ろ過や逆浸透膜ろ過等の手法が開発された。

て徐々に発生する水酸化物イオンを利用する。

$$CO(NH_2)_2 + 3H_2O \longrightarrow CO_2 + 2NH_4^+ + 2OH^-$$

このほか，スルファミン酸あるいはチオアセトアミドの加水分解で生じる硫酸イオンや硫化物イオンを利用する硫酸バリウムや硫化物の生成を利用する均一沈殿法などがある。

$$NH_2SO_3H + H_2O \longrightarrow NH_4^+ + H^+ + SO_4^{2-}$$
$$CH_2CSNH_2 + H_2O \longrightarrow CH_2CONH_2 + H_2S$$

なお，一度，析出した沈殿も母液中で加温することで，大きな沈殿または結晶に成長させることができる。この現象を沈殿の熟成（aging）という。粒子が大きくなれば，ろ過・洗浄が容易になる。粗結晶を再結晶により精製する際にも同じことがいえる。

4-4-3 沈殿の汚染

沈殿生成において目的成分以外の物質が沈殿に混入して，沈殿が汚染される現象として共沈（coprecipitation）や後沈（postprecipitation）がある。

(1) 共　　沈

共沈には，1) 沈殿表面での吸着，2) 沈殿粒子の成長の際に他のイオンの吸着，3) 複塩の生成がある。

1) 沈殿表面での吸着については，沈殿滴定で述べたファヤンス法のように有機試薬の吸着への有効利用もあるが，純粋な沈殿を得ようとする場合には，沈殿の汚染を招くことにつながる。塩化銀のようなコロイド沈殿の場合に電気二重層の形成による汚染に留意を要する。

2) 沈殿粒子の成長の際に他のイオンの吸着は，より一般的である。とくに構造が同種の沈殿，例えば，$PbSO_4$ と $BaSO_4$ のような場合に見られ，吸蔵（occlusion）や混晶（mixed crystal）が形成されることによって起こる。

3) 複塩の生成の例としては，$BaCl_2$ と K_2SO_4 から $BaSO_4$ を沈殿させる場合に見られ，$(BaCl)_2SO_4$ や $Ba(KSO_4)_2$ が生成することもある。この他，重金属のハロゲン化物にシュウ酸あるいは硫化水素を作用させて，シュウ酸塩や硫化物として沈殿させる際に，$PbC_2O_4 \cdot PbX_2$, $2HgS \cdot HgCl_2$, $2CdS \cdot CdX_2$ が生成することも知られている。

(2) 後　　沈

後沈には，目的の沈殿が純粋な形で析出したのち，放置しておくと，第2の成分が沈殿し汚染することをいう。例えば，Bi^{2+} と Zn^{2+} を含む

塩酸酸性溶液に硫化水素を通じると，Bi_2S_3 が沈殿するが，これを放置すると ZnS が混入してくる。

4-4-4 重量分析に関する計算法

分析作業がルーチンワーク的に行われる場合，計算を容易にするための手法として，重量分析係数（gravimetric factor）が用いられる。重量分析係数は秤量形と分析目的成分の式量の比で表わされる。代表的な重量分析係数を表4-3に示す。

表4-3 重量分析係数の例

目的物質	秤量形	重量分析係数	
SO_3	$BaSO_4$	$SO_3/BaSO_4$	0.343
Fe	Fe_2O_3	Fe/Fe_2O_3	0.6994
Fe_3O_4	Fe_2O_3	$2\,Fe_3O_4/3\,Fe_2O_3$	0.9666
$K_2SO_4 \cdot Al_2(SO_4)_3$	$BaSO_4$	$K_2SO_4 \cdot Al_2(SO_4)_3/4\,BaSO_4$	0.5532

例えば，食塩中の塩化物イオンの含有率を調べるため，硝酸銀を加えて，塩化物イオンの重量分析を行ったとする。

反応式は，$NaCl + AgNO_3 \longrightarrow NaNO_3 + AgCl$

1モルの Cl^- から1モルの AgCl が生成するから，重量分析係数は，Cl の原子量／AgCl の式量 = 0.2473 となる。これを，利用して，塩化物イ

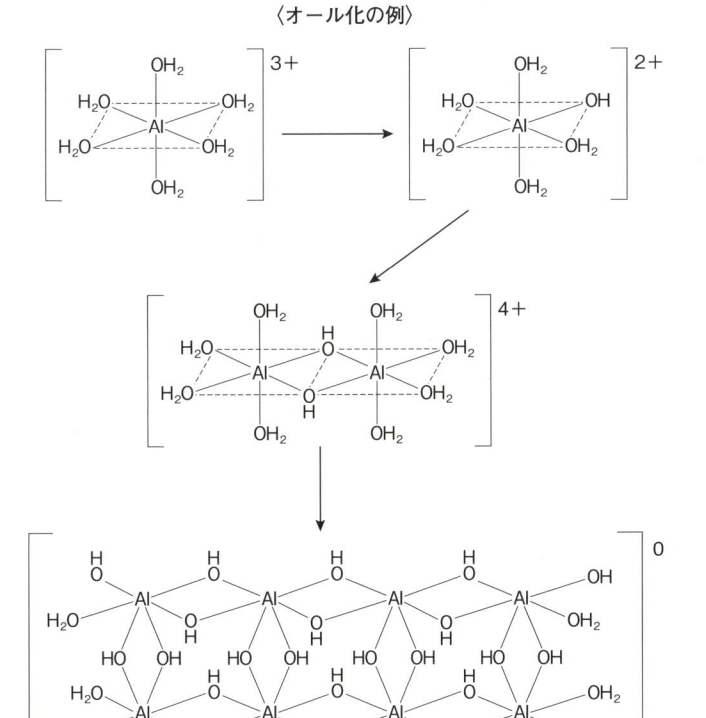

〈オール化の例〉

計算上は分離できると考えられても，実験的には難しい事柄もあるので，詳細については，「新実験化学講座」丸善出版などを参照するとよい。

水酸化物生成とオール化

水溶液中の金属イオンは，水和イオンと呼ばれ，水分子（一部加水分解して OH^- となっている場合が多い）が結合している。その水溶液のpHを上げると，配位している水分子の酸解離が進行し，つぎつぎに OH^- となる。水酸化物イオンも架橋配位子（μ-ヒドロキソ配位子）として働くため，モノオール体→ジオール体→ポリオール体を経て，多核錯体を生じて，水酸化物として沈殿することになる。このため，化学反応式では，例えば $M^{3+} + 3\,OH^- \rightarrow M(OH)_3$ と表すことになっているが，生成する水酸化物は $M_n(OH)_{3n}$ である。

Mが配位数6の金属イオンとすると，その全ての配位座には6つの OH^- が結合し，その金属イオンの両隣と上下の4つのMと架橋することを繰り返す。中心のMに配位する OH^- の数としては，右隣と下部の3つの OH^- と数えられるので，化学式としては $M(OH)_3$ となる。次式に示すように，反応する相手によって見掛上結合する相手の数が異なるが，実際は同じであることがわかるであろう。

$Fe^{3+} + 3\,CN^- \longrightarrow Fe(OH)_3$：巨大多核構造
$Fe^{3+} + 6\,CN^- \longrightarrow [Fe(CN)_6]^{3-}$：単核構造

オンの含有率＝|秤量形(AgCl)の質量×重量分析係数／食塩の質量| × 100 が求められる。このように化学的知識がなくても計算できるのが特徴である。

練習問題

4-1 化合物ⓐ～ⓔについて，次の問に答えよ。

ⓐ AgCl($K_{sp}=1.80\times10^{-10}$)，ⓑ Ag$_2CrO_4$($K_{sp}=1.90\times10^{-12}$)，
ⓒ PbCl$_2$($K_{sp}=1.60\times10^{-5}$)，ⓓ MnS($K_{sp}=8.00\times10^{-14}$)，
ⓔ PbS($K_{sp}=8.00\times10^{-28}$)

1) ⓐ，ⓓ，ⓔの3つの塩を比べ，水に最も溶解しやすい塩の名称を記せ。
2) 化合物ⓐ～ⓔの飽和水溶液を調製した。
    ① 金属イオン濃度と陰イオン濃度が等しい塩はどれか。該当する塩の化学式を全て記せ。
    ② 金属イオン濃度が陰イオン濃度の2倍となる塩はどれか。該当する塩の名称を全て記せ。
    ③ 陰イオン濃度が金属イオン濃度の2倍となる塩はどれか。該当する塩の名称を全て記せ。
    ④ モル溶解度の値が最も大きい塩はどれか。該当する塩のモル溶解度の値を示せ。
    ⑤ 金属イオン濃度の値が最も大きい塩はどれか。該当する塩の金属イオン濃度の値を示せ。

4-2

NaCl水溶液にAgNO$_3$水溶液を加えた。沈殿生成が平衡に達したときの[Ag$^+$]＝1.50×10^{-3} M であるとすると，水溶液中に残存する[Cl$^-$]はいくらか。

4-3

1)～3)の銀塩の電離平衡と25℃における溶解度s（飽和溶液1Lに含まれる溶質の質量g）を示す。各銀塩のモル溶解度および溶解度積をそれぞれ求めよ。

1) AgBr $\rightleftarrows$ Ag$^+$ + Br$^-$ ($s=1.35\times10^{-4}$ g)
2) Ag$_2$MoO$_4$ $\rightleftarrows$ 2 Ag$^+$ + MoO$_4^{2-}$ ($s=3.90\times10^{-2}$ g)
3) Ag$_3$PO$_4$ $\rightleftarrows$ 3 Ag$^+$ + PO$_4^{3-}$ ($s=6.73\times10^{-3}$ g)

4-4

Ag_2CrO_4 の $K_{sp} = 1.90 \times 10^{-12}$ である。次の問いに答えよ。
1) Ag_2CrO_4 のモル溶解度を求めよ。
2) Ag_2CrO_4 の飽和水溶液中における $[Ag^+]$, $[CrO_4^{2-}]$ を求めよ。
3) 0.070 M Na_2CrO_4 水溶液中における Ag_2CrO_4 のモル溶解度を求めよ。
4) Ag_2CrO_4 の飽和水溶液 500 mL に Na_2CrO_4 を 0.070 M となるように加えたとき,沈殿する Ag_2CrO_4 の質量を求めよ。

4-5

AgCl の $K_{sp} = 1.80 \times 10^{-10}$ である。1.00×10^{-2} M KNO_3 溶液中における塩化銀の溶解度積の値を求めよ。

4-6

Ag_2SO_4 および $BaSO_4$ の飽和水溶液をそれぞれ 250 mL を量り取り,蒸発乾固(水を蒸発させて塩を得ること)すると,Ag_2SO_4 が 1.240 g,$BaSO_4$ が 2.258×10^{-3} g 得られた。次の問に答えよ。
1) 各々の飽和溶液中の金属イオンおよび硫酸イオンのモル濃度を求めよ。
2) 各々のモル溶解度 S を求めよ。
3) 各々の溶解度積の値を求めよ。
4) 1.0×10^{-3} M SO_4^{2-} 水溶液に Ba^{2+} を加えて $BaSO_4$ が沈殿し始めたときと,定量的に沈殿する時の $[Ba^{2+}]$ をそれぞれ求めよ。

4-7

AgCl($K_{sp} = 1.80 \times 10^{-10}$),$Ag_2CrO_4$($K_{sp} = 1.90 \times 10^{-12}$) について,次の問に答えよ.

$[Cl^-] = 2.50 \times 10^{-2}$ M,$[CrO_4^{2-}] = 1.00 \times 10^{-3}$ M の混合液 10.0 mL に 1.0×10^{-2} M $AgNO_3$ 溶液を徐々に加えた。
1) AgCl または Ag_2CrO_4 のどちらが先に沈殿するか。各々の場合の $[Ag^+]$ を求めて説明せよ。
2) Cl^- が AgCl として定量的に沈殿するときの溶液中の $[Ag^+]$ を求めよ。
3) 2) とするのに必要な $AgNO_3$ 溶液の体積を求めよ。
4) 2) の条件で Ag_2CrO_4 は沈殿するかしないかを数値を示して説明せよ。

4-8

BaF$_2$ ($K_{sp} = 2.40 \times 10^{-5}$)，CaF$_2$ ($K_{sp} = 1.70 \times 10^{-10}$) について，次の問に答えよ。

0.010 M の濃度で Ba^{2+} と Ca^{2+} が含まれる混合水溶液から，一方のイオンをフッ化物として定量的に沈殿させたい。水溶液中の F$^-$ の濃度をどの範囲に調節すれば良いか。

4-9

pH = 1.0 における Ag$_2$CrO$_4$ の溶解度を求めよ。ただし，二塩基酸である H$_2$CrO$_4$ の酸解離定数，$K_1 = 1.0 \times 10^{-1}$，$K_2 = 3.2 \times 10^{-7}$ とする。

4-10

濃度未知の NaCl 溶液 25.00 mL に 5 % K$_2$CrO$_4$ 溶液 2 滴を加え，5.000 × 10^{-2} M の硝酸銀標準溶液で滴定したところ，滴定値は 22.85 mL であった。なお，NaCl を含まない溶液を用いて，空実験を行ったところ，終点までに要する硝酸銀標準溶液の体積は，0.15 mL であった。

1) この直接滴定法は一般に何と呼ばれるか。
2) この NaCl 溶液のモル濃度を求めよ。
3) この NaCl 溶液 750 mL 中に含まれる NaCl の質量を求めよ。

4-11

KBr 試薬の純度を調べるために，その試薬の 0.2456 g を硝酸酸性の水溶液とし，0.2000 M AgNO$_3$ 溶液 25.00 mL を加えた。次に Fe^{3+} を指示薬として加え，0.1000 M NH$_4$SCN 溶液で滴定したところ，30.50 mL を加えたところで，Fe(SCN)$^{2+}$ による変色が確認できた。

1) この逆滴定法は一般に何と呼ばれるか。
2) この試薬の純度を重量百分率で示せ。

課題 4-1　陽イオンの定性分析法の 1 つに硫化物法がある。

① 0.3 M HCl の酸性条件下で沈殿する金属イオンを選べ。
② ①では沈殿しないが，NH$_3$ 水–塩化アンモニウム溶液で沈殿する金属イオンを選べ。

課題 4-2　0.10 M NaCl 50 mL を 0.10 M AgNO$_3$ 溶液で滴定するときに得られる滴定曲線（AgNO$_3$ の滴定量に対する $-\log [\text{Ag}^+] = \text{pAg}^+$）を描け。

宿題

❶ 次の金属および金属イオンの原子価結合法による電子配置を記せ。
　① Ca，② Ca^{2+}，③ Zn，④ Zn^{2+}，⑤ Cu，⑥ Cu^+，⑦ Cu^{2+}

❷ 次の金属塩の色を記せ。
　① 塩化カルシウム，② 塩化亜鉛，③ 塩化銅（Ⅰ），④ 塩化銅（Ⅱ），⑤ チオシアン酸銅（Ⅰ）

5章　錯生成平衡と錯滴定―キレート滴定

到達目標

錯体の命名法（名称と化学式）を理解する。

溶液中に存在する錯化学種のモル分率を求める式を誘導でき，値を計算できる。

錯生成反応の熱力的平衡定数から条件生成定数を見積もることができる。

キレート滴定の滴定条件と分別定量を理解する。

5-1　錯体および錯イオン

錯体（complex）は，無機・分析化学の分野のみならず高機能性材料やエネルギー材料まで，今日的な化学技術において重要な位置をしめている。この章では，錯体化学の基礎的な事柄から分析化学的応用としてのキレート滴定法ならびに6章で溶媒抽出法を取り上げる。

表 5-1　代表的な配位子

配位子の種類	例
単座配位子 (unidentate ligand)	H_2O, NH_3, SCN^-, NO_2^-, Cl^-, CH_3NH_2, NCS^-, ONO^-，ピリジン
二座配位子 (bidentate ligand)	(en), (H_2dmg), (o-phen), (Hacac), (H_2sal), (Hoxin)
三座配位子 (tridentate ligand)	(dien), (H_2ida)
四座配位子 (quadridentate ligand)	(trien), (H_3nta)
五座配位子 (quinquedentate ligand)	(tertren)
六座配位子 (hexadentate ligand)	Ethylenediaminetetraacetic acid (EDTA)

括弧内の記号：配位子の略記号；Hはプロトンとして解離する

錯体はcomplexの単語が表わすように，当初は複雑で特別な物質であると思われていた。その化学的ならびに物理的性質を説明するために，配位結合を初めとする原子価結合法，結晶場理論，配位子場理論などの結合論が考案され，錯体の構造，色の原因，磁性などが論理的に説明されるに至った。原子価結合法，結晶場理論，配位子場理論*1 などについては，無機化学・錯体化学で学んでほしい。本章では，錯体の分析化学的応用面について学ぶ。

分析化学で扱うのは水溶液が多い。水溶液中の金属イオンのほとんどは，水分子が配位結合したアクア錯イオンとして存在する。序論に述べたように，結晶硫酸銅 $CuSO_4・5H_2O$ や硫酸銅（Ⅱ）水溶液が薄い青色に見えるのは，Cu^{2+} イオン単独の色でなく，水分子が配位した $[Cu(H_2O)_4]^{2+}$ が存在するためである。これにアンモニア水を加えると，初めは淡青色の水酸化銅（Ⅱ）が沈殿するが，さらにアンモニア水を加えると沈殿が徐々に溶解して深青色の溶液となる。この変化は，Cu^{2+} に NH_3 の4分子がつぎつぎに配位結合して $[Cu(NH_3)_4]^{2+}$ が生成するためである。化学結合の考え方から，Cu^{2+} イオンは空の軌道をもっており，これに非共有電子対をもつアンモニアが結合する。ルイスの酸・塩基の概念に従えば，金属イオンは電子対を受容するルイス酸にあたり，アンモニア分子は非共有電子対をもつルイス塩基になる。このように電子供与基をもつイオンまたは分子を配位子（ligand）という。配位子が金属イオンに配位結合して生じた化合物が錯体や錯イオンなので配位化合物（coordination compound）とも呼ばれる。

錯イオンは，多くの場合，水に可溶である。一方，電気的に中性な錯体は水には不溶で有機溶媒に可溶なものが多い。すなわち，水和金属イオンを錯体とすることによって性質が大きく変化する。その変化が後述するキレート滴定法や溶媒抽出による分離，定量ならびに紫外可視分光光度計を用いる吸光光度分析に応用される。

5-1-1 配位子の種類とキレート効果

代表的な配位子を表5-1に示す。上に述べたように，アンモニアは配位原子として分子中に窒素原子を1つもつ。このような1分子中に配位原子（N, O, P, S など）を1つもつものを単座配位子（monodentate ligand）といい，ハロゲン化物イオン，チオシアン酸イオンなどがある。また，エチレンジアミンやイミノジ酢酸イオンなどのように1分子中に2つまたはそれ以上の配位原子を持つものも多い。その配位原子の数に応じて二座配位子（bidentate ligand），三座配位子（tridentate ligand）などとよび，これらを総称して多座配位子（polydentate ligand）また

---

*1 ボーアの電子模型

原子価結合法など古い考え方は必要でないという指導者も散見される。高校化学で習うボーアの電子模型は，大学では使わないだろうか？。必要でないことは化学教科書に記載されず，現在でも以下のように使われている。

X線・蛍光X線分析では，その経験則により波長と軌道との関係が今でも使われており，電子が外殻軌道から K殻, L殻, M殻に落下するときに発生する固有X線（characteristic X-rays）をそれぞれ K線, L線, M線と呼んでいる。

銅のアンミン錯イオン生成

Cu^{2+} は水溶液中では主にアクア錯イオン $[Cu(OH_2)_4]^{2+}$ として存在するので，NH_3 との反応は配位子交換反応となる。

陸水中の主要成分

陸水中に溶存する成分で多いのは，Na^+(6.7), K^+(1.19), Ca^{2+}(8.8), Mg^{2+}(1.9), Cl^-(5.8), SO_4^{2-}(10.6), HCO_3^-(31.0), SiO_2(19.0)で，その存在量は括弧内の値（mg/L）。

はキレート剤（chelating agent）という。また，多座配位子が金属イオンと結合して生成した錯体を金属キレートまたはキレート化合物（chelate compound）という。キレート化合物は，単座配位子が結合する錯体に比べて，安定である。その理由は，5-2 に述べる。この効果はキレート効果（chelate effect）とも呼ばれ，この考えに基づいて配位化学と分析化学の分野で多くの多座配位子が開発されてきた。キレート滴定に用いられる EDTA（ethylenediaminetetraacetic acid）はその特徴的なもので，六座配位子（hexadentate ligand）として働く。EDTA は金属イオンと 1：1 組成の安定な錯体（図 5-1）を生成するので，分析化学の分野に止まらず，工業的にも広範に用いられている。

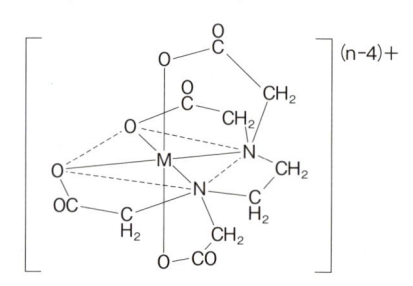

図 5-1 金属イオン（M^{n+}）の EDTA キレート

例えば，EDTA ならびにその金属錯体に限っても，石けん・洗剤工業および化粧品工業では金属イオン由来の濁り・変色・腐敗・酸化の防止に，金属表面加工工業では製品表面の金属酸化物の溶解と生成防止に，ゴム・高分子工業では混入金属イオンの不活性化，医薬品工業では，有害金属の体外への排出剤，酸化防止剤として食品添加物にも利用されている。

5-1-2　錯体の化学式と名称

化学式の書き方と命名法は国際純正・応用化学連合（IUPAC）の規則にしたがう。ここでは一般的な錯体の化学式と名称について簡単に触れる。詳細は，無機化合物命名法などを参照せよ。

1) 錯体の化学式：中心金属原子，配位子の順に書き，全体を直角括弧 [ ] で囲む。種類の異なる配位子が結合する場合には，陰イオン性，陽イオン性，中性の順にならべる。その各々の中で中心金属原子に結合する供与原子の元素記号のアルファベット順にならべる。

2) 陰イオン性の配位子には，語尾に o をつける。
　　　例：CN^-（cyano；シアノ），NO_2^-（nitoro；ニトロ），NCS^-（isothiocyanato；イソチオシアナト），ONO^-（nitorito；ニトリト），OH^-（hydroxo；ヒドロキソ），Cl^-（chloro；クロロ），

SCN⁻（thiocyanato; チオシアナト），

3) 陽イオン性の配位子（例は少ない）や中性の配位子は，物質名をそのまま呼ぶ。

例：H₂NCH₂CH₂NH₂（ethylenediamine: 略記号　en; エチレンジアミン），CH₃NH₂（methylamine; メチルアミン），ただし，NH₃ および H₂O については，Werner 以来の習慣に従い，NH₃（ammine; アンミン），H₂O（aqua; アクア）と呼ぶ。

4) 錯体中の配位子の呼び方：和名では，中心金属に近いものから順に呼ぶ。英名では，配位子名のアルファベット順に呼ぶ。

5) 錯体が，陽イオンまたは無電荷の場合，配位子名のあとに中心金属名をそのまま呼ぶ。錯体が陰イオンの場合，中心金属名の語尾を「ate」とする。和名では，中心金属名のあとに「酸」をつける。

6) 中心金属の酸化数の表わし方：元素名のあとに括弧（　）をつけ，酸化数をローマ数字で入れる Stock 方式が一般的である。他に Ewens-Basset 方式もあるが，最近はあまり使われていない。

7) 配位子の数については，配位子名の前に数詞または倍数詞をつけて表わす。数詞は，簡単な配位子（多くは無機性の配位子）につけ，倍数詞は主に有機性の配位子の前につけたあと，配位子名を括弧で囲む。

数　詞：1; mono（モノ），2; di（ジ），3; tri（トリ），4; tetra（テトラ），5; penta（ペンタ），6; hexa（ヘキサ），7; hepta（ヘプタ），8; octa（オクタ），9; nona（ノナ），10; deca（デカ）

倍数詞：1; unis（ユニス），2; bis（ビス），3; tris（トリス），4; tetrakis（テトラキス），5; pentakis（ペンタキス），6; hexakis（ヘキサキス）

例：

[Co(NH₃)₆]Cl₃：ヘキサアンミンコバルト（Ⅲ）塩化物
　　　　　　hexaamminecobalt（Ⅲ）chloride

[CoCl₃(NH₃)₃]：トリクロロトリアンミンコバルト（Ⅲ）
　　　　　　triamminetrichlorocobalt（Ⅲ）

[Cr(SCN)₂(en)₂]⁺：ビスチオシアナトビス（エチレンジアミン）クロム（Ⅲ）イオン
　　bis（ethylenediamine）bis（thiocyanato）chromium（Ⅲ）ion

K₄[Fe(CN)₆]：ヘキサシアナト鉄（Ⅱ）酸カリウム
　　　　　　potassium hexacyantoferrate（Ⅱ）

$NH_4[Ag(SCN)_2]$：ビス（チオシアナト）銀（Ⅰ）酸アンモニウム
ammonium bis(thiocyanato)argentate(Ⅰ)

5-1-3　錯体の異性体

分子式が同じで，構造や立体配置が異なる化合物を異性体といい，錯体でも多くの異性体が存在する。有機化合物に見られる幾何異性（シス・トランス），構造異性（直鎖状・枝分かれ状），光学異性（d体・l体）のほかに結合異性，配位異性，水和異性，イオン化異性，配位子異性など錯体特有の異性体がある。後者の異性体で代表的なものを例示する。

1）結合異性（structural isomerism）

亜硝酸イオン（ONO^-）には配位原子となる O, N が存在し，NO_2^-としてN原子で結合するニトロ，ONO^-としてO原子で結合するニトリトがある。例えば，それらが結合した $[Co(NO_2)(NH_3)_5]Cl_2$ と $[Co(ONO)(NH_3)_5]Cl_2$ が結合異性体（structural isomer）として知られる。同様に，チオシアン酸イオン（SCN^-）には，SおよびNが配位原子として存在し，$[Cr(NCS)(OH_2)_5]^{2+}$，$[Cr(SCN)(OH_2)_5]^{2+}$ [*2] がよく知られる。（SCN^-，NCS^-に対しては，倍数詞が用いられる。）

2）配位異性（coordination isomerism）

陽イオンと陰イオンがともに錯体である場合。

　例えば，$[Co(NH_3)_6][Cr(C_2O_4)_3]$ と $[Cr(NH_3)_6][Co(C_2O_4)_3]$
　$[Cr(NH_3)_6][Cr(NCS)_6]$ と $[Cr(NCS)_2(NH_3)_4][Cr(NCS)_4(NH_3)_2]$

など。

3）水和異性（hydration isomerism）

配位子が結晶水と入れかわることで生じる異性体で，よく知られるのに塩化クロム六水和物がある。市販の塩化クロムの試薬びんには，$CrCl_3 \cdot 6H_2O$ と記載されている。これを水溶液とした直後，溶液中に存在する化学種は $[CrCl_2(OH_2)_4]^+$ であるが，時間の経過とともに塩化物イオンより配位力の強い水との配位子交換が進行し，$[CrCl(OH_2)_5]^{2+}$を経て $[Cr(OH_2)_6]^{3+}$ となる。すなわち，水和異性体（hydration isomer）としては，$[Cr(OH_2)_6]Cl_3$，$[CrCl(OH_2)_5]Cl_2 \cdot H_2O$ および $[CrCl_2(OH_2)_4]Cl \cdot 2H_2O$ の3種が存在する。

4）イオン化異性（ionization isomerism）

内圏の配位子と外圏イオンとの交換により，溶液中では異なるイオン種として存在する。

　例えば，$[CoBr(NH_3)_5]SO_4$ と $[CoSO_4(NH_3)_5]Br$ *，$[PtBr(NH_3)_3]NO_2$ と $[PtNO_2(NH_3)_3]Br$ など。

---

*2　水分子が配位する場合

水分子は酸素原子で金属イオンに配位するので，正式には $M(OH_2)_n$ と書く。この化学式は，結合異性の表し方によるもので，$M(H_2O)_n$としてもよい。水分子は金属イオンに水素原子で配位することはないので混同することはないので，最近，後者の書き方が多く見られる。

化合物中の水の種類

結晶水（crystal water）：結晶中に一定の組成比で含まれ，結晶格子の安定化に必要な水の総称である。そのうち，陽イオンに配位結合している水を配位水（coordination water），陰イオンに水素結合している水を陰イオン水（anion water）という。例えば，$M^{II}SO_4 \cdot 7H_2O$ で表わされる塩の多くは $[M^{II}(H_2O)_6]SO_4 \cdot H_2O$ と書く。

陽イオンや陰イオンに結合せずに結晶格子の空所をみたすために一定の割合で含まれる水を格子水（lattice water）という。例えば，$K_4[Fe(CN)_6] \cdot 3H_2O$，$K_2HgCl_4 \cdot H_2O$。このほか，OH基として含まれ，加熱すると水として脱離するものを構造水（constitutional water）という。例えば，$Mn(OH)_2$，$Na_2[Sn(OH)_6]$。一口に結晶水と称しても様々である。

*SO_4^{2-} は元来，単座配位子であるが，二座配位子あるいは架橋配位子にもなる。

5) 配位子異性（ligand isomerism）：
2つの配位子が互いに異性体である場合，当然，結合した錯体は異性体となる。

これら異性体を見わけるには，機器分析法が必要である。配位子が異なれば分光化学的性質が異なるので，紫外可視吸収スペクトルや赤外吸収スペクトルで違いが確かめられるばかりか，その組成決定（モル比法・連続変化法・傾斜比法）もできる。興味があれば錯体化学を学んでほしい。

5-2 錯生成平衡

5-2-1 逐次生成定数と全生成定数

配位子 L と金属イオン M（電荷を省略）との反応により錯体 ML が生成する反応の平衡定数 K は生成定数と呼ばれ，式（5・1）で表わされる。

$$M + L \rightleftarrows ML \quad K = \frac{[ML]}{[M][L]} \quad (5\cdot1)$$

一般に錯生成反応は，多段階に進行する。先に示した $[Cu(NH_3)_4]^{2+}$ の場合は，配位数 4 の Cu^{2+} に単座配位子である NH_3 がつぎつぎに結合するため，つぎの 4 段階で表わされる。

$$Cu^{2+} + NH_3 \rightleftarrows [Cu(NH_3)]^{2+}$$
$$K_1 = \frac{[Cu(NH_3)^{2+}]}{[Cu^{2+}][NH_3]} = 1.9 \times 10^4 \quad (5\cdot2)$$

$$[Cu(NH_3)]^{2+} + NH_3 \rightleftarrows [Cu(NH_3)_2]^{2+}$$
$$K_2 = \frac{[Cu(NH_3)_2^{2+}]}{[Cu(NH_3)^{2+}][NH_3]} = 3.6 \times 10^3 \quad (5\cdot3)$$

$$[Cu(NH_3)_2]^{2+} + NH_3 \rightleftarrows [Cu(NH_3)_3]^{2+}$$
$$K_3 = \frac{[Cu(NH_3)_3^{2+}]}{[Cu(NH_3)_2^{2+}][NH_3]} = 7.9 \times 10^2 \quad (5\cdot4)$$

$$[Cu(NH_3)_3]^{2+} + NH_3 \rightleftarrows [Cu(NH_3)_4]^{2+}$$
$$K_4 = \frac{[Cu(NH_3)_4^{2+}]}{[Cu(NH_3)_3^{2+}][NH_3]} = 1.5 \times 10^2 \quad (5\cdot5)$$

全生成反応としては，次式で示される。

$$Cu^{2+} + 4NH_3 \rightleftarrows [Cu(NH_3)_4]^{2+} \quad \beta_4 = \frac{[Cu(NH_3)_4^{2+}]}{[Cu^{2+}][NH_3]^4} \quad (5\cdot6)$$

ここで，$K_1 \sim K_4$ を逐次生成定数（successive formation constant）といい，β_4 を全生成定数（overall formation constant）という。

逐次生成定数と全生成定数との関係は，$\beta_4 = K_1 \cdot K_2 \cdot K_3 \cdot K_4 = 8.1 \times 10^{12}$ となる。なお，同様の反応を二座配位子である $H_2N-CH_2-CH_2-NH_2$（略記号 en）を用いて行うと

$$Cu^{2+} + en \rightleftarrows [Cu(en)]^{2+} \qquad K_1 = 1.9 \times 10^4$$
$$[Cu(en)]^{2+} + en \rightleftarrows [Cu(en)_2]^{2+} \qquad K_2 = 3.6 \times 10^3$$

2段階の生成平衡となり，四座配位子を用いると1段階の平衡となる。このことから，全生成定数が大きい場合でも，高次配位錯体の生成が容易でないことがわかる。

生成定数から溶液中に存在する各々の錯イオン種および遊離の金属イオン濃度を次のようにして求めることができる。

例として，配位数6の金属イオン M が単座配位子 L と錯生成する場合を考えてみよう。

初濃度 C_M の M の溶液に配位子 L を加えると，溶液中にはフリーの金属イオン [M] と錯イオン種 $\{[ML], [ML_2], \cdots [ML_6]\}$ が存在するので

$$C_M = [M] + [ML] + [ML_2] + [ML_3] + [ML_4] + [ML_5] + [ML_6] \quad (5 \cdot 7)$$

の関係が得られる。

平衡状態におけるフリーの金属イオン M および錯イオン種 ML，ML_2，$\cdots ML_6$ の各々のモル分率を β_0，β_1，β_2，$\cdots \beta_6$ とする。

$\beta_0 = [M]/C_M$ を求めたい場合，式 (5・7) の両辺を [M] で除し，式 (5・8) とする。

$$\frac{C_M}{[M]} = 1 + \frac{[ML]}{[M]} + \frac{[ML_2]}{[M]} + \frac{[ML_3]}{[M]} + \frac{[ML_4]}{[M]} + \frac{[ML_5]}{[M]} + \frac{[ML_6]}{[M]} \quad (5 \cdot 8)$$

この場合の逐次生成定数は式 (5・9)～(5・14) で表わされるので

$$M + L \rightleftarrows [ML] \qquad K_1 = \frac{[ML]}{[M][L]} \qquad (5 \cdot 9)$$

$$[ML] + L \rightleftarrows [ML_2] \qquad K_2 = \frac{[ML_2]}{[ML][L]} \qquad (5 \cdot 10)$$

$$[ML_2] + L \rightleftarrows [ML_3] \qquad K_3 = \frac{[ML_3]}{[ML_2][L]} \qquad (5 \cdot 11)$$

$$[ML_3] + L \rightleftarrows [ML_4] \qquad K_4 = \frac{[ML_4]}{[ML_3][L]} \qquad (5 \cdot 12)$$

$$[\text{ML}_4] + \text{L} \rightleftarrows [\text{ML}_5] \qquad K_5 = \frac{[\text{ML}_5]}{[\text{ML}_4][\text{L}]} \qquad (5\cdot13)$$

$$[\text{ML}_5] + \text{L} \rightleftarrows [\text{ML}_6] \qquad K_6 = \frac{[\text{ML}_6]}{[\text{ML}_5][\text{L}]} \qquad (5\cdot14)$$

式 (5・8) の右辺第2項目については,式 (5・9) を $[\text{ML}]/[\text{M}] = K_1[\text{L}]$ として代入する。また,右辺第3項目については,式 (5・6) および式 (5・7) を整理し,$[\text{ML}_2]/[\text{M}] = K_1K_2[\text{L}]^2$ を代入する。この作業を繰り返すことによって式 (5・8) を式 (5・15) とすることができる。

$$\frac{C_\text{M}}{[\text{M}]} = 1 + K_1[\text{L}] + K_1K_2[\text{L}]^2 + K_1K_2K_3[\text{L}]^3 + K_1K_2K_3K_4[\text{L}]^4$$
$$+ K_1K_2K_3K_4K_5[\text{L}]^5 + K_1K_2K_3K_4K_5K_6[\text{L}]^6 \qquad (5\cdot15)$$

β_0 は式 (5・15) の逆数より,式 (5・16) と導かれる。

$$\beta_0 = \frac{[\text{M}]}{C_\text{M}}$$
$$= \frac{1}{\begin{pmatrix} 1 + K_1[\text{L}] + K_1K_2[\text{L}]^2 + K_1K_2K_3[\text{L}]^3 \\ + K_1K_2K_3K_4[\text{L}]^4 + K_1K_2K_3K_4K_5[\text{L}]^5 \\ + K_1K_2K_3K_4K_5K_6[\text{L}]^6 \end{pmatrix}} \qquad (5\cdot16)$$

他のイオン種のモル分率を求めたいときは,当該イオン種の濃度で式 (5・8) を除したのち,逐次平衡定数を整理して同様に数学的に処理し,以下の式が導かれる。

$$\beta_1 = \frac{[\text{ML}]}{C_\text{M}} = \frac{K_1[\text{L}]}{(1 + K_1[\text{L}] + K_1K_2[\text{L}]^2 + \cdots + K_1K_2\cdots K_6[\text{L}]^6)} \qquad (5\cdot17)$$
$$= \beta_0 K_1[\text{L}]$$

$$\beta_2 = \frac{[\text{ML}_2]}{C_\text{M}} = \frac{K_1K_2[\text{L}]^2}{(1 + K_1[\text{L}] + K_1K_2[\text{L}]^2 + \cdots + K_1K_2\cdots K_6[\text{L}]^6)} \qquad (5\cdot18)$$
$$= \beta_0 K_1K_2[\text{L}]^2$$
$$\vdots$$
$$\beta_6 = \frac{[\text{ML}_n]}{C_\text{M}} = \beta_0 K_1K_2\cdots K_6[\text{L}]^6 \qquad (5\cdot19)$$

これらの式から,各イオン種の分布を配位子の濃度の関数として表わすことができる。一般に,錯イオン種の濃度分布は対数表示され,非常に低濃度のレベルまで計算される。(この場合の β と全生成定数 β_n とは同じ記号が用いられているが,全く異なることに注意せよ)

ところで,式 (5・6) と逆方向の反応 ($[\text{Cu}(\text{NH}_3)_4]^{2+} \rightleftarrows \text{Cu}^{2+} + 4\text{NH}_3$) は解離反応であり,その平衡定数 K を**不安定度定数**(instability constant) または錯解離定数 (complex dissociation constant) とする考え方もある。

$$K = \frac{[\text{Cu}^{2+}][\text{NH}_3]^4}{[\text{Cu}(\text{NH}_3)_4^{2+}]}$$

5-2-2 錯体の安定性におよぼす因子

(1) HSAB 則

Lewis の酸・塩基定義に添い，各種錯体の安定性が調べられ，Pearson は「硬い酸は硬い塩基と軟らかい酸は軟らかい塩基と強く結合する」との HSAB (Hard and Soft Acids and Base) 則を提唱した。

例えば，原子番号が大きく電荷の小さな金属である Ag^+ や Hg^{2+} などは軟らかい酸に分類される。同様の理由で I^- は，軟らかい塩基に分類される。これらが結合すると難溶性の AgI または HgI_2 として沈殿しやすく，さらに I^- が結合して安定な錯イオン $[\text{AgI}_2]^-$ ($\log \beta_2 = 13.7$) および $[\text{HgI}_4]^{2-}$ ($\log \beta_4 = 30.3$) を形成する。これに対して原子番号が小さく電荷の大きい Al^{3+} や Fe^{3+} などは硬い酸に分類され，硬い塩基 F^- と結合し，安定な錯イオン $[\text{AlF}_6]^{3-}$ ($\log \beta_6 = 20.7$) あるいは $[\text{FeF}_6]^{3-}$ ($\log \beta_6 = 16.0$) を形成する。なお，AgF や Hg_2F_2 も化合物として存在するが，互いの結合が弱いので，AgF は水に易溶であり，Hg_2F_2 を水に溶かすと加水分解して酸化水銀 (II) とフッ化水素が生成する。各種酸および塩基の分類を表 5-2 に示す。なお，HSAB 則の定量的な取り扱

表 5-2　HSAB 則によるルイス酸，ルイス塩基の分類

(1) ルイス酸の分類

硬い酸	中間領域	軟らかい酸
H^+, Li^+, Na^+, K^+, Be^{2+}, Mg^{2+}, Ca^{2+}, Sr^{2+}, Mn^{2+}, Al^{3+}, Sc^{3+}, Ga^{3+}, In^{3+}, La^{3+}, N^{3+}, Cl^{3+}, Gd^{3+}, Lu^{3+}, Cr^{3+}, Co^{3+}, Fe^{3+}, As^{3+}, $\text{CH}_3\text{Sn}^{3+}$, Si^{3+}, Ti^{4+}, Zr^{4+}, Th^{4+}, U^{4+}, Pu^{4+}, Ce^{3+}, $(\text{CH}_3)_2\text{Sn}^{2+}$, VO^{2+}, MoO^{3+}, BeMe_2, BF_3, B(OR)_3, $\text{Al(CH}_3)_3$, AlCl_3, AlH_3, RPO_2^+, ROPO_2^+, RSO_2^+, ROSO_2^+, SO_3, I^{7+}, I^{5+}, Cl^{7+}, Cr^{6+}, RCO^+, CO_2, NC^+, HX (水素結合する分子)	Fe^{2+}, Co^{2+}, Ni^{2+}, Cu^{2+}, Zn^{2+}, Pb^{2+}, Sn^{2+}, Sb^{3+}, Bi^{3+}, Rh^{3+}, Ir^{3+}, $\text{B(CH}_3)_3$, SO_2, NO^+, Ru^{2+}, Os^{2+}, R_3C^+, C_6H_5^+, GaH_3	Cu^+, Ag^+, Au^+, Tl^+, Hg^+, Pd^{2+}, Cd^{2+}, Pt^{2+}, Hg^{2+}, CH_3Hg^+, Co(CN)_5^{2-}, Pt^{4+}, Te^{4+}, Tl^{3+}, $\text{Tl(CH}_3)_3$, BH_3, $\text{Ga(CH}_3)_3$, GaCl_3, GaI_3, InCl_3, RS^+, RSe^+, RTe^+, I^+, Br^+, HO^+, RO^+, I_2, Br_2, ICN, トリニトロベンゼン, クロラニル, キノン, テトラシアノエチレン, O, Cl, Br, I, N, RO, RO_2, 金属原子, CH_2, カルベン類

(2) ルイス塩基の分類

硬い塩基	中間領域	軟らかい塩基
H_2O, OH^-, F^-, CH_3CO_2^-, PO_4^{3-}, SO_4^{2-}, Cl^-, CO_3^{2-}, ClO_4^-, NO_3^-, ROH, RO^-, R_2O, NH_3, RNH_2, N_2H_4	$\text{C}_6\text{H}_5\text{NH}_2$, $\text{C}_5\text{H}_5\text{N}$, N_3^-, Br^-, NO_2^-, SO_3^{2-}, N_2	R_2S, RSH, RS^-, I^-, SCN^-, S^{2-}, $\text{S}_2\text{O}_3^{2-}$, R_3P, R_3As, $(\text{RO})_3\text{P}$, CN^-, RNC, CO, C_2H_4, C_6H_6, H^-, R^-

(2) キレート効果・キレート環の形成

単座配位子であるメチルアミンと Cd^{2+} との錯生成反応および全生成定数は式（5・20）に，2座配位子であるエチレンジアミンを用いた場合のそれらを式（5・21）に示す。

$$[Cd(H_2O)_4]^{2+} + 4\,CH_3NH_2 \rightleftharpoons [Cd(CH_3NH_2)_4]^{2+} + 4\,H_2O$$
$$\beta_4 = 10^{6.52} \quad (5\cdot20)$$

$$[Cd(H_2O)_4]^{2+} + 2\,NH_2CH_2CH_2NH_2 \rightleftharpoons$$
$$[Cd(NH_2CH_2CH_2NH_2)_2]^{2+} + 4\,H_2O \quad \beta_2 = 10^{10.6} \quad (5\cdot21)$$

両者の全生成定数を用いて，式（2・11）に従い標準自由エネルギー変化 $\Delta G°$ を求めると，$[Cd(CH_3NH_2)_4]^{2+}$ では -37.2 kJ/mol，$[Cd(NH_2CH_2CH_2NH_2)_2]^{2+}$ では -60.5 kJ/mol となる。一方，各々のエンタルピー変化については，$[Cd(CH_3NH_2)_4]^{2+}$ では -57.3 kJ/mol，$[Cd(NH_2CH_2CH_2NH_2)_2]^{2+}$ では -56.5 kJ/mol と求められている。

$$\Delta G° = \Delta H° - T\Delta S°$$

これらの結果は，メチルアミンとの反応のエンタルピー変化はエチレンジアミンのそれとほとんど同じであるにも関わらず自由エネルギー変化は -23.3 kJ/mol と大きく異なり，$[Cd(NH_2CH_2CH_2NH_2)_2]^{2+}$ がより安定であることを示す。

このような安定度の違いが何に由来するのか，考えてみよう。

式（5・20）および（5・21）について反応前後の反応体の物質量を比較してみよう。

$[Cd(CH_3NH_2)_4]^{2+}$ では反応前，アクア錯イオン 1 mol とメチルアミン 4 mol の計 5 mol から，反応後メチルアミン錯イオン 1 mol と水 4 mol の計 5 mol となり，化学種の数は反応前後で変化しない。

これに対し，$[Cd(NH_2CH_2CH_2NH_2)_2]^{2+}$ の場合は反応前の 3 mol から反応後の 5 mol へと化学種が増加する。すなわち，式（5・21）の反応ではエントロピー（乱雑さ・自由度）が増大していることがわかる。

1 章に述べたように，反応にともなって発熱し，エントロピーが増大する場合，反応が進行しやすい。$[Cd(NH_2CH_2CH_2NH_2)_2]^{2+}$ のエンタルピー変化の値は，$[Cd(CH_3NH_2)_4]^{2+}$ に比べて 0.8 kJ/mol 小さいにも関わらず，$\Delta G°$ の値は -23.3 kJ/mol 大きく，より安定化するのはエントロピーの寄与に他ならない。このように，多座配位子とすることで安定な錯体が形成されることをエントロピー効果またはキレート効果

昆虫にみる優れた分子認識能

北米に住むシロアリの一種は，えさ場と巣の往復に (Z, Z, E)-3, 6, 8-ドデカントリエン-1-オールなるフェロモンを利用している。もし，世界一周の道標を書くとしても，そのアルコールは 250 μg で事足りる。そのアリには，極微量で自分たちの仲間を識別できる機能が備わっている。

（chelate effect）と呼ばれる。

一方，キレート生成においては，O, N, S, Pなどの複数の配位原子で中心金属と結合することによって，金属を含むキレート環が形成される。代表的な錯体とそのキレート環を図5-2に示す。その①に示すビス（ジエチルジチオカーバマト）ニッケル（Ⅱ）は4員環，②のビス（エチレンジアミン）銅（Ⅱ）錯体は5員環，③ビス（ジメチルグリオキシマト）ニッケル（Ⅱ）錯体は5員環と6員環を形成している。一般的には，最も安定なキレート環は5員環，ついで6員環が安定といわれており，7員環以上の安定なキレートはわずかである。図5-1に示したEDTA錯体では，5員環が5つ形成されて中心金属と結合するた

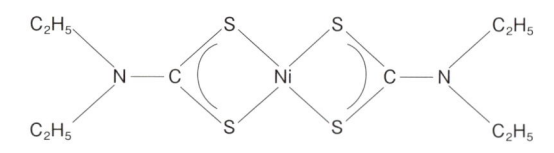

① ビス（ジメチルジチオカーバマト）ニッケル（Ⅱ）錯体

② ビス（エチレンジアミン）銅（Ⅱ）錯体

③ ビス（ジメチルグリオキシマト）ニッケル（Ⅱ）錯体

図5-2　代表的なキレート環

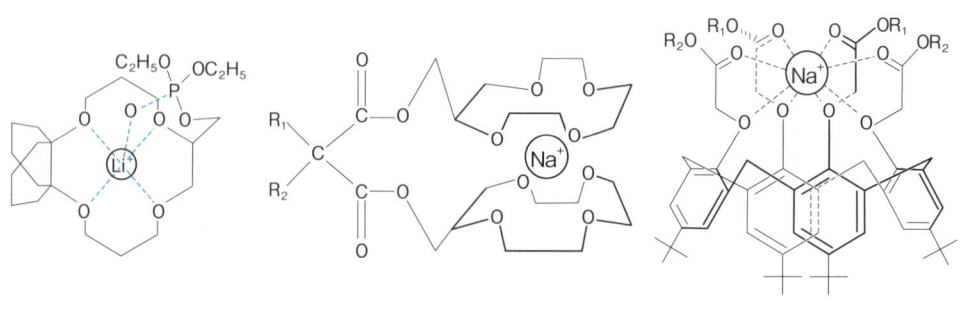

①14-クラウン-4誘導体　　②ビス（12-クラウン-4）誘導体　　③カリクス[4]アレーン誘導体

図5-3　イオン識別能をもつ配位子

め最も安定といえる。このように，エントロピー効果とキレート環構造などを考慮する分子設計指針のもと，これまで多くの多座配位子が開発された。

今日では，さらにイオンまたは分子識別能をもつ化合物として，環状構造をもち，錯生成定数は大きくないものの，特定のイオン，分子と選択的に錯生成できる配位子に期待が集まり，図5-3に示すような配位子が合成され，電気化学センサーや蛍光センサーに利用されている。

5-3 錯生成平衡とほかの平衡

実際的な錯生成反応においては，副反応として沈殿生成反応あるいは配位子の酸塩基反応など他の反応を考慮することが必要となる。以下に，その考え方を述べる。

5-3-1　錯生成平衡と沈殿生成平衡

臭化銀は水に難溶性であるが，希アンモニア水には良く溶ける。この変化は，次式に示すように，臭化銀の電離によって生じたAg^+にアンモニアが配位してジアンミン銀イオンが生じることによる。

$$AgBr \rightleftarrows Ag^+ + Br^- \qquad K_{sp}=[Ag^+][Br^-]=5.0\times10^{-13}$$

$$Ag^+ + NH_3 \rightleftarrows [Ag(NH_3)]^+ \quad K_1=\frac{[Ag(NH_3)^+]}{[Ag^+][NH_3]}=2.00\times10^3$$

$$[Ag(NH_3)]^+ + NH_3 \rightleftarrows [Ag(NH_3)_2]^+$$
$$K_2=\frac{[Ag(NH_3)_2^+]}{[Ag(NH_3)^+][NH_3]}=8.51\times10^3$$

このような反応について，一般式で考えてみよう。

いま，モル溶解度がSである難溶性塩MX（Mの配位数は6）に単座配位子Lが共存するとする。MX塩の解離反応は

$$MX \rightleftarrows M+X \qquad K_{sp}=[M][X] \qquad (5・22)$$

一方，錯生成反応は，式 (5・9)～式 (5・14) となり，解離して生じたMの濃度は，式 (5・7) で表わされる。ここで，遊離の金属イオンのモル分率は，式 (5・16) より$\beta_0=[M]/C_M$であり，これを式 (5・22) に代入すると

$$K_{sp}=\beta_0 C_M[X] \qquad (5・23)$$

ところで，MXのモル溶解度Sは

$$S = C_M = [X] \tag{5・24}$$

式（5・23）と式（5・24）より

$$K_{sp} = \beta_0 S^2 \text{ または } S = \sqrt{K_{sp}/\beta_0} \tag{5・25}$$

これより，配位子が存在しない場合は，$\beta_0 = 1$ なので $S = \sqrt{K_{sp}}$ であるが，配位子が共存すると，$\beta_0 < 1$ となりモル溶解度は増加することになる。

はじめに述べた臭化銀の 0.100 M NH_3 溶液中における溶解度を計算してみよう。臭化銀の溶解度が小さいとして，$[NH_3] = 0.100$ M とすると，式（5・8）より

$$1/\beta_0 = 1 + (2.00 \times 10^3)(0.100) + (2.00 \times 10^3)(8.51 \times 10^3)(0.100)^2 = 1.7 \times 10^5$$

ついで，式（5・25）より

$$S = \sqrt{(5.0 \times 10^{-13})(1.7 \times 10^5)} = 2.9 \times 10^{-4} \text{M}$$

この値は，錯生成によっても $[NH_3]$ がほとんど変化しないと仮定した近似値であるが，錯形成によって減少する $[NH_3]$ を用いて計算しても，溶解度の値はほぼ等しくなる。

5-3-2　錯生成平衡におよぼす pH の影響

本章のはじめに述べたように，錯体は，ルイス酸としての金属イオンとルイス塩基としての配位子との配位結合で生じたルイス塩といえる。すなわち，配位子は電子対供与体であると同時にプロトン受容体でもある。このため，溶液中の pH が低い場合，配位原子が水素イオンと結合しやすく，錯形成反応が妨害されるばかりか，生じた錯イオンが分解されることになる。一方，pH が高い場合，金属イオンの水酸化物生成が進行するため，やはり錯形成反応が妨害される。このように実際的な錯生成反応を考えるには，配位子の酸―塩基平衡および金属イオンの沈殿生成平衡と錯生成平衡とを加味した条件生成定数または見掛けの生成定数を求める必要がある。この考え方については，次のキレート滴定の項で述べる。

5-4　錯滴定と EDTA によるキレート滴定

錯生成反応を利用する滴定の総称を錯滴定（complexometric titration）という。J.Liebig が次の反応を利用してシアン化物イオンの

表 5-3 金属–EDTA キレートの生成定数（20〜25℃）

金属イオン	log K_{MY}	金属イオン	log K_{MY}
Ag^+	7.32	Li^+	2.97
Al^{3+}	16.13	Mg^{2+}	8.69
Ba^{2+}	7.76	Mn^{2+}	13.79
Ca^{2+}	10.7	Na^+	1.66
Cd^{2+}	16.46	Ni^{2+}	18.62
Ce^{3+}	15.98	Pb^{2+}	18.04
Co^{2+}	16.31	Pd^{2+}	18.5
Co^{3+}	40.7	Pr^{3+}	16.4
Cr^{3+}	23	Pu^{3+}	18.12
Cu^{2+}	18.8	Sn^{2+}	22.1
Fe^{2+}	14.33	Tl^+	5.2
Fe^{3+}	25.1	V^{2+}	12.7
Hg^{2+}	21.8	Zn^{2+}	16.5

定量を行ったのがその最初といわれている。

$$2\,CN^- + Ag^+ \rightleftharpoons [Ag(CN)_2]^-$$
$$[Ag(CN)_2]^- + Ag^+ \rightleftharpoons Ag[Ag(CN)_2]\downarrow \;(終点では白色沈殿)$$

現在ではエチレンジアミン四酢酸（EDTA）などを用いるキレート滴定が応用範囲も広く，一般的である．ここでは，EDTA を用いるキレート滴定について説明する．

5-4-1　EDTA の特徴

配位子としての EDTA の特徴をまとめると，次のようになる．

1) 六座配位子として働き，多くの金属イオンとモル比（1:1）の安定な錯体を形成する．このため，化学量論的な計算が容易となる．

2) 分子中に 2 重結合や発色団を持たず，生成する錯体の色が濃くならない．後述するように指示薬（金属指示薬という）として発色団をもつ二座配位子が用いられるが，終点近傍での変色が見やすい．これらの 1), 2) は長所といえる．

一方，次のような欠陥ともいえる性質がある．

3) 四塩基弱酸（H_4Y）として働く．滴定溶液の pH が低い場合，水素イオンとの会合が優先されるので，錯形成に必要な Y^{4-} が減少し，金属イオンとの錯生成が妨げられる．これを避けるために pH を高くすると，Y^{4-} が増加するものの，金属イオンの水酸化物生成が優先され，結果として目的金属イオンとの錯生成が妨げられる．

すなわち，3) は EDTA の大きな短所ともいうべき事柄であるが，pH 条件を適度に設定することで，複数の金属イオンが存在する系にお

いても分別定量が可能となる。キレート滴定法は，これまで学んだ化学平衡を巧みに利用する分析方法といえる。そればかりか，他の化学反応と組み合わせることにより，EDTAと錯生成しない陰イオンについても定量分析が可能となるなど，平衡が熟慮されて考え出された滴定法であり，これから化学を学ぼうとする者にとって多いに参考となる。

5-4-2　金属–EDTA キレートの生成定数と EDTA の解離定数

金属イオンと EDTA との錯形成反応は式（5・26）で示される。反応式にみられるように，組成比（1:1）の錯体が1段階的に生成し，キレート生成には Y^{4-} が必要であることがわかる。

$$M^{n+} + Y^{4-} \rightleftarrows [MY]^{(n-4)+} \tag{5・26}$$

その生成定数 K_{MY} は式（5・27）で表わされ，絶対生成定数と呼ばれる。

$$K_{MY} = \frac{[MY^{(n-4)+}]}{[M^{n+}][Y^{4-}]} \tag{5・27}$$

表 5-3 に種々の金属–EDTA キレートの生成定数を示す。

一方，EDTA（式中では H_4Y と略す）は四塩基弱酸であり，式（5・28）～式（5・31）に示すように解離する。

$$H_4Y \rightleftarrows H^+ + H_3Y^- \quad K_1 = \frac{[H^+][H_3Y^-]}{[H_4Y]} = 1.02 \times 10^{-2} \tag{5・28}$$

$$H_3Y^- \rightleftarrows H^+ + H_2Y^{2-} \quad K_2 = \frac{[H^+][H_2Y^{2-}]}{[H_3Y^-]} = 2.14 \times 10^{-3} \tag{5・29}$$

$$H_2Y^{2-} \rightleftarrows H^+ + HY^{3-} \quad K_3 = \frac{[H^+][HY^{3-}]}{[H_2Y^{2-}]} = 6.92 \times 10^{-7} \tag{5・30}$$

$$HY^{3-} \rightleftarrows H^+ + Y^{4-} \quad K_4 = \frac{[H^+][Y^{4-}]}{[HY^{3-}]} = 5.50 \times 10^{-11} \tag{5・31}$$

このため，溶液中の pH により存在する EDTA 化学種の濃度が異なるので，金属キレートが定量的に生成するのに必要な Y^{4-} の割合，モル分率（α_4）を知ることが重要となる。

ここで，全 EDTA の濃度を C_Y とし，Y^{4-} のモル分率（$\alpha_4 = [Y^{4-}]/C_Y$）を求めてみよう。

$$C_Y = [H_4Y] + [H_3Y^-] + [H_2Y^{2-}] + [HY^{3-}] + [Y^{4-}] \tag{5・32}$$

両辺を $[Y^{4-}]$ で除すと

$$\frac{C_Y}{[Y^{4-}]} = \frac{[H_4Y]}{[Y^{4-}]} + \frac{[H_3Y^-]}{[Y^{4-}]} + \frac{[H_2Y^{2-}]}{[Y^{4-}]}$$
$$+ \frac{[HY^{3-}]}{[Y^{4-}]} + 1 = \frac{1}{\alpha_4} \quad (5 \cdot 33)$$

式 (5・33) に式 (5・28)～式 (5・31) を代入して整理すると

$$\frac{1}{\alpha_4} = \frac{[H^+]^4}{K_1K_2K_3K_4} + \frac{[H^+]^3}{K_2K_3K_4} + \frac{[H^+]^2}{K_3K_4} + \frac{[H^+]}{K_4} + 1 \quad (5 \cdot 34)$$

となり

$$\alpha_4 = \frac{K_1K_2K_3K_4}{[H^+]^4 + K_1[H^+]^3 + K_1K_2[H^+]^2 + K_1K_2K_3[H^+] + K_1K_2K_3K_4} \quad (5 \cdot 35)$$

を得る。同様の考え方により，各化学種のモル分率（$\alpha_0 = [H_4Y]/C_Y$, $\alpha_1 = [H_3Y^-]/C_Y$, $\alpha_2 = [H_2Y^{2-}]/C_Y$, $\alpha_3 = [HY^{3-}]/C_Y$）について，解離定数 $K_1 \sim K_4$ の値を用いて，pH に対するモル分率を求め，プロットすると図 5-4 が得られる。

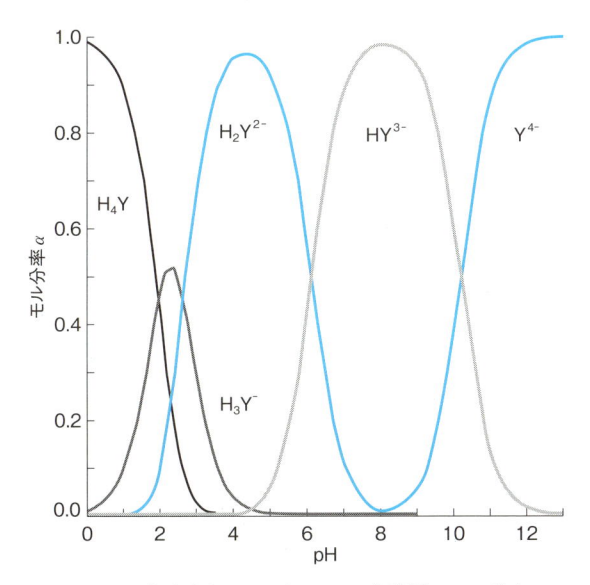

図 5-4 水溶液中の pH と EDTA 化学種のモル分率

5-4-3 金属–EDTA キレートの条件生成定数

(1) EDTA の酸解離平衡との競合

図 5-4 にみるように溶液の pH によって α_4（Y^{4-} のモル分率）が大きく異なることは，式 (5・36) の金属–EDTA キレート生成反応が pH によって大きく影響されることを示唆している。そこで，金属–EDTA キレート生成反応が定量的に進行するか否かを判断しなければならない。

硬水・軟水と水の硬度

水に含まれる Ca^{2+}, Mg^{2+} の存在量が水の硬度を表わす尺度として使われる。日本における水の硬度は，100 mL の水に含まれる Ca^{2+}, Mg^{2+} の存在量を CaO に換算し，その 1 mg が含まれていれば 1 度（MgO については CaO に換算されるので，1.4 Mg = CaO）とされる。20 度以上の水を硬水，10 度以下を軟水，10～20 度の水は中間の水とされる。ドイツでも同じ。これらのイオンが炭酸水素塩として含まれる場合，煮沸することで炭酸塩として沈殿させて軟水化することができるので，一次硬水と呼ばれる。

一方，硫酸塩として含まれる場合は，永久硬水と呼ばれる。永久降水を軟水化するのに，EDTA などが加えられる。なお，アメリカでは水 1 L 中の $CaCO_3$ に換算して硬度が表わされる。例えば，100 mg/L で含まれる場合，アメリカ硬度では 100，日本では 5.6 度となる。

水の硬度は，原子吸光分析法・イオンクロマトグラフ法と EDTA によるキレート滴定法のいずれかで測定される。

その際，α_4 を加味した条件生成定数の数値をもとに行う。この場合の反応式は式（5・36），条件生成定数は式（5・37）で表わされる。

$$M^{n+} + C_Y \rightleftarrows [MY]^{(n-4)+} \tag{5・36}$$

$$K'_{MY} = \frac{[MY^{(n-4)+}]}{[M^{n+}]C_Y} \tag{5・37}$$

ここで，$\alpha_4 = [Y^{4-}]/C_Y$ なので

$$K'_{MY} = \frac{[MY^{(n-4)+}]}{[M^{n+}]([Y^{4-}]/\alpha_4)} = K_{MY} \cdot \alpha_4 \tag{5・38}$$

となり，$K'_{MY} > 1 \times 10^6$ となる条件を満たす α_4 のとき，キレート生成反応は定量的といえる。

(2) 金属水酸化物の沈殿生成平衡との競合

pH に依存する条件生成定数からは，高い pH 領域が好都合と予想されるが，金属水酸化物生成によりこの領域においても金属–EDTA キレート生成反応に疎外される。そこで水酸化物生成も加味した条件生成定数を考える。

$$M(OH)_n \rightleftarrows M^{n+} + nOH^- \tag{5・39}$$

$$K_{sp} = \frac{[M^{n+}][OH^-]^n}{[M(OH)_n]} \tag{5・40}$$

K_{sp} では固体の活量が 1 なので $[M(OH)_n]$ は記載されない。しかし，キレート滴定においては，錯生成によって $[M^{n+}]$ が減少すると沈殿が溶解するので，$[M(OH)_n]$ も変数として，省略せずに記載する。

そこで，EDTA と反応する金属イオンの全濃度を C_M とすると

$$C_M = [M(OH)_n] + [M^{n+}] \tag{5・41}$$

EDTA と反応する金属イオンのモル分率（$\beta = [M^{n+}]/C_M$）を求めるために，式（5・41）の両辺を $[M^{n+}]$ で除し

$$\frac{C_M}{[M^{n+}]} = \frac{[M(OH)_n]}{[M^{n+}]} + 1 \text{ とし，式（5・40）を代入し}$$

$$\frac{C_M}{[M^{n+}]} = \frac{[OH^-]^n}{K_{sp}} + 1 = \frac{[OH^-]^n + K_{sp}}{K_{sp}} = \frac{1}{\beta} \tag{5・42}$$

を得る。よって，金属イオンのモル分率は

$$\beta = \frac{[M^{n+}]}{C_M} = \frac{K_{sp}}{[OH^-]^n + K_{sp}} \tag{5・43}$$

となる。

EDTAの弱酸としての性質と金属水酸物化生成を加味して，条件生成定数を考える。この場合の反応式を式（5・44）とすると，条件生成定数 K''_{MY} は式（5・45）で表わされる。

$$C_M + C_Y \rightleftarrows [MY]^{(n-4)+} \tag{5・44}$$

$$K''_{MY} = \frac{[MY^{(n-4)+}]}{C_M C_Y} \tag{5・45}$$

ここで，$\alpha_4 = [Y^{4-}]/C_Y$ であり，$\beta_0 = [M^{n+}]/C_M$ なので，式（5・45）は

$$K''_{MY} = \frac{[MY^{(n-4)+}]}{([M^{n+}]/\beta)([Y^{4-}]/\alpha_4)} = K_{MY} \cdot \alpha_4 \cdot \beta \tag{5・46}$$

となり，$K''_{MY} > 1 \times 10^6$ となる条件を満たす α_4，β のとき，キレート生成反応は定量的といえる。

例えば，次の pH 8，pH 10，pH 12 における α_4 および $Ca(OH)_2$ と $Mg(OH)_2$ の β_{Ca}，β_{Mg} をそれぞれ算出するとともに，各 pH での条件生成定数を求めてみよう。

なお，EDTA の酸解離定数は式（5・28）～式（5・31）とし，$Ca(OH)_2$ の $K_{spCa(OH)_2} = 5.5 \times 10^{-6}$，$Mg(OH)_2$ の $K_{spMg(OH)_2} = 1.8 \times 10^{-11}$，また Ca-EDTA，Mg-EDTA の熱力学的生成定数の対数値は各々，$\log K_{CaY} = 10.7$，$\log K_{MgY} = 8.7$ とする。

pH 8 での $\alpha_4 = 5.39 \times 10^{-3}$，$\beta_{Ca} = 1.00$，$\beta_{Mg} = 0.947$ であり，各々の条件生成定数は，$K''_{Ca\text{-}EDTA} = 2.70 \times 10^8$，$K''_{Mg\text{-}EDTA} = 2.56 \times 10^6$ となり，いずれも定量的に反応する。

pH 10 での $\alpha_4 = 3.55 \times 10^{-1}$，$\beta_{Ca} = 0.998$，$\beta_{Mg} = 1.80 \times 10^{-3}$ で各々の条件生成定数は，$K''_{Ca\text{-}EDTA} = 1.78 \times 10^{10}$，$K''_{Mg\text{-}EDTA} = 3.2 \times 10^5$（反応率としては 99.8 %）となり，pH 10 においても，両金属イオンは EDTA と定量的に反応するとみなされる。

pH 12 での $\alpha_4 = 9.82 \times 10^{-1}$，$\beta_{Ca} = 5.21 \times 10^{-2}$，$\beta_{Mg} = 1.80 \times 10^{-7}$ で各々の条件生成定数は，$K''_{Ca\text{-}EDTA} = 2.56 \times 10^9$，$K''_{Mg\text{-}EDTA} = 8.80 \times 10$ となり，Ca^{2+} は定量的に反応するが，Mg^{2+} はほとんど反応しない。

これを実際に利用した分別定量を 5-6 で述べる。

このように，EDTA の滴定におよぼす pH の影響が大きいため，あわせて金属-EDTA キレート生成にともなう低下を抑制する目的と金属

水酸化物の生成を避けるために，NH_3–NH_4Cl 系の pH 緩衝液が補助錯化剤として多用される。

5-5 金属指示薬

酸塩基滴定ならびに酸化還元滴定の場合と同様に，キレート滴定においても指示薬を用いて終点を求める。この場合の指示薬は，金属–EDTA キレート生成に影響を及ぼさない程度に配位力の弱い多座配位子であり，式 (5・47) に示すように，金属イオンと錯形成した MI_n と遊離の状態 I_n とで色調が異なる性質をもつ。

$$MI_n + Y \rightleftarrows MY + I_n \qquad (5・47)$$

（電荷を省略，I_n は金属指示薬の略）

代表的な金属指示薬を図 5-5 に示す。金属指示薬は一般に OH 基をもっており，溶液の pH によっては解離により色が変わるので，金属–EDTA の錯生成定数と関連して金属指示薬を選択しなければならない。表 5-4 に示す滴定条件が決められている。

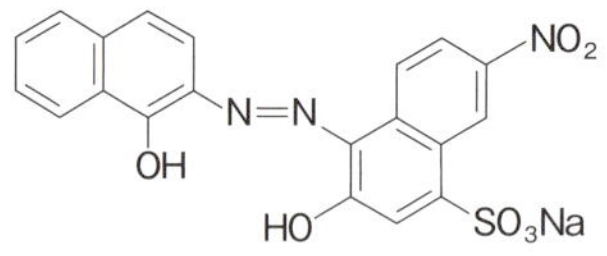

eriochrome black T（BT）

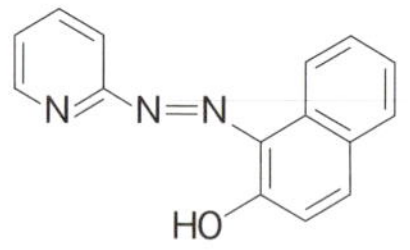

1-(2-pyridylazo)-2-naphthol（PAN）

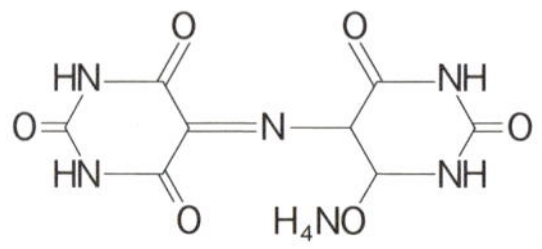

murexide（MX）

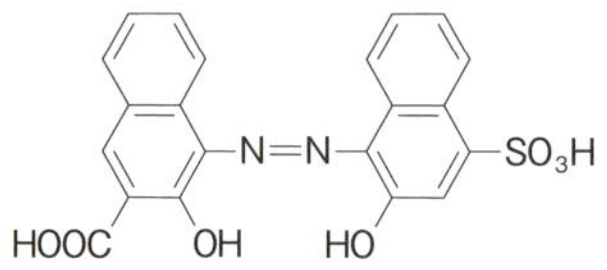

2-hydroxy-1-(2-hydroxy-4-sulfo-1-naphthylazo)-3-naphthoic acid（NN）

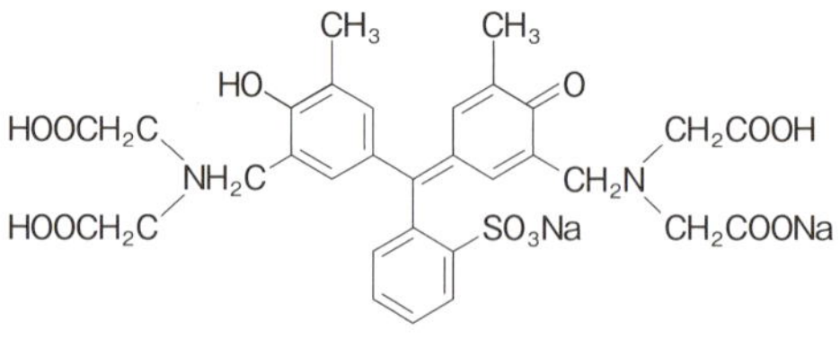

xylenol orange（XO）

図 5-5　代表的な金属指示薬

5-6 EDTA によるキレート滴定の実際

EDTA を用いるキレート滴定によって，ほとんどの金属イオンを定

表 5-4 EDTA によるキレート滴定（直接滴定法）の条件

金属イオン	滴定条件（直接滴定法）		当量点決定法	
	緩衝液	pH	金属指示薬	終点での変色
Ba^{2+}	NH_3–NH_4Cl	10	EBT	赤→青
Ca^{2+}	NaOH	12	MX	赤→紫
Cd^{2+}	NH_3–NH_4Cl	10	EBT	赤→青
Co^{2+}	NH_3	8	MX	黄→赤紫
Cu^{2+}	CH_3COOH–CH_3COONa	>2.5	PAN	赤紫→黄
Fe^{3+}	CH_3COONH_4	4.5	Cu–PAN	赤→黄
Mg^{2+}	NH_3–NH_4Cl	10	EBT	赤→青
Mn^{2+}	NH_3–NH_4Cl	10	MX	黄→紫
Ni^{2+}	NH_3–NH_4Cl	10〜12	MX	黄→青
Zn^{2+}	CH_3COONa	5〜7	PAN	赤紫→黄

EBT：エリオクロムブラックT，MX：ムレキシド，PAN：1-(2-ピリジルアゾ)-2-ナフトール，Cu-PAN：Cu-EDTA, PAN 混合指示薬

量分析することができる．その手法として，直接滴定法，逆滴定法などがある．また，他の反応と組み合わせることによって陰イオンを定量分析する間接滴定法がある．

(1) 直接滴定法の概略

式 (5・26) に示す反応の反応速度が速く，また条件平衡定数が定量的反応を満足する場合，直接的定法が便利である．すなわち，式 (5・47) に従い，試料溶液中の金属イオンに EDTA 標準溶液を加えて金属指示薬の変色によって終点を求める最も基本的な滴定法で，水の硬度測定に代表される．JIS K0101 で全硬度，カルシウム硬度，マグネシウム硬度の測定に EDTA を用いるキレート滴定法が記載されている．

Ca^{2+} と Mg^{2+} とを含む試料を pH 10 とし，指示薬として BT を加えて滴定し，Ca^{2+} と Mg^{2+} の合量を求める．ついで，pH 12〜13 とし，Mg^{2+} を $Mg(OH)_2$ として沈殿させた後，溶液中の Ca^{2+} を指示薬に MX を用いて滴定する．滴定値の差から Mg^{2+} の物質量が求められる．なお，試料となる河川水に妨害イオンとして重金属イオンが含まれる場合には，CN^- を加えて安定なシアノ錯イオンとし，妨害イオンによって EDTA が消費されないようにする．妨害イオンとして Co, Ni, Cu, Zn, Cd, Hg および白金族金属が含まれる試料の分析に有効である．このとき，重金属イオンが CN^- でマスク (mask) されたといい，このような操作をマスキング (masking) という．マスキングに用いる CN^- のような試薬をマスキング剤 (masking agent) と呼ぶ．なお，他の反応において，EDTA がマスキング剤として用いられることもある．

(2) 逆滴定法の概略

多くの金属イオンは直接滴定で定量できるが，次のような場合，逆滴

定法が採用される．

1) 分析目的の金属イオンが加水分解しやすく，適当な pH 条件がない．例えば，Pb^{2+}，Sn^{4+}．

2) 分析目的の金属イオンに鋭敏に変色する金属指示薬がない．例えば，Al^{3+}，Sn^{4+}．

3) 常温では EDTA との錯生成反応が遅い．例えば，Al^{3+} や置換不活性（inert）な金属イオン Co^{3+}，Cr^{3+}．

式 (5・48) と式 (5・49) に示すように，金属イオン（M）に一定過剰（Y）を加えて金属キレートを生成させた後，余剰分の Y を他の金属イオン（M′）標準溶液で滴定する．終点は，$M'I_n$ の着色で求める．なお，条件つき安定度定数に $K''_{MY} > K''_{M'Y}$ の関係が必要条件であり，もし，条件つき安定度定数が逆であれば式 (5・50) が起こり，滴定誤差をまねく．

$$M + \text{excess } Y \longrightarrow MY + \text{rest } Y \qquad (5・48)$$
$$\text{rest } Y + I_n + M' \longrightarrow M'Y \qquad (5・49)$$
$$MY + M' \longrightarrow M'Y + M \qquad (5・50)$$

逆滴定する際の金属標準溶液としては，安定度定数の小さな金属キレートを生成する Mn^{2+}，Zn^{2+}，Ca^{2+} などが用いられる．

(3) 間接滴定法の概略

キレート滴定法では，安定度定数の大きな金属キレートの生成が必須条件であるので，安定度定数の小さな Ag^+ あるいはキレート試薬とほとんど相互作用しない SO_4^{2-} などの陰イオンについては，他の反応と組み合わせることによって間接的にそれらイオンを定量できる．

例えば，$2Ag^+ + [Ni(CN)_4]^{2-} \rightarrow 2[Ag(CN)_2]^- + Ni^{2+}$ と併用して，遊離する Ni^{2+} をキレート滴定することにより Ag^+ を間接的に定量する．また，SO_4^{2-} については，一定過剰の Ba^{2+} を加えて $BaSO_4$ として沈殿させ，これをろ過し，ろ液中の余剰の Ba^{2+} を滴定し SO_4^{2-} を間接的に定量する．

なお，逆滴定法，間接滴定法のほかに置換滴定法も知られる．いずれも化学反応の分析化学的応用例として，考え方など興味深いが，機器分析法が発達した今日，簡便に行える直接滴定法以外は，吸光光度法や原子スペクトル分析法に頼るのが，得策であろう．

練習問題

5-1

次の①～⑦および❶～❼は，これまで文中に記載されていた錯体である。①～⑦の錯体についてはその和名を，❶～❼の錯体については化学式を記せ。

①$[Co(NO_2)(NH_3)_5]Cl_2$, ②$[Cr(NCS)(OH_2)_5]^{2+}$, ③$[Co(NH_3)_6][Cr(C_2O_4)_3]$, ④$[Cd(CH_3NH_2)_4]^{2+}$, ⑤$[Cd(NH_2CH_2CH_2NH_2)_2]^{2+}$, ⑥$[PtBr(NH_3)_3]NO_2$, ⑦$[Cr(NCS)_2(NH_3)_4][Cr(NCS)_4(NH_3)_2]$

❶ ニトリトペンタアンミンコバルト（Ⅲ）塩化物，

❷ チオシアナトペンタアクアクロム（Ⅲ）イオン，

❸ トリス（オキサラト）コバルト（Ⅲ）酸ヘキサアンミンクロム（Ⅲ），

❹ ヘキサキス（イソチオシアナト）クロム（Ⅲ）酸ヘキサアンミンクロム（Ⅲ），

❺ ブロモペンタアンミンコバルト（Ⅲ）硫酸塩，

❻ スルファトペンタアンミンコバルト（Ⅲ）臭化物，

❼ ニトロトリアンミン白金（Ⅱ）臭化物

5-2

①$[Co(NO_2)(NH_3)_5]Cl$, ②$K_3[Fe(SCN)_6]$, ③$[CrCl_2(H_2O)_4]Cl \cdot 2H_2O$ について，次の問に答えよ。

1) ①～③の錯体の名称（英名と和名）を記せ。
2) ①のイオン化異性体，②の結合異性体，③の水和異性体について，各々化学式と和名を記せ。

5-3

配位数 6 の金属イオン（M）と 2 座配位子（L）との錯体について，以下の問いに答えよ。

1) 錯生成反応の反応式を記せ。
2) 1) の反応式の各々に質量作用の法則を適用して，逐次生成定数 $K_1 \sim K_3$ を表わせ。
3) 逐次生成定数（$K_1 = 1.50 \times 10^8$, $K_2 = 2.50 \times 10^5$, $K_3 = 3.30 \times 10^3$）の値から，全生成定数の値を求めよ。
4) 金属イオンの全濃度（$C = [M] + [ML] + [ML_2] + [ML_3]$）に占めるフリーの金属イオン（$[M]$）の割合（モル分率）を導く式を誘導せよ。

5–4

5.00×10^{-3} M の硝酸銀水溶液 20.0 mL に 0.500 M のアンモニア水 20.0 mL を混合した。この混合溶液中に存在する $[Ag^+]$, $[Ag(NH_3)^+]$, $[Ag(NH_3)_2^+]$ の値を求めよ。ただし、アンミン錯イオンの $K_1 = 2.0 \times 10^3$, $K_2 = 8.5 \times 10^3$ である。

5–5

0.100 M NH_3 水中における AgBr のモル溶解度を AgBr + 2NH_3 $\rightleftarrows$ $[Ag(NH_3)_2]^+$ + Br^- の平衡から算出せよ。ジアンミン銀イオンの逐次生成定数は練習問題 5-4 と同じで、AgBr の溶解度積 $K_{sp} = 5.00 \times 10^{-13}$ とする。

5–6

0.10 M の $[Ag(CN)_2]^-$ 溶液が 200 mL ある。この錯イオンの溶液に NaCl を加えて AgCl を沈殿させたい。AgCl が沈殿し始めるのに必要な NaCl の質量を求めよ。ただし、AgCl の $K_{sp} = 1.80 \times 10^{-10}$, $\beta_{2(Ag(CN)_2)} = 1.0 \times 10^{20}$ とする。

5–7

AgI 0.010 mol を溶解させるには、0.360 M $Na_2S_2O_3$ 溶液が 1.00 L 必要であるという。次の問いに答えよ。ただし、チオ硫酸イオンは二座配位子として働く。AgI の溶解度積は $K_{sp} = 8.5 \times 10^{-17}$ とする。

1) AgI が $Na_2S_2O_3$ 溶液に溶解するときの反応式を記せ。
2) 1) で生じる錯体の生成定数を求めよ。
3) 1) の溶解する反応の平衡定数を求めよ。

5–8

EDTA を用いるキレート滴定について、以下の問いに答えよ。

1) EDTA は四塩基酸（H_4Y : $K_1 = 1.02 \times 10^{-2}$, $K_2 = 2.14 \times 10^{-3}$, $K_3 = 6.92 \times 10^{-7}$, $K_4 = 5.50 \times 10^{-11}$）である。pH = 5.5 における EDTA の全濃度に占める $[Y^{4-}]$ の割合（モル分率：α_4）を求めよ。

2) pH = 5.5 の条件で、滴定可能な金属イオンを選びたい。金属イオン－EDTA 錯体の熱力学的安定度定数がいくら以上であれば良いか。

5-9

直接滴定法：水の硬度測定（Ca^{2+} + Mg^{2+}の定量）

試料水 100 mL を三角フラスコにとり，NH_3-NH_4Cl 緩衝液（pH 10）を 5 mL，ついで EBT 指示薬 1～2 滴を加える。ビュレットから 0.01 M EDTA 標準溶液（*factor* = 1.026）を徐々に滴下したところ 15.72 mL で赤から青色になった。同じ試料水 100 mL を三角フラスコにとり，2 M KOH 溶液の 5 mL を加えて pH を 13 に調節した後，NN 指示薬をスパーテルで加えた。ビュレットから 0.01 M EDTA 標準溶液（*factor* = 1.026）を徐々に滴下したところ 5.65 mL で赤から青色になった。

1) 試料水中の Ca^{2+} および Mg^{2+} の濃度をそれぞれ求めよ。
2) 硬度の表現には，アメリカ式硬度とドイツ式硬度がある。アメリカ式硬度では，Ca^{2+} と Mg^{2+} の量を対応する炭酸カルシウム（式量 100）の量に換算して，水 1 L 中の mg（mg $CaCO_3$/L）で表わされる。上で求めた値をアメリカ式硬度で表わせ。

5-10

逆滴定法：置換不活性金属イオンの定量

Cr^{3+} を含む試料 1.5345 g を弱酸性溶液としたのち，1.00×10^{-2} M EDTA 標準溶液を 25.00 mL 加え，約 15 分間加熱沸騰させた。室温まで冷却した後，緩衝液を加えて pH 4.5 に調製し，XO 指示薬を数滴加えて，1.00×10^{-2} M Th^{4+} 標準溶液で滴定したところ，15.55 mL を要した。試料中の Cr^{3+} の含有率を求めよ。

5-11

間接滴定法：硫酸イオンの定量

SO_4^{2-} を含む試料溶液 100 mL に塩酸を加えて CO_2 を追い出したのち，SO_4^{2-} より過剰となるように 1.00×10^{-2} M $BaCl_2$ 溶液 25.00 mL を加えた。しばらく加熱し，沈殿した $BaSO_4$ を熟成したのち，NaOH 溶液で中和し，指示薬，アンモニア水，メタノールを加え，1.00×10^{-2} M EDTA 標準溶液で滴定したところ，14.56 mL を要した。試料溶液中の SO_4^{2-} のモル濃度を求めよ。

課題 5-1 直接滴定法，逆滴定法，間接滴定法の概略と注意点を整理せよ。

課題 5-2 EDTA は四塩基弱酸（H_4Y）であり，pH によって溶液中に存在する化学種のモル分率が大きく変化する。

1) EDTA 化学種のモル分率（$\alpha_0 = [H_4Y]/C_L$, $\alpha_1 = [H_3Y^-]/C_L$,

$\alpha_2 = [H_2Y^{2-}]/C_L$, $\alpha_3 = [HY^{3-}]/C_L$, $\alpha_4 = [Y^{4-}]/C_L$　C_L は EDTA の全濃度) を求める式を誘導せよ。

2) 横軸を pH,縦軸をモル分率とし,各 pH における EDTA 化学種の存在割合を図示せよ。なお,EDTA の電離定数は：$K_1 = 1.02 \times 10^{-2}$,$K_2 = 2.14 \times 10^{-3}$,$K_3 = 6.92 \times 10^{-7}$,$K_4 = 5.50 \times 10^{-11}$ とする。

課題 5-3　次の式を誘導せよ。

1) 6 配位の金属イオンに単座配位子を加えたときに生じる錯化学種 [ML] のモル分率を求める式 (5・19)。

2) EDTA の全濃度に占める未解離の H_4Y のモル分率 ($\alpha_0 = [H_4Y]/C_Y$) を求める式。

宿 題

有機溶媒の溶解性の違いについて,次の項目について調べよ。
① I_2 および $HgCl_2$ の水および各種有機溶媒への溶解度。
② 水−有機溶媒の 2 成分系の相互溶解。

6章　溶媒抽出法

到達目標
- 物質の溶解性と溶媒の選択，分離手段の組合せを理解できる。
- 溶媒抽出法の基礎理論・効率的な抽出法を理解できる。
- 酸塩基平衡・錯生成平衡・分配平衡の複数の平衡を組み合わすことができる。
- 抽出される化学種の組成を推定できる。

6-1　分離と精製について

　分析にかかわらず化学的な実験・研究において，混合物（mixture）からの純物質（pure substance）を取り出す分離（separation）と，希薄な場合には濃縮（enrichment）を経たのち，精製（purification）が行われる。ついで，得られた純物質の融点，沸点，組成，結晶構造，分光化学的性質，反応性，溶解性，熱的性質などが調べられる。この過程を考えると，分離と精製の度合いがそのあとに評価される諸性質に影響をおよぼすことを容易に想像でき，分離と精製の重要性が理解できる。

　分離および精製の手段としてはいくつかある。液体–気体間あるいは固体–気体間の分離には〈蒸留と昇華〉，固体–液体間の分離には4章で取り上げた〈溶解と沈殿〉，固体–液体および液体–液体間の分離には〈抽出〉が一般的といえる。蒸留と昇華については，実験書に譲り，ほかの分離精製の手段としてのクロマトグラフィー，透析，電気泳動法など機器を用いる方法については機器分析法で学んでほしい。

　本章では，物質が溶媒に溶解するという現象が，溶媒の種類によって異なることを利用した溶媒抽出について解説する。物質の溶解性の違いは，溶質と溶媒間の様々な相互作用（分子間力）によってもたらされる。なかでも大きく影響する静電的相互作用，水素結合，化学結合について述べる。

6-1-1　物質の溶解度に影響をおよぼす因子
（1）静電的相互作用
　例として硝酸銀および塩化ナトリウムの各種溶媒への溶解度を表6–1に示す。これよりこれらの電解質は，水によく溶けるが，有機溶媒には溶けにくいことがわかる。その違いは，溶媒の誘電率によるとみなされる。水，メタノールおよびエタノールの誘電率 ε は，それぞれ 80.1,

---

純物質と混合物
　化学的にほぼ一定した元素組成をもつ物質で，機械的または物理的操作で2種以上の物質に分離できない物質を純物質または純粋物（pure substance）という。一方，機械的あるいは物理的操作で分離可能な物質は，混合物（mixture）という。

気体の酸素は純物質？
　酸素の単体には，O_2 と O_3 がある。O_2 といえども，厳密にいうと混合物である。というのは，酸素原子には天然に質量数16，17および18の同位体が存在する。このため気体の酸素は $^{16}O_2$，$^{17}O_2$，$^{18}O_2$，$^{16}O^{17}O$，$^{17}O^{18}O$，$^{16}O^{18}O$ の6種類が含まれる。しかし，純物質・混合物の定義に従うと純物質ということになる。

32.4, 25 と高く, 極性溶媒 (polar solvent) と呼ばれる。極性溶媒には電解質が溶けやすい。その理由は，陽イオンは溶媒の $\delta-$ 部（水の場合：$O^{\delta-}$）と，陰イオンは溶媒の $\delta+$（水の場合：$H^{\delta+}$）とが静電的相互作用によって会合するためである。その会合を溶媒和 (soluvation)，水の場合は水和 (hydration) という。一方，ベンゼンや酢酸エチルの ε はそれぞれ 2.283，6.02 であり，無極性溶媒 (nonpolar solvent) と呼ばれる。無極性溶媒には非電解質が溶解しやすい。

(2) 水素結合

有機物の骨格をなす炭素鎖は親油基 (lipophilic group) であり，水となじみにくい。有機物が水溶性となるためには，$-OH$，$-NH_2$，$-COOH$ などの親水基 (hydrophilic group) をもつことが必要である。そのバランスにより，アルキル鎖が短いアミン (R–NH_2)，アルコール (R–OH)，カルボン酸 (R–COOH) などは，分子間水素結合をしやすく，水に溶けやすい。しかし，1 分子中に同じ親水基をもつ化合物でも溶解性が異なる。例えば，ヒドロキシベンズアルデヒドには 2-, 3-, 4-異性体がある。分子間水素結合する 3-, 4-異性体は水に溶けるが，2-ヒドロキシベンズアルデヒドは，その融点（－7℃）が示すように，分子内で水素結合しているために水との水素結合する部位がふさがっており，水に難溶となる。このように，分子間水素結合する物質を溶解させるには水が有効であるが，分子内で水素結合する物質には水以外の有機溶媒を選択すべきである。

(3) 化学結合

水，アルコール，エーテルは，Lewis 塩基として働くことができるので，これら溶媒には電解質化合物が溶解しやすい。表 6-1 に見るように，ピリジンに硝酸銀がよく溶けるのは，ピリジンが窒素原子で銀イオンに配位するためである。一方，ヨウ素などの Lewis 酸は芳香族系の $\pi-\pi$

表 6-1 硝酸銀および塩化ナトリウムの各種溶媒への溶解度（室温付近）

溶媒	誘電率 (at 20℃)	溶解度 (g/100 gl)	
		$AgNO_3$	NaCl
水	80.1	68	26.38
エチレングリコール	37.7	32.7	1.86*
メタノール	32.4	3.47	1.4
エタノール	25	2.08	6.49×10^{-2}
アセトン	20.7	0.6	
ピリジン	12.3	35	
酢酸エチル	6.02	2.7*	0.24
ベンゼン	2.283	0.22	

飽和溶液 100 g 中の質量，＊：溶媒 100 g に溶解しうる最大質量 g
「化学便覧 基礎編 II」，丸善出版（1984），p. 185, p 187

結合により溶ける。このため電子供与基であるメチル基が増すベンゼン＜トルエン＜キシレン＜メシチレンの順にヨウ素の溶解性が向上する。

6-2 溶媒抽出（solvent extraction）

溶媒抽出は，固－液抽出（solid-liquid extraction）および液－液抽出（liquid-liquid extraction）の総称である。

(1) 固－液抽出

固体試料に溶剤を作用させ，固体に含まれる目的成分を選択的に溶出させて取り出す操作を固－液抽出という。日常的には，紅茶やコーヒーをいれる操作や梅酒を造るときの操作になる。抽出したい物質の溶解に適した条件を考慮しながら，水や有機溶媒が選択される。固－液抽出には，便利な器具としてソックスレー抽出器（Soxhlet's extractor：図6-1）が市販されている。植物からの薬効成分を取り出す際に，石油エーテル，アルコール類やクロロホルムなど比較的気化しやすい有機溶媒を用いて順次，抽出分離されることが多い。中央に位置する抽出器内の円筒ろ紙に固体試料を入れ，フラスコに入れた溶剤を加熱蒸発させ，溶媒蒸気がアリン冷却器（球管）で凝縮され，試料の上部から注がれる。ある程度抽出器内に溶液がたまると，サイホンの原理で下部のフラスコに戻される。再び溶媒が気化され，新鮮な溶媒として作用させられるので，抽出しながら濃縮できることとなり，連続抽出法として有効である。抽出を終えれば，有機溶媒相を取り出し，溶媒をエバポレーターで留去させると目的成分を取り出せる。

(2) 液－液抽出

液－液抽出は，2つのまざり合わない溶媒への溶質の溶解性の違いを利用して，これにより生じる分配平衡を利用する最も効果的な分離分析法の1つである。一般的には，分液ロート（図6-2）に目的成分の溶解している水溶液（水相：aqueous phase）を入れ，これに有機溶媒（有機相：organic phase）を加えて数分間はげしく振りまぜる。その際，水溶性の無機イオンや極性の大きな有機化合物が水相に残り，水に難溶で無極性の有機化合物は有機相に分配される。また，金属イオンに適切な有機試薬（organic reagent）を加えて非電解質型錯体とすることによって有機溶媒相中に分配させることもできる。

分配した後，二相の密度が異なると，水相と有機相の境界面が生じて分離される。これらの現象を利用する溶媒抽出法は，有機合成や錯体化学，環境分析など各分野において，混合物からの目的物質の分離精製ならびに希薄溶液から目的物質の濃縮や定量に利用されている。

基本器具

実験には，様々な器具が利用される。定量分析実験でよく利用されるホールピペットやビュレットなどについてはよく知られているが，卒業研究等では反応装置を組み立てて実験することになる。参考文献で器具の名称が記載されていれば，その形状等について日本化学会編「実験化学ガイドブック」丸善出版で調べると良い。

分子内または分子間水素結合

左から，2-hydroxybenzaldehyde（別名：salicylaldehyde）；融点-7℃，沸点196〜197℃，エタノール，エーテルに可溶，水に難溶（80.0 mg/L）。3-hydroxybenzaldehyde；融点100〜103℃，沸点191℃（50mmHg），水，エタノールに可溶。4-hydroxybenzaldehyde；融点112〜116℃，沸点310〜311℃，水（13g/L，at 30℃），エタノール，エーテルに可溶。

化学結合による溶解

左からtoluene＜m-xylene＜mesityleneの順にベンゼン核の電子密度が増加するので，ヨウ素の溶解度もその順に増大する。

図6-1 ソックスレー抽出器

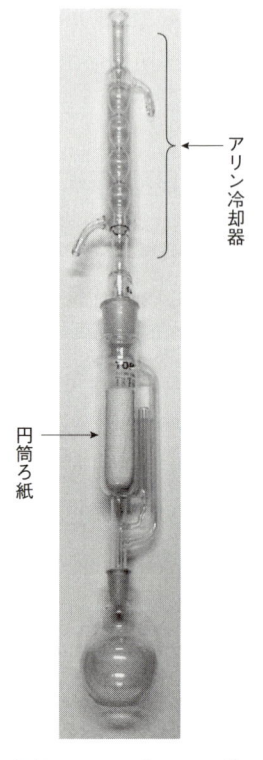

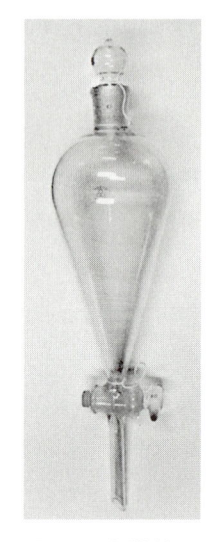

図6-2 溶媒抽出に用いられる分液ロート
（スキーブ型）

なお，抽出によって物質を除去する際，その物質に対して選択的に相互作用することが非常に重要となる。分離の難しい物質に対しても，水素イオン濃度，抽出剤の選択，試薬の濃度，抽出速度など多くのパラメータを適切に設定することによって，迅速かつ定量的な分離が可能となる。なお，いったん有機相に抽出した物質を水相に分配させることを逆抽出（back extraction）という。本章では，化学平衡の観点から液-液抽出について，簡単に解説する。

6-2-1 溶媒抽出に用いられる有機溶媒

有機溶媒の性質は，キレート剤ならびに錯体の分配平衡を左右し，金属イオンの抽出分離に大きな影響を与える。このため用いる有機溶媒の選択が最も重要であり，表6-2に示す溶媒が溶媒抽出でよく用いられる。通常，次の3条件から溶媒が選択される。

1) 水と有機溶媒との相互溶解度が小さい組合せを選ぶ

水との相互溶解度（mutual solubility）[*1]が小さくなるような溶媒を選ぶことが第1番目の選定条件となる。アセトン（C_3H_6O）やテトラヒドロフラン（C_4H_8O）などは種々の物質を溶解させることのできる優れた有機溶媒といえるが，水と自由に混ざるので，抽出溶媒としては不適

*1 **相互溶解および相互溶解度**
　AおよびBの2種の溶媒を混合するとき，一様な溶液とならないで互いに平衡な2相に分かれて共存することがある。このとき，1つの相ではAの中に若干のBが溶けており，もう一方の相ではBの中にAが溶解している。このように相互に溶解することを相互溶解といい，各々の相における溶解度を相互溶解度という。

表 6-2 抽出用の代表的な溶媒の種類と性質

物質名	分子式	分子量	誘電率	沸点 °C	比重 g cm^{-3}	溶解度 %$_{(w/w)}$ at室温	
						水への	溶媒への水
ヘキサン	C_6H_{14}	86.18	1.890	68.7	0.659	0.00123	0.0111
四塩化炭素*	CCl_4	153.82	2.238	76.75	1.59472	0.077	0.0135
トルエン	C_7H_8	92.13	2.24	110.625	0.86694	0.0515	0.05
ベンゼン	C_6H_6	78.11	2.283	80.100	0.87903	0.179	0.0635
ジエチルエーテル	$C_4H_{10}O$	74.12	4.197	34.6	0.7143	6.04	1.47
クロロホルム	$CHCl_3$	119.38	4.9	61.152	1.489	0.815	0.093
酢酸ブチル	$C_6H_{12}O_2$	116.16	5.01	126.114	0.876	0.68	1.2
クロロベンゼン	C_6H_5Cl	112.56	5.6493	131.687	1.1063	0.0488	0.0327
酢酸エチル	$C_4H_8O_2$	88.07	6.02	77.114	0.90063	8.09	2.94
リン酸トリブチル	$C_{12}H_{27}O_4P$	266.32	8.91	154	0.9766	0.039	4.67
1,2-ジクロロエタン	$C_2H_4Cl_2$	98.96	10.45	83.483	1.2569	0.81	0.187
イソブチルメチルケトン	$C_6H_{12}O$	100.16	13.11	115.9	0.796	1.7〜2.0	1.8〜2.2
n-ブチルアルコール	$C_4H_{10}O$	74.12	17.1	117.7	0.8097	7.45	20.5
ニトロベンゼン	$C_6H_5NO_2$	123.11	34.82	210.9	1.2037	0.19	0.24

＊：先進国では 1996 年までに生産が中止された
浅原照三, 戸倉仁一郎, 大河原信, 熊野谿従, 妹尾学,「溶剤ハンドブック」,(1976) 講談社サイエンティフィクより抜粋

当である。表 6-2 に示す溶媒でも, n-ブチルアルコールは, 水に 7.45 %$_{(w/w)}$ で溶ける一方, 水は n-ブチルアルコールに 20.5 %$_{(w/w)}$ で溶解するので, できれば使用を避けたい溶媒に属す。

2) 密度の差が大きく二層に分離しやすい

クロロホルムやニトロベンゼンの比重は大きく, 水相と分離しやすいが, 分液ロートの上部に水相が下部に有機相が位置することになる。抽出後の次の操作として, 有機相を水で洗浄することになる。その際, 水相を分液ロート下部の活栓から取出せるように, 酢酸エチルやイソブチルメチルケトンのような水に比べて比重の小さな有機溶媒を用いるのが便利である。

3) その他の性質

抽出平衡に溶媒の性質が影響するが, それ以外に種々の条件を考慮する必要がある。一般的には, 抽出した有機溶媒相から溶媒を蒸発させて濃縮する操作が続くことになる。その際, 注意すべきことが 2 点ある。その 1 つは, 溶媒の変質である。例えば, エーテルは過酸化物を蓄積しやすく, クロロホルムは, 高温で長時間加熱したり KOH の溶液と接触させるとギ酸が生じるなどの注意を要する。もう 1 つは, 水質汚染であり, ベンゼンや 1,2-ジクロロエタンのように排水基準が定められている溶媒[*2]については, 許容濃度以上に排出されない配慮が必要である。

このほか, 抽出された物質を含む有機相の紫外可視吸収スペクトルを

[*2] **溶媒による水質汚染**

溶媒の選択条件 1) に記した相互溶解による水質汚染に注意し, 抽出後の水相の扱いや有機溶媒のエバポレーションで, 次のような配慮が必要である。

(1) 水質汚濁に注意しなければならない溶媒は, 水質汚濁防止法に記載されており, 溶媒ごとに公共用水域(河川・湖沼・港湾・沿岸海域など)に排出される水に含まれる許容限度が定められている。1,2-ジクロロエタンの場合のそれは, 0.04 mg/L である。抽出後の水相に含まれる 1,2-ジクロロエタンの濃度は, 表 6-2 の相互溶解度からわかるように, 8.1 g/L であり, 排水基準値の約 20 万倍で含まれることになる。このため, 溶媒抽出に用いた水相については, 廃液タンクに貯留し, 後日, 処理業者に回収・処分を依頼しなければならない。

(2) 有機相の溶媒を蒸発させる場合, 水道水を利用するアスピレータでは, 溶媒蒸気が水に含まれ下水に流入することになる。そのためにダイヤフラム式減圧ポンプで揮発させることになるが, 気化した溶媒蒸気が大気中に逸散させないように, 冷媒で冷却して回収しなければならない。

測定し，その吸光度から濃度を求める場合は，溶媒の測定可能最短波長を考慮して選択することになる。例えば，酢酸エチルの測定可能最短波長は 260 nm なので，それ以下の短波長領域での測定には適さない。

6-3 抽出剤としてのキレート試薬

上に述べたように，金属イオン単独では有機溶媒より誘電率の高い水に溶解しやすい。そのために溶媒抽出法では，金属イオンにキレート試薬を加えて，できれば非電解質型の金属キレートを生成させて有機溶媒に溶けやすくする。その過程で起こる，キレート生成平衡（錯生成平衡：$[ML_n]_a \rightleftarrows [ML_n]_o$とキレート剤の酸解離平衡：$HL \rightleftarrows H^+ + L^-$）とキレート剤ならびに金属キレートの水相（aqueous phase: a と略）あるいは有機溶媒相（organic phase: o と略）への分配平衡を考慮することになる。抽出剤として用いるキレート試薬としては，基本的には解離する水素イオンを持ち，陰イオンとして金属イオンに配位結合する 2 座配位子あるいは 3 座配位子が用いられる。図 6-3 に代表的なキレート試薬を示す。

最近，これらのキレート試薬とは異なる大環状化合物（図 6-4）がア

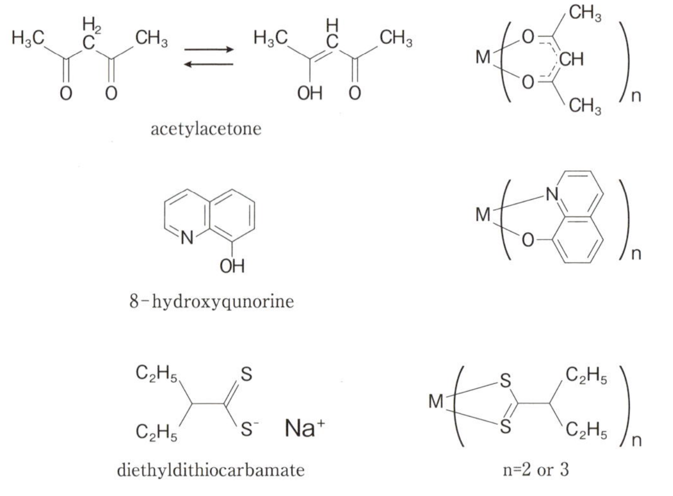

acetylacetone

8-hydroxyqunorine

diethyldithiocarbamate   n=2 or 3

図 6-3 代表的なキレート試薬

dibenzo-18-crown-6

X; perchlorate ion, picrate ion, tetraphenylborate ion etc.

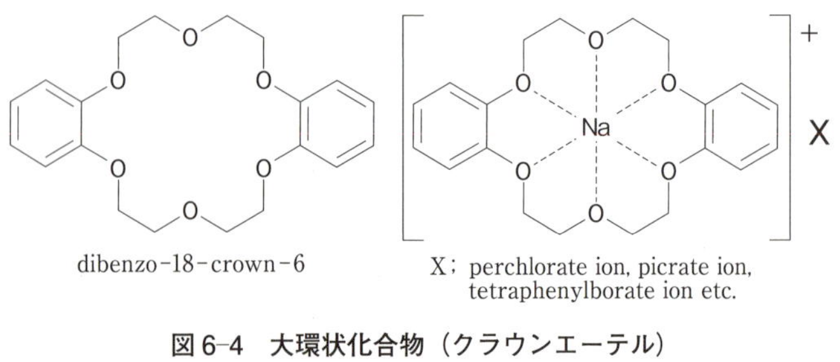

図 6-4 大環状化合物（クラウンエーテル）

ルカリ金属イオンならびにアルカリ土類金属イオン用の抽出剤として利用されるようになってきた。

6-4 溶媒抽出の基礎理論

6-4-1 分配平衡（distribution equilibria）と分配則（distribution law）

物質Aが2つの溶媒aおよび溶媒oに分配して平衡状態に達した系に，質量作用の法則を適用すると，式（6・1）の平衡定数K_Dが得られる。

$$K_D = a_o/a_a \qquad (6・1)$$

K_Dは分配係数または分配定数（distribution coefficient または partition coefficient）と呼ばれ，a_a, a_oはそれぞれ相a, oにおける物質の活量を示す。K_Dは温度および用いる溶媒に依存する。

なお，式（6・1）は両相に存在する溶質が同じ化学種であるときに用いることができる。多くの場合，分配にともなって溶質である化学種の解離，二量化あるいは多量化（polymerization）および錯形成がおこるために，1つの化学種の平衡を表わすK_Dの代わりに式（6・2）に示すDが用いられる。Dは分配比（distribution ratio）といわれる。

$$D = C_o/C_a \qquad (6・2)$$

ここで，C_a, C_oはそれぞれ相a, oにおける物質Aの全濃度を示す。なお，2つの溶媒のうち1つが水である場合，式（6・2）の分母を水相中の濃度，また分子を有機相中の濃度とする。分配比は実験条件に依存する。

6-4-2 抽出百分率

水相から有機相に分配された溶質の割合を表わすのに，式（6・3）に示すように，抽出百分率（percent of extraction）Eが用いられる。

$$E(\%) = \frac{C_o V_o}{C_o V_o + C_a V_a} \times 100 \qquad (6・3)$$

式（6・2）を式（6・3）に当てはめると，式（6・4）を得る。

$$E(\%) = \frac{D}{D + V_a/V_o} \times 100 \qquad (6・4)$$

分配係数
無機化合物ならびに有機化合物の二液相（水相と有機相）間における分配係数については，「化学便覧」の9章に記載されている。

式中の V_a は溶媒 a（通常は水相）の体積，V_o は溶媒 o（通常は有機相）の体積を表わす。

ここで，$V_a = V_o$ の条件で分配比と抽出百分離との関係を概観してみよう。例えば，分配比 D が 10, 100 あるいは 1000 のとき，抽出率はそれぞれ $E(\%) = \{[10/(10+1)] \times 100\} = 90.9\,\%$，$\{[100/(100+1)] \times 100\} = 99.0\,\%$，$\{[1000/(1000+1)] \times 100\} = 99.9\,\%$ となる。定量的抽出には，分配比 D が 1000 以上となる抽出系が必要であることがわかる。なお，組み合わせる溶媒によって分配比を向上させられるが，$D = 10$ のような場合，その向上を狙って溶媒を検討するより，次に述べる抽出をくりかえすことで定量的抽出が可能となる。

6-4-3 効率的な抽出

抽出百分率を上げたい場合，抽出液（extractant）を一度に多量用いるよりも，少量づつ幾回にわけて連続抽出（successive extraction）を行う方が効果的である。

いま，溶媒 a の V_1 mL に存在する物質 A の W_o g を，溶媒 o の V_2 mL で n 回抽出操作を行ったとする。抽出後，溶媒 a に残る物質 A の量 W_n g は，式（6・5）で示される。

$$W_n = \left(\frac{V_1}{DV_2 + V_1}\right)^n W_o \qquad (6\cdot5)$$

この式（6・5）は次の式で用いられる。

$$f_n = \frac{W_n}{W_o} = \left(\frac{V_1}{DV_2 + V_1}\right)^n \qquad (6\cdot6)$$

f_n は n 回抽出後，溶媒 a に残っている物質 A のモル分率を表す。抽出に用いる溶媒 o の全容積を V とすると $V_2 = V/n$ であり，その回数 n を増すことで f_n を減少（抽出百分率は増大する）させることができる。

例えば，$D = 10$ の抽出系において，用いる溶媒 a および溶媒 o の体積をともに 100 mL とし，一度に 100 mL の溶媒 o を用いた場合と，50 mL づつ 2 回にわけて抽出した場合の溶媒 a に残存するモル分率を求めてみよう。

一度に 100 mL 用いて抽出した場合：$f_n = \{100/(10 \times 100 + 100)\} = 9.09 \times 10^{-2}$

50 mL を 2 回に分けて抽出した場合：$f_n = \{100/(10 \times 50 + 100)\}^2 = 2.78 \times 10^{-2}$ となる。

すなわち，同じ量の溶媒を用いているにも関わらず，溶媒 a に残存す

る物質を約 1/3 に減少させ，抽出百分率は 90.9 % から 97.2 % に改善できることがわかる。

このように，少量の溶媒を用いて数回抽出を繰り返すのが効果的な抽出操作で，水相に残る溶質の質量を指数関数的に減少させることができる。多くの場合，$n=3$ 回程度で十分となるように設定すべきで，5回以上の抽出操作を要するときには，分配比が大きくなるように，別の溶媒を検討するのが得策といえる。

6-4-4　キレート試薬を含む有機溶媒による金属イオンの抽出

金属イオンの抽出に用いられるキレート剤を抽出試薬と呼ぶ。金属イオンは親水性であり有機溶媒にはきわめて難溶であるが，親油性のキレート剤とで非電解質型の金属キレートを形成させると有機溶媒に易溶となり有機溶媒に抽出できる。

これらの一連の反応については，図 6-5 に示すように，①キレート剤の分配平衡，②キレート剤の酸解離平衡，③金属イオンとキレート剤との錯生成平衡，④錯体の分配平衡の4種類に区分し，以下のように考える。なお，②および③については水溶液中でのみ起こると考える。このため，金属キレートの抽出は，次の4つの平衡定数で表わされる。

① **抽出試薬の分配平衡**　　$K_{D,HL} = \dfrac{[HL]_o}{[HL]_a}$ 　　(6・7)

　　($HL_a \rightleftarrows HL_o$)

② **抽出試薬の解離平衡**　　$K_a = \dfrac{[H^+][L^-]}{[HL]}$ 　　(6・8)

　　($HL \rightleftarrows H^+ + L^-$)

③ **錯生成平衡**　　$K_f = \dfrac{[ML_n]}{[M^{n+}][L^-]^n}$ 　　(6・9)

　　($M^{n+} + nL^- \rightleftarrows ML_n$)

④ **錯体の分配平衡**　　分配係数　$K_{D,ML_n} = \dfrac{[ML_n]_o}{[ML_n]_a}$　(6・10)

　　($[ML_n]_a \rightleftarrows [ML_n]_o$)

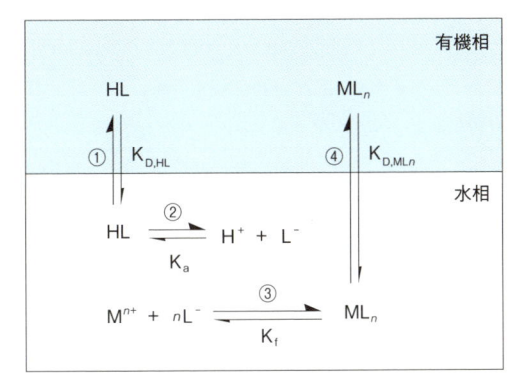

図 6-5　金属キレート抽出平衡の模式図

また，分配比 $D = \dfrac{(C_M)_o}{(C_M)_a}$ (6・11)

③の錯生成平衡において，金属イオンに対してキレート試薬が過剰に存在するとき，錯化学種 $[ML_{n-1}]^+$ や $[ML_{n-2}]^{2+}$ などの生成は無視できるので

$$(C_M)_o = [ML_n]_o \quad (6 \cdot 12)$$
$$(C_M)_a = [M^{n+}]_a + [ML_n]_a \quad (6 \cdot 13)$$

と書け，さらに錯体の有機相への分配が優先するなら，式 (6・13) 中の $[M^{n+}]_a$ は無視できるので，式 (6・11) は式 (6・14) のように近似できる。

$$D = \dfrac{[ML_n]_o}{[ML_n]_a} \quad (6 \cdot 14)$$

これにより，式 (6・7) ～式 (6・10) および式 (6・14) から

$$D = K_{D,ML_n} \cdot K_f \cdot [L^-]_a^n \quad (6 \cdot 15)$$
$$D = \dfrac{K_{D,ML_n} \cdot K_f \cdot K_a^n \cdot [HL]_o^n}{K_{D,HL}^n \cdot [H^+]_a^n} \quad (6 \cdot 16)$$

を得る。すなわち，金属イオンの分配比が定数 K_{D,ML_n}, K_f, $K_{D,HL}$, K_a と $[HL]_o$, $[H^+]_a$ の関数として与えられる。そこで，定数の項を式 (6・17) のようにまとめ，K_{ex} とする。

$$K = \dfrac{K_{D,ML_n} \cdot K_f \cdot K_a^n}{K_{D,HL}^n} = K_{ex} \quad (6 \cdot 17)$$

K_{ex} は**条件抽出定数**（extraction constant）と定義する。この K_{ex} を用いると，式 (6・16) は，次のように簡略化できる。

$$D = K_{ex} \dfrac{[HL]_o^n}{[H^+]_a^n} \quad (6 \cdot 18)$$

さらに，両辺の対数をとると式 (6・19) または式 (6・20) を得る。

$$\log D = \log K_{ex} + n \log [HL]_o - n \log [H^+]_a \quad (6 \cdot 19)$$
$$\log D = \log K_{ex} + n \log [HL]_o + n \,\mathrm{pH} \quad (6 \cdot 20)$$

式 (6・20) より，キレート剤を用いる金属イオンの溶媒抽出では，水相の pH および有機相中のキレート試薬の濃度が大きく影響することがわかる。また，一般的には，水相の pH を変化させながら抽出操作を

行い，pH に対する $\log D$ をプロットすると傾き n の直線が得られることになる。その傾きは，式（6・9）にみる配位子の数に相当し，切片（$\log K_\text{ex}$）からは条件生成定数を求めることができる。

式（6・20）を利用すると，金属イオンの分離の条件が探索できる。その具体例として，次の 1)～3) の順に考えてみよう。

1) 有機溶媒に溶かした HL を用いて，水相の金属イオン M^{2+} を抽出するとした場合，その抽出平衡の反応式は式（6・21）で表わされ，その抽出平衡定数を 5.0×10^{-3} とする。

$$M^{2+}_\text{a} + 2\,\text{HL} \rightleftarrows \text{ML}_{2\text{o}} + 2\,\text{H}^+ \qquad (6\cdot21)$$

$$K = \frac{[\text{ML}_2]_\text{o}[\text{H}^+]_\text{a}^2}{[\text{M}^{2+}]_\text{a}[\text{HL}]_\text{o}^2} = 5.0 \times 10^{-3} \qquad (6\cdot22)$$

まず，式（6・21）が式（6・7）～式（6・10）の 4 種類の化学平衡のまとめであることを考慮して，式（6・22）の分子・分母のそれぞれに $[\text{ML}_2]_\text{a} \cdot [\text{L}^-]_\text{a}^2 \cdot [\text{HL}]_\text{a}^2$ をかけると，式（6・23）を得る。

$$K = \frac{[\text{ML}_2]_\text{o} \cdot [\text{ML}_2]_\text{a} \cdot [\text{L}^-]_\text{a}^2 \cdot [\text{H}^+]_\text{a}^2 \cdot [\text{HL}]_\text{a}^2}{[\text{ML}_2]_\text{a} \cdot [\text{M}^{2+}]_\text{a} \cdot [\text{L}^-]_\text{a}^2 \cdot [\text{HL}]_\text{a}^2 \cdot [\text{HL}]_\text{o}^2} \qquad (6\cdot23)$$

これをさらに整理すると，式（6・24）と書け

$$K = \frac{K_{\text{D,ML}_2} \cdot K_\text{f} \cdot K_\text{a}^2}{K_{\text{D,HL}}^2} = K_\text{ex} \qquad (6\cdot24)$$

抽出平衡定数 K は条件抽出定数 K_ex と等しいことがわかる。

2) 2 種類の金属イオン M_1 および M_2 が含まれる試料水溶液を抽出分離する際，M_1 の 99 % 以上が有機相に分配され，M_2 の 99 % が水相に残存するとき，両イオンは相互分離されるという。その分離の尺度として式（6・25）に示す分離係数 S（separation factor）が用いられる。

$$S = \frac{D_{M1}}{D_{M2}} \qquad (6\cdot25)$$

すなわち，両者の分配比（$D_{M1} \fallingdotseq 10^2$, $D_{M2} \fallingdotseq 10^{-2}$）を式（6・25）に代入すると分離係数が $S \geqq 10^4$ となり，これが分離の目安となる。

3) まず，0.020 M の HL 溶液 10 mL と 0.020 M より低い濃度の M_1^{2+} 溶液 10 mL の条件で，式（6・21）に従い M_1^{2+} が抽出される場合を考える。その抽出率 E が 1, 10, 20, 30, 50, 70, 80, 90, 99, 99.9 % となるときの pH を計算し，pH に対する E を図示してみよう。ただし溶媒の相互溶解は起こらないと考える。

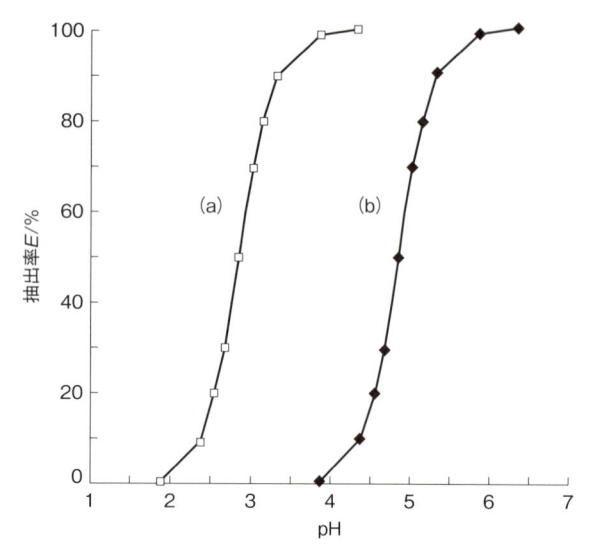

図6-6 pHと抽出率との関係
(a) M_1^{2+} ($K=5.0\times10^{-3}$) の抽出曲線
(b) M_2^{2+} ($K=5.0\times10^{-7}$) の抽出曲線

式 (6・21) に見るように $n=2$ であり，$E=1$ を式 (6・20) にあてはめると，pH = {log(1/99) − log 5.0×10^{-3} − 2 log 0.020}/2 より，pH = 1.85 を得る。同様にして各抽出率について求めると，pH は括弧内の値となり

{$E=10\%$ (2.37); $E=20\%$ (2.55); $E=30\%$ (2.67); $E=50\%$ (2.85); $E=70\%$ (3.03); $E=80\%$ (3.15); $E=90\%$ (3.33); $E=99\%$ (3.85); $E=99.9\%$ (4.35)}

pHに対して E をプロットすると，図6-6の (a) に示す曲線となる。

別の金属イオン M_2^{2+} が同じ抽出過程で抽出され，抽出平衡定数 5.0×10^{-7} であるとして，同様に各抽出率 E (1, 10, 20, 30, 50, 70, 80, 90, 99, 99.9 %) となるときのpHを求めると，{$E=1\%$ (3.85); $E=10\%$ (4.37); $E=20\%$ (4.55); $E=30\%$ (4.67); $E=50\%$ (4.85); $E=70\%$ (5.03); $E=80\%$ (5.15); $E=90\%$ (5.33); $E=99\%$ (5.85); $E=99.9\%$ (6.35)} となり，pHに対して E をプロットすると，図6-6の (b) に示す曲線となる。

これらの結果から，M_1^{2+} と M_2^{2+} の混合溶液をpH 3.85に調節して，抽出操作を行うことによって，両者を定量的に分離できることがわかる。

6-4-5 金属イオンの分離とマスキング剤の利用

式 (6・17) および式 (6・24) にみる，K_{D,ML_n} および K_f の値が金属イオンごとに異なるとともに水相のpHを調節することによっても $\log D$ を変化させられるので，一種類のキレート試薬を用いて溶媒抽出法で金属

イオンの分離が可能となる。しかし，抽出条件を種々検討しても，M_1 と M_2 が同程度の分配比を示し，分離係数 S を 10^4 以上にできないときには，表6-3に示すようなマスキング剤を加えて，いずれか一方の金属イオンを水溶性の錯イオンとする方法がある。

表6-3 溶媒抽出に用いられる代表的なマスキング剤

マスキング剤	マスクされる金属イオン
EDTA	Al, Ba, Bi, Ca, Cd, Ce, Co, Cr, Hf, Hg, Mg, Mn, Ni, Pb など
CN^-	Ag, Au, Cd, Co, Cu, Hg, Ni, Tl, V, Zn など
$S_2O_3^{2-}$	Ag, Au, Cd, Co, Cu, Fe, Pb, Pd など
クエン酸塩 酒石酸塩	Al, Ba, Bi, Ca, Cd, Ce, Co, Cr, Cu, Fe, Hf, Hg, Mg, Mn など

6-4-6 協同効果

前述したように，親水性の金属イオンを抽出するには，非電解質型の金属キレートを形成させることが必要であり，そのために弱酸として働くキレート剤が抽出剤として利用される。ここで，金属イオンの配位数と配位構造の違いによって抽出率が大きく異なることが考えられる。例えば，配位数4の M^{2+} に二座配位子のアセチルアセトン（Hacac）を作用させると，式（6・28）に示すように，非電解質型の $[M(acac)_2]$ が生成するので，有機溶媒に効率よく抽出される。

$$[M(H_2O)_4]^{2+} + 2\,Hacac \rightleftarrows [M(acac)_2] + 4\,H_2O + 2\,H^+ \quad (6・28)$$

一方，配位数6で六配位八面体構造を取りやすい M^{2+} に同じ Hacac を作用させると，式（6・29）に示すように，水分子が配位した $[M(acac)_2(H_2O)_2]$ が生成し，錯体の親水性が高まり抽出率が極端に低下する。そのようなとき，電気的に中性の配位子Bを別途加えることにより，水分子を置換した混合配位子錯体 $[M(acac)_2B_2]$ に導くことで親油性が高まり，抽出率を向上させることができる。

$$[M(H_2O)_6]^{2+} + 2\,Hacac \rightleftarrows [M(acac)_2(H_2O)_2] + 4\,H_2O + 2\,H^+$$
$$(6・29)$$

$$[M(acac)_2(H_2O)_2] + 2\,B \rightleftarrows [M(acac)_2B_2] + 2\,H_2O \quad (6・30)$$

後者の抽出系のように，目的とする金属イオンに抽出剤として2種類の試薬を用いることによって，それぞれ単独で用いた場合の抽出率を飛躍的に高めることができる。このとき起こる現象を協同効果（synergistic effect）という。

このほか，ウラン（VI）を含む硝酸水溶液をシクロヘキサンで抽出する際，抽出剤としてリン酸トリブチル（TBP）のみを用いた場合，抽

界面活性剤

1分子中に親油基と親水基をもつ化合物を**界面活性剤**（surfactant, or surface active agent）という。陽イオン界面活性剤，陰イオン界面活性剤，非イオン性界面活性剤，両性界面活性剤などがある。各種洗剤から化粧品，食品（マヨネーズやアイスクリーム等）に至るまで様々な製品に界面活性剤が利用されている。

出される化学種が $UO_2(NO_3)_2(TBP)_2$ で抽出率は 0.06 % に止まる。また，抽出剤にトリフルオロ-2-テノイルアセトン（Htaa）のみを用いた場合 $UO_2(taa)_2$ が 6 % で抽出される。一方，TBP と Htaa とを共存させると，$UO_2(taa)_2(TBP)$ が 99.9 % で抽出される例は，代表的な協同効果といえる。

6-5 溶媒抽出の実際

溶媒抽出は，金属イオンの分離分析法の手段を見出すための基礎研究にみられるが，その応用面としては，機器分析するための前処理法として利用されている。その代表的な具体例を以下に示す。

(1) 物質の溶解性の違いを利用する方法

1) n-ヘキサン抽出物質

環境基本法の生活環境項目のなかに，n-ヘキサン抽出物質（鉱油類含有量）および n-ヘキサン抽出物質（動植物油脂類含有量）が分析対象項目として設けられており，それぞれの許容限度が 5 mg/L および 30 mg/L と定められている。環境試料水中に存在する種々雑多な n-ヘキサン可溶物を取り出す方法として溶媒抽出が利用されている。1～2 L の試料溶液を pH 4 と酸性にした後，n-ヘキサンを 20 mL ずつ計 4 回に分けて加えて，油類を抽出したのち，有機層を水で洗浄する。得られた有機層を蒸発させて残った物質の重量が測定されている。詳細については，JIS K0102 を参照されたい。

2) 環境ホルモンならびに農薬類の特定物質の分析

工業用水ならびに工場排水中のビスフェノール A 試験方法（JIS K0450-10-10）の試料の前処理法に溶媒抽出法が利用されている。ビスフェノール A：4,4′-(1-メチルエチリデン) ビスフェノールは内分泌攪乱物質（環境ホルモン）の 1 つとされる物質で，他にアルキルフェノール類（JIS K0450-20-10）やフタル酸エステル類（JIS K0450-30-10）がある。毒性が強いとされるダイオキシンや農薬の分析の前処理法においても，夾雑物からの分離法として溶媒抽出が行われ，その後，ガスクロマトグラフ質量分析法で定量される。例えば，ビスフェノール A の前処理では，採取された試料の適量（例えば 1 L）を分液ロートにとり，塩酸（1 mol/L）を加えて pH を約 3 に調製し，液量 1 L あたりに塩化ナトリウム 30 g を加える。続いてビスフェノール A-d_{16}（重水素化したもの）内標準液（1 μg/mL-アセトン）100 μL を，マイクロシリンジを用いて添加し，液量 1 L にジクロロメタン 50 mL を加えて，振とう器を用いて約 10 分間降り混ぜ，放置する。ジクロロメタン層を共栓三

塩析とは
一般に有機化合物の水への溶解度は，その水溶液に電解質の無機塩類を溶かすと，著しく減少する。この操作を塩析（salting out）という。塩析を利用すると有機化合物の有機溶媒相への抽出がより容易となる。このため，有機合成実験等での粗生成物の分離精製によく利用される。無機塩としては安価な塩化ナトリウムがよく用いられる。

角フラスコに移し入れる。分液ロートの水相の液量 1 L についてジクロロメタン 50 mL を加えて，先と同様に振り混ぜたのち，先のジクロロメタンと合わせる。この一連の抽出操作は 2 回で良いとされている。

ダイオキシン類の抽出では，排煙装置から捕集された試料を塩酸処理と洗浄を行い，塩酸溶液およびメタノール洗浄液 1 L にジクロロメタンを 50 mL ずつ 2 回加えて，抽出している。

(2) キレート生成を利用する方法

工場排水試験方法である JIS K0102 で多くの金属イオン（Cu, Zn, Pb, Cd, Mn, Fe, Al, Ni, Co, As, Sb, Sn, Bi, Cr, Hg, Se, Mo, W, V：記載順）の分析方法が定められている。この場合，試料水には多くの金属イオンあるいは有機化合物などが含まれており，その中から特定の金属イオンを取り出すためにキレート生成を応用した溶媒抽出が利用されている。その代表的な例を示す。

1）抽出操作と吸光光度法の組合せ

銅のジエチルジチオカルバミド酸吸光光度法：試料中に共存する金属元素のマスキング剤としてクエン酸塩および EDTA を加えて，アンモニア水で約 pH 9 とした後，N,N-ジエチルジチオカルバミン酸ナトリウムを加え，生成する黄褐色の銅錯体を酢酸ブチルで抽出する。その際に，銅錯体だけが分離される。その酢酸ブチル溶液の吸収スペクトルを測定し，$\lambda = 440$ nm の吸収極大における吸光度から銅の濃度を求める。

2）前処理法

上記 1）とほぼ同様の条件で，試料溶液中で N,N-ジエチルジチオカルバミン酸の銅錯体を生成させ，酢酸ブチルで抽出して，銅イオンのみを分離する。ついで，酢酸ブチルを蒸発させたのち，硝酸および過塩素酸により錯体を酸化分解して，銅（Ⅱ）イオンの水溶液とし，原子吸光分析法で定量している。

吸光度

金属イオンの紫外可視吸光光度法により濃度測定で利用される。錯体の電荷移動吸収帯における光の吸収する度合いを吸光度（absorbance）という。ブーゲー・ベールの法則（ランベルト・ベールの法則とも呼ばれる）：$A = \varepsilon l C$ により，吸光度 A は，光路長 l とモル濃度 C に比例関係があるので，既知濃度の試料の吸光度を測定し，検量線を作成しておけば，濃度未知の吸光度を測定すると濃度を求めることができる。詳細は，「入門機器分析化学」，三共出版を参照せよ。

練習問題

以下の練習問題では，水と溶媒の相互溶解は無視して答えよ。

6-1

水−クロロホルム抽出系において，化合物 A の分配係数が 5.00 であり，20.0 mg/L の化合物 A の水溶液が 40.0 mL ある。以下の問いに答えよ。

1) ⓐ 40.0 mL あるいはⓑ 400 mL のクロロホルムで 1 回抽出するとき，水相に残る A の質量および抽出百分率をそれぞれ求めよ。
2) 化合物 A を 1 回の抽出操作で定量的に抽出するには，何 mL のクロロホルムが必要か。必要なクロロホルムの体積を求めよ。

6-2

化合物 A のトルエンと水との間の分配比は 6.70 である。A の水溶液の 80.0 mL を次の 2 つの条件でトルエンに抽出した場合の各々の抽出率を求め，ⓐ，ⓑのどちらの抽出条件が有効か述べよ。

ⓐ 100 mL で 1 回抽出，ⓑ 20.0 mL ずつで 5 回抽出

6-3

化合物 A の 80.0 mL の水溶液がジクロロメタンの 30.0 mL で 2 回抽出された。抽出後の水相には A が 1.00 % 残っていることがわかった。この系における A の分配比を求めよ。

6-4

化合物 A を含む水溶液 10.0 mL を同じ体積のジエチルエーテルで抽出するとき，分配比 $D = 9.0$ である。A の 99.9 % を抽出するには，少なくとも何回抽出操作を繰り返さねばならないか。

6-5

化合物 A のクロロホルムと水との間の分配比は 7.00 である。A の 0.800 g を含む水溶液の 150 mL から少なくとも 99.5 % の A を取り除くには，クロロホルム 50.0 mL を用いて何回抽出を繰り返せば良いか。最小抽出回数を求めよ。また，回数毎に取り除かれる A の質量を求めよ。

6-6

0.1200 M の一塩基弱酸 HA の水溶液 100 mL にクロロホルム 60.0 mL を加えて溶媒抽出を行った。抽出後の水相 20.0 mL を 0.1000 M NaOH 溶液で滴定したところ，終点までに要した NaOH の体積は 12.00 mL であった。この系における HA の分配比を求めよ。

6-7

酸解離定数の値が K_a である一塩基弱酸 HA の水溶液を有機溶媒相と振り混ぜ，抽出したい。有機相に抽出される化学種は未解離の HA であるので，この系では水相の pH の影響を受けると考えられる。その分配係数の値が K_D とし，分配比の水素イオン濃度依存性を表わす式を導け。

6-8

一塩基弱酸 HA の水溶液を有機溶媒で抽出する系において，HA の分

配比が 35.0 であり，pH 6.50 の条件で抽出したとき，HA の抽出百分率が 20.0 % であった。HA の解離定数の値を求めよ。

6-9

酸解離定数 $K_{a1} = 1.0 \times 10^{-3}$ および $K_{a2} = 1.0 \times 10^{-8}$ の 2 種類の弱酸 HA_1 と HA_2 を，有機溶媒を用いて定量的に抽出分離したい。各々の分配係数は $K_{DHA1} = 12$, $K_{DHA2} = 1200$ とする。

1) pH = 4.0, 5.0, 6.0, 7.0, 8.0 における各々の分配比 D_{HA1} および D_{HA2} の値を求めよ。
2) 定量的な抽出分離の条件が，両分配係数の比が 10^4 を超えれば良いとし，そうするための最小の pH 値を求めよ。

6-10

8-ヒドロキシキノリン，$C_9H_6(OH)N$（BH と略す）は，酸性の水溶液中では $C_9H_6(OH)NH^+$（BH_2^+ と略す），一方，アルカリ性溶液中では $C_9H_6(O^-)N$（B^- と略す）として存在する。8-ヒドロキシキノリンの水溶液からクロロホルム相に抽出される化学種は中性の BH で，その分配係数 $K_D = 720$ である。また，BH_2^+ の酸解離定数は $K_1 = 8.0 \times 10^{-6}$，$K_2 = 1.5 \times 10^{-10}$ とし，次の問いに答えよ。

1) 8-ヒドロキシキノリンの分配比 D に及ぼす水相の $[H^+]$ の影響を示す式を誘導せよ。
2) D が最大となる pH を求めよ。

6-11

水相の pH を変化させながら，金属イオン M^{3+} をキレート剤（HL）で抽出し，次の結果を得た。

pH	2.0	2.5	3.0	3.5	4.0
D	2.4×10^{-4}	7.6×10^{-3}	0.24	7.6	240

有機相中のキレート剤の濃度，[HL] = 0.040 M とし，抽出定数と抽出された錯化学種について配位子の数を求めよ。

課題 6-1　分析化学便覧の基礎編 II より，次の金属イオンの分離操作で利用されている抽出系を調べ，金属グループごとに抽出剤の違いをまとめよ。

　　　　　① K^+，② Ba^{2+}，③ Fe^{3+}，④ Ni^{2+}，⑤ Ag^+，⑥ Hg^{2+}

課題 6-2　HL（$K_a = 1.00 \times 10^{-9}$）は 2 座配位子として作用し，次の配位数 4 の金属イオンと非電解質型錯体 ML_2（$K_{ML2} = 1.00 \times 10^8$）を形成

する。この錯体の溶媒抽出における水相のpHと抽出率の関係を図示せよ。ただし，錯体および配位子の分配係数はそれぞれ$K_{D,ML2}=2.00\times 10^3$, $K_{D,HL}=1.00\times 10^2$とし，水相中の金属イオン濃度は1.00×10^{-4} M, HLの濃度は1.00×10^{-1} Mでその100 mLを同体積の有機溶媒で振り混ぜるとし，相互溶解は無視できるとする。

宿 題

1. ダニエル電池・ボルタ電池の起電力について調べよ。
2. 陽極・陰極，負極・正極なる語句の定義を調べよ。

7章　酸化還元平衡および酸化還元滴定

到達目標
ネルンストの式を活用できる。
電極電位と起電力を求めることができる。
半反応を組み合わせて酸化還元滴定への応用性を判断し，指示薬の選択ができる。
酸化還元滴定における滴定過程の電位が計算できる。

7-1　酸化還元平衡と電極電位

1章に述べたように，酸化（oxidation）は，化合物中のある元素が電子を放出してより高い酸化状態となる変化のことであり，還元（reduction）は化合物中のある元素が電子を獲得してより低い酸化状態となる変化であると定義される。これらの変化は酸化還元反応（oxidation reduction reaction, or redox reaction）において見られるもので，どちらかが単独で起こることはあり得ない。すなわち，酸化還元反応は，相手の物質を酸化して自らは還元される酸化剤（oxidizing agent）と，相手の物質を還元して自らは酸化される還元剤（reducing agent）との反応であるといえる。酸化数の数え方及び反応式の書き方については，1-1-2で記した。その際，水分子や水素イオンを適度に書き加えて半反応式を完成させた。また，半反応式を組み合わせていくらでも酸化還元反応式を完成できることを学んだ。

本章では，酸化電位とネルンスト式を用いることによって，反応式に水素イオンが関与するか否か，酸化還元反応がどの程度に進行するかを判断できること，また，酸化還元反応に基づく滴定法について応用できるか否か滴定条件を設定できることなどを説明する。

7-1-1　電極電位とネルンストの式

酸化還元反応式は2つの半反応において移動する電子の物質量を揃えることで導かれるが，まず，式（7・1）に示す半反応について，ギブスの自由エネルギー変化をあてはめ，反応前後のエネルギー変化を求めるとする。

$$\mathrm{Ox} + n e \rightleftarrows \mathrm{Red} \qquad (7\cdot 1)$$

この半反応系における自由エネルギー変化は

$$\Delta G = \Delta G° + RT \ln \frac{a_{\text{Red}}}{a_{\text{OX}}} \qquad (7\cdot2)$$

となる。ここで，$-\Delta G = nFE$ であるので（F：ファラデー定数，E：電極電位），次のようになる。

$$-nFE = -nFE° + RT \ln \frac{a_{\text{Red}}}{a_{\text{OX}}} \qquad (7\cdot3)$$

両辺を $-nF$ で除すと次式を得る。

$$E = E° + \frac{RT}{nF} \ln \frac{a_{\text{Ox}}}{a_{\text{Red}}} \qquad (7\cdot4)$$

この式（7・4）はネルンストの式（Nernst equation）と呼ばれる。

　ある物質の酸化されやすさや還元されやすさの絶対的な傾向は，電極電位（E）からわかる。しかし，その系単独の電極電位は測定できないので，水素イオンと水素との半反応（$2\text{H}^+ + 2\text{e} \rightleftarrows \text{H}_2$）に基づく電位を 0.000 V とし，これを基準にして相対的に決められている。すなわち，図 7-1 に示すような電池を構成して，半電池（$\text{M}^{n+} + n\text{e} \rightleftarrows \text{M}$）の電極電位が測定される。

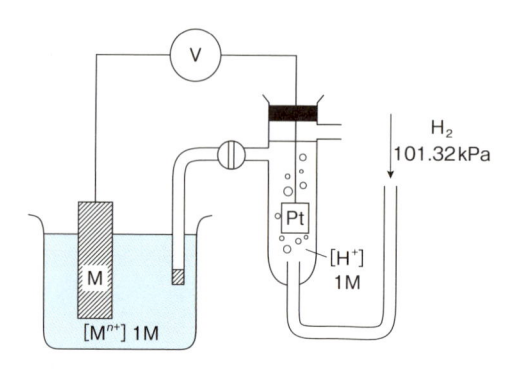

電池の式：M｜M^{n+}(1M)‖H$^+$(1M)｜H$_2$｜Pt

図 7-1　電極電位測定の模式図

　この場合，電池の式としては，M｜M^{n+}(1 M)‖H$^+$(1 M)｜H$_2$｜Pt で表わされる。式中の記号｜は界面を，‖は塩橋を表し，括弧内の値は各々のイオンの活量を表わす。よって，この場合の電池の式は，金属 M を 1 mol/dm^3 の M^{n+} の水溶液に浸し，一方，1 mol/dm^3 の H$^+$ の水溶液に白金板を挿入し，水素を吹き込み，両相を塩橋（salt bridge）で連結して，金属 M と Pt 間の電位（電圧）を計ることを示す。この時，電子の移動は起こらないので，酸化還元は起こらない。

　片方の半電池を標準水素電極（normal hydrogen electrode; NHE と

略す：Pt 電極，H^+ の活量 $= 1\,\mathrm{mol/dm^3}$，水素ガス $= 101.32\,\mathrm{kPa}$，25 ℃）とし，もう片方の半電池を目的物質とするとき，両電極のあいだに発生する起電力（電極電位）を**標準電極電位**（standard electrode potential: E^0）または**標準酸化還元電位**（standard oxidation-reduction potential or standard redox potential: E^0）と定める。

表 7-1 に代表的な半反応と標準電極電位（標準酸化還元電位）を示す。E^0 の値が正で数値が大きいほど，酸化還元対の酸化体が水素イオンより強い酸化剤として作用することを示す。すなわち，E^0 が正で数値が大きいほど，半反応が右方向に進みやすく，左辺に記載されている酸化体が還元されやすいことを示す。逆に，負で数値が大きいほど，半反応が左方向に進みやすく，還元体が酸化体になりやすいことを示す。このように，その数値で酸化されやすさ，還元されやすさを定量的に判断できるので，金属のイオン化傾向を暗記しなくてよい。

表 7-1 標準電極（酸化還元）電位 E^0 (vs. NHE)

半電池反応	E^0/V	半電池反応	E^0/V
$Li^+ + e \rightleftarrows Li$	-3.04	$AgI + e \rightleftarrows Ag + I^-$	-0.151
$K^+ + e \rightleftarrows K$	-2.92	$NO_2^- + H_2O + e \rightleftarrows NO + 2OH^-$	-0.46
$Ba^{2+} + 2e \rightleftarrows Ba$	-2.9	$Cr^{3+} + e \rightleftarrows Cr^{2+}$	-0.41
$Sr^{2+} + 2e \rightleftarrows Sr$	-2.89	$CrO_4^{2-} + 4H_2O + 3e \rightleftarrows [Cr(OH)_4]^- + 4OH^-$	-0.17
$Ca^{2+} + 2e \rightleftarrows Ca$	-2.87	$NO_3^- + 4H_2O + 2e \rightleftarrows NO_2^- + 2OH^-$	$+0.01$
$Na^+ + e \rightleftarrows Na$	-2.71	$AgBr + e \rightleftarrows Ag + Br^-$	$+0.095$
$Mg^{2+} + 2e \rightleftarrows Mg$	-2.37	$Sn^{4+} + 2e \rightleftarrows Sn^{2+}$	$+0.15$
$Al^{3+} + 3e \rightleftarrows Al$	-1.66	$Cu^{2+} + e \rightleftarrows Cu^+$	$+0.153$
$Ti^{2+} + 2e \rightleftarrows Ti$	-1.63	$SO_4^{2-} + 4H^+ + 2e \rightleftarrows H_2SO_3 + H_2O$	$+0.17$
$Mn^{2+} + 2e \rightleftarrows Mn$	-1.18	$AgCl + e \rightleftarrows Ag + Cl^-$	$+0.2224$
$Zn^{2+} + 2e \rightleftarrows Zn$	-0.763	$Hg_2Cl_2 + 2e \rightleftarrows 2Hg + 2Cl^-$	$+0.268$
$Cr^{3+} + 3e \rightleftarrows Cr$	-0.74	$2H_2SO_3 + 2H^+ + 2e \rightleftarrows S_2O_3^{2-} + 3H_2O$	$+0.40$
$Fe^{2+} + 2e \rightleftarrows Fe$	-0.440	$I_2 + 2e \rightleftarrows 2I^-$	$+0.5355$
$Cd^{2+} + 2e \rightleftarrows Cd$	-0.403	$O_2 + 2H^+ + 2e \rightleftarrows 2H_2O_2$	$+0.682$
$Co^{2+} + 2e \rightleftarrows Co$	-0.277	$Fe^{3+} + e \rightleftarrows Fe^{2+}$	$+0.771$
$Ni^{2+} + 2e \rightleftarrows Ni$	-0.250	$Br_2 + 2e \rightleftarrows 2Br^-$	$+1.065$
$Sn^{2+} + 2e \rightleftarrows Sn$	-0.136	$O_2 + 4H^+ + 4e \rightleftarrows 2H_2O$	$+1.229$
$Pb^{2+} + 2e \rightleftarrows Pb$	-0.129	$Cr_2O_7^{2-} + 14H^+ + 6e \rightleftarrows 2Cr^{3+} + 7H_2O$	$+1.33$
$2H^+ + 2e \rightleftarrows H_2$	0.000	$Cl_2 + 2e \rightleftarrows 2Cl^-$	$+1.359$
$Cu^{2+} + 2e \rightleftarrows Cu$	$+0.337$	$MnO_4^- + 8H^+ + 5e \rightleftarrows 2Mn^{2+} + 4H_2O$	$+1.51$
$Cu^+ + e \rightleftarrows Cu$	$+0.521$	$Ce^{4+} + e \rightleftarrows Ce^{3+}$	$+1.695$
$Hg^{2+} + 2e \rightleftarrows 2Hg$	$+0.789$	$MnO_4^- + 4H^+ + 3e \rightleftarrows MnO_2 + 2H_2O$	$+1.695$
$Ag^+ + e \rightleftarrows Ag$	$+0.799$	$H_2O_2 + 2H^+ + 2e \rightleftarrows 2H_2O$	$+1.77$
$Pt^{2+} + 2e \rightleftarrows Pt$	$+1.19$	$Co^{3+} + e \rightleftarrows Co^{2+}$	$+1.82$
$Au^{3+} + 3e \rightleftarrows Au$	$+1.5$	$F_2 + 2e \rightleftarrows 2F^-$	$+2.85$

「化学便覧 基礎編Ⅱ」, 丸善出版 (1984)

さて，式（7・4）中の R は気体定数（$8.3145\,\mathrm{VCK^{-1}mol^{-1}}$），$T$ は絶対温度，F はファラデー定数（$96484.56\,\mathrm{C\,mol^{-1}}$），$n$ は半電池反応に関与する電子の物質量（mol），a_{Ox}：酸化還元対の酸化体の活量 a_{Red}：酸化還元対の還元体の活量を示す。

したがって，25℃における E を求める際には下記のように示される[*1]。

$$E = E^\circ + \frac{2.303 \times 8.3145 \times (273+25)}{n \times 96485} \log \frac{a_{\mathrm{Ox}}}{a_{\mathrm{Red}}}$$
$$= E^\circ + \frac{0.0592}{n} \log \frac{a_{\mathrm{Ox}}}{a_{\mathrm{Red}}} \tag{7・5}$$

*1 式（7・5）において $T = 273.15 + 25$ としている。

なお，活量は活量係数（f）とモル濃度の積であるから，式（7・5）は次のように表わされる。

$$E = E^\circ + \frac{0.0592}{n} \log \frac{f_{\mathrm{Ox}}}{f_{\mathrm{Red}}} + \frac{0.0592}{n} \log \frac{[\mathrm{Ox}]}{[\mathrm{Red}]} \tag{7・6}$$

式（7・6）の右辺の第2項までを $E^{\circ\prime}$ とすると

$$E = E^{\circ\prime} + \frac{0.0592}{n} \log \frac{[\mathrm{Ox}]}{[\mathrm{Red}]} \tag{7・7}$$

となる。活量係数は溶液中のイオン強度などによって変化するので，この $E^{\circ\prime}$ を**式量電位**（formal potential）または**条件標準電位**（conditional standard potential）といい，定められた条件下における（通常は酸化体と還元体の単位式量濃度または濃度比での）電位 E を示す。なお，日常的な計算では，$E^\circ = E^{\circ\prime}$ としてさしつかえない。

なお，標準酸化還元電位は参照電極（基準電極）として NHE を用いた場合の値であるが，実際には構造が複雑で壊れやすい NHE の代りに表7-2 に示す甘こう電極や銀−塩化銀電極を用いられていたが，現在，甘こう電極は使用できない。これらの参照電極を用いて測定した場合，対 NHE の値に換算するか，用いた参照電極を明記しなければならない。

表7-2 参照電極の種類と電位（25℃）

種類 と 略記号	組 成	E/volt vs. NHE
飽和甘こう電極（SCE）	$\mathrm{Hg \mid Hg_2Cl_2 \mid KCl}$（飽和）	0.2412
甘こう電極（NCE）	$\mathrm{Hg \mid Hg_2Cl_2 \mid KCl}$（1M）	0.2801
甘こう電極（1/10NCE）	$\mathrm{Hg \mid Hg_2Cl_2 \mid KCl}$（0.1M）	0.3337
銀−塩化銀電極	$\mathrm{Ag \mid AgCl \mid KCl}$（飽和）	0.199

注：2013年10月に水俣条約が採択されたことから，今後甘こう電極は利用できない。

例えば，未知の2つの電極 A および B をそれぞれ，銀−塩化銀電極（0.199 V vs. NHE）と組み合わせて電位を測定したところ，A：−

1.040 V，B：+0.060 V であったとする。

各電極の対 NHE の値に換算すると

A：−1.040+0.199＝−0.841 V vs.NHE

B：0.060+0.199＝0.259 V vs.NHE となる。

7-2 電極電位におよぼす種々の影響

種々の測定条件下における電極電位について述べる。なお，各々の電位は，測定温度 25 ℃ で対標準水素電極の値とする。

7-2-1 金属を金属イオンの溶液に浸した場合

金属 M を金属イオン M^{n+} の溶液に浸した場合の電極電位については，標準状態における金属 M の活量は1と定義されているので，式（7・4）および式（7・7）の分母 a_{Red} または [Red] は省略され，次式で与えられる。

$$E = E^\circ + \frac{0.0592}{n} \log a_{M^{n+}} = E^{\circ\prime} + \frac{0.0592}{n} \log[M^{n+}] \qquad (7・8)$$

例えば，$Cu^{2+}+2e \rightleftarrows Cu$ と $Zn^{2+}+2e \rightleftarrows Zn$ とを組み合わせた場合，その間の電位差は**起電力**（electromotive force: EMF）と呼ばれ，次式から各々求めた E_{Cu} と E_{Zn} の差に等しい。

$$E_{Cu} = E^\circ_{Cu} + \frac{0.0592}{2} \log[Cu^{2+}], \qquad E_{Zn} = E^\circ_{Zn} + \frac{0.0592}{2} \log[Zn^{2+}]$$

なお，この組合せの電池をダニエル電池と称す。

7-2-2 半反応に水素イオンが関与する場合

水素イオンあるいは水酸化物イオンが半反応に関与する場合，その系の電極電位は [H^+] の影響を受ける。この影響を調べるには，測定溶液に白金電極と参照電極とを浸し，水素イオン濃度を変化させながら電位を測定することになる。

例えば，過マンガン酸イオンの半反応に見られるように，その酸化力には水素イオンが影響すると考えられる。ネルンストの式に当てはめると，式（7・9）で示されるように，測定される電位は水素イオン濃度によって異なることがわかる。

$$MnO_4^- + 8H^+ + 5e \rightleftharpoons Mn^{2+} + 4H_2O$$

$$E = E° + \frac{0.0592}{5} \log \frac{[MnO_4^-][H^+]^8}{[Mn^{2+}]}$$

$$= E° + \frac{0.0592}{5} \log \frac{[MnO_4^-]}{[Mn^{2+}]} + 0.0947 \log[H^+] \quad (7\cdot9)$$

ここで,$[H^+] = 1 \times 10^{-3}$ M,1 M または 10 M とし,電位がどのように変化するかを求めると

1×10^{-3} M では -0.248 V,1 M では 0 V,10 M では $+0.0947$ V

となり,水素イオン濃度の増加にともなって,電位が高くなり,酸化力が向上することがわかる。このこともあって,過マンガン酸カリウムを酸化剤として用いるときは,硫酸酸性*とされる。なお,中性ないしアルカリ性では,半反応は $MnO_4^- + 4H^+ + 3e \rightleftharpoons MnO_2 + 2H_2O$ となる。

硫酸は使えても塩酸は使えない
最も扱いやすい酸は塩酸や酢酸であるが,それらは過マンガン酸イオンで酸化されるので,酸性とするのに用いることはできない。鉄(Ⅱ)イオンの過マンガン酸カリウムによる分析法は,よく知られるが,先の理由により,塩化鉄(Ⅱ)や酢酸鉄(Ⅱ)をそのまま定量することはできない。

7-2-3 沈殿生成や錯生成反応が関与する場合
　　　　（ネルンストの式の利用例）

次のような場合,測定溶液に白金線と参照電極を挿入して電位を測定することができる。また,その測定結果から生成定数などを求めることができる。

(1) 沈殿生成と酸化還元反応

$Ag^+ + e \rightleftharpoons Ag$ なる系に塩化物イオンが存在して AgCl が生成する場合,AgCl の溶解度積を考慮して $[Ag^+]$ を求めることになる。

$$Ag^+ + Cl^- \rightleftharpoons AgCl \quad K_{sp} = [Ag^+][Cl^-]$$

$Ag^+ + e \rightleftharpoons Ag$ 単独の場合の電極電位は,式 (7・10) で求められるが

$$E = E° + 0.0592 \log [Ag^+] \quad (7\cdot10)$$

塩化物イオン共存下では式 (7・10) 中の $[Ag^+]$ を $[Ag^+] = K_{sp}/[Cl^-]$ とした式 (7・11) で表わされる。

$$E = E° + 0.0592 \log \frac{K_{sp}}{[Cl^-]} = E° + 0.0592 \log K_{sp} - 0.0592 \log [Cl^-] \quad (7\cdot11)$$

式 (7・11) は,既知の $[Cl^-]$ において,電極電位を測定することによって AgCl の溶解度積が算出できる。一方,溶解度積の値が既知であれば $[Cl^-]$ が求められることを示す。

(2) 錯生成反応と酸化還元反応

$Ag^+ + e \rightleftarrows Ag$ なる系にアンモニアが共存し $[Ag(NH_3)_2]^+$ が生成する場合についても，上記と同様に $[Ag(NH_3)_2]^+$ の生成定数から求めた $[Ag^+]$ を式 (7・10) にあてはめるとよい。

アンミン錯イオンの生成について，5章に示したように，次の2つの平衡関係が成り立つ。

$$Ag^+ + NH_3 \rightleftarrows [Ag(NH_3)]^+ \qquad K_1 = \frac{[Ag(NH_3)^+]}{[Ag^+][NH_3]}$$

$$[Ag(NH_3)]^+ + NH_3 \rightleftarrows [Ag(NH_3)_2]^+ \qquad K_2 = \frac{[Ag(NH_3)_2^+]}{[Ag(NH_3)^+][NH_3]}$$

いま，銀イオンの全濃度を C_{Ag} とすると式 (7・12) となる。

$$C_{Ag} = [Ag^+] + [Ag(NH_3)^+] + [Ag(NH_3)_2^+] \qquad (7・12)$$

ここで，$[Ag^+]$ のモル分率は，5-2-1 の式 (5・16) に従い

$$\frac{C_{Ag}}{[Ag^+]} = 1 + \frac{[Ag(NH_3)^+]}{[Ag^+]} + \frac{[Ag(NH_3)_2^+]}{[Ag^+]}$$

とし，これに K_1 および K_2 を整理し代入することにより式 (7・13) を得る。

$$\frac{C_{Ag}}{[Ag^+]} = 1 + K_1[NH_3] + K_1 K_2 [NH_3]^2 \qquad (7・13)$$

さらに，式 (7・13) を逆数 $\{[Ag^+]/C_{Ag} = 1/(1 + K_1[NH_3] + K_1 K_2 [NH_3]^2)\}$ とし，式 (7・10) に代入すると次式になる。

$$E = E^\circ + 0.0592 \log C_{Ag} - 0.0592 \log(1 + K_1[NH_3] + K_1 K_2 [NH_3]^2)$$
$$(7・14)$$

銀イオン単独の場合，$Ag|Ag^+ (1.00 \text{ M})$ の電極電位は，$E = +0.799$ V を示すが，$[NH_3] = 1.00$ M で NH_3 が共存する場合，$C_{Ag} = 1.00$ M，$K_1 = 2.00 \times 10^3$，$K_2 = 8.51 \times 10^3$ であり

$E = 0.799 + 0.0592 \log 1.00 - 0.0592 \log \{1 + 2.00 \times 10^3 + (2.00 \times 10^3) \times (8.51 \times 10^3)\} = 0.371$ V となる。

一方，これを利用して錯生成定数を求めることができる。

EDTA(H_4Y と略) の銅(II)錯体の濃度，$[CuY^{2-}] = 2.0 \times 10^{-4}$ M，配位子濃度 $[Y^{4-}] = 4.0 \times 10^{-3}$ M で共存する溶液の電位を測定したところ，-0.258 V (vs. NHE) であったとしよう。

$$Cu^{2+} + 2e \rightleftarrows Cu \qquad E^\circ = +0.337 \text{ V}$$

$-0.258 = 0.337 + 0.0592/2 \times \log[Cu^{2+}]$ より，フリーの $[Cu^{2+}] = 7.9 \times 10^{-21}$ M となる。

錯生成反応，$Cu^{2+} + Y^{4-} \rightleftarrows CuY^{2-}$ より $K_{CuY^{2-}} = \dfrac{[CuY^{2-}]}{[Cu^{2+}][Y^{4-}]}$

ここで，$[CuY^{2-}] = 2.0 \times 10^{-4}$ M，$[Y^{4-}] = 4.0 \times 10^{-3}$ M に比べて $[Cu^{2+}] = 7.9 \times 10^{-21}$ M と極めて小さな値なので，$[CuY^{2-}]$，$[Y^{4-}]$ は変化しないとみなせる。よって，各々の値を用いて

$$K_{CuY^{2-}} = \frac{2.0 \times 10^{-4}}{7.9 \times 10^{-21} \times 4.0 \times 10^{-3}} = 6.3 \times 10^{18} \text{ M}^{-1}$$

と求められる。

7–3 酸化還元反応の平衡定数と平衡時の電位

2つの半反応を組み合わせて酸化還元反応式を書くことができる。その反応が起こるか否か，さらに，反応するのであれば定量的（99.9 % 以上）に進行するか否かを標準酸化還元電位から見積ることができる。また，当量点における電位をあらかじめ計算し，その電位に近い変色域をもつ指示薬を選択することになる。すなわち，新たな酸化還元滴定法への可能性や条件設定ができる。この場合，白金電極と参照電極を反応溶液に浸し，滴定液を加えながら酸化還元電位を測定することが可能で，自動ピストンビュレットを備えた電位差測定装置が開発されている。

7–3–1 （1：1）反応の場合

(1) 平衡定数

酸化還元反応で両半反応の移動する電子数が等しい場合，式（7・15）に示すように等モル反応となる。この反応の平衡定数 K を求めてみよう。

$$\begin{aligned}
&Ox_1 + ne \rightleftarrows Red_1 \qquad &&\text{標準電極電位の値} = E_1^\circ \\
&Ox_2 + ne \rightleftarrows Red_2 \qquad &&\text{標準電極電位の値} = E_2^\circ \\
&Ox_1 + Red_2 \rightleftarrows Red_1 + Ox_2, \qquad K = \frac{[Red_1][Ox_2]}{[Ox_1][Red_2]} \quad (7 \cdot 15)
\end{aligned}$$

この反応が左右のどちらに進むかは，E_1° と E_2° より判断できる。E_1° が大きければ酸化力が強いので，相手を酸化し，自らは還元される右向きに反応すると予測できる。しかし，実際には，各々の酸化体と還元体の

存在量によっても電位が異なるので，E_1 と E_2 を比較することになる。

各々の半反応の電位を E_1 および E_2 とすると

$$E_1 = E_1^\circ + \frac{0.0592}{n} \log \frac{[\text{Ox}_1]}{[\text{Red}_1]} \qquad (7\cdot16)$$

$$E_2 = E_2^\circ + \frac{0.0592}{n} \log \frac{[\text{Ox}_2]}{[\text{Red}_2]} \qquad (7\cdot17)$$

で与えられる。

ここで，$E_1 > E_2$ である場合，導線で接続すると両液を混合した状態と同じとなり，式 (7・15) の酸化還元反応が進行する。反応の進行にともなって，E_1 が徐々に低下しながら E_2 が上昇することになる。そのように電位が変化するためには，Ox_1 が減少して Red_1 が増加すると同時に Red_2 が減少して Ox_2 が増加することになる。すなわち，反応は右向きに進む。一方，$E_1 < E_2$ ならば，反応は左向きに進むことになる。そうして $E_1 = E_2$ となるまで反応し，いわゆる平衡状態となる。この考えに基づいて，$E_1 = E_2$ とし，式 (7・18) を得る。

$$E_1^\circ + \frac{0.0592}{n} \log \frac{[\text{Ox}_1]}{[\text{Red}_1]} = E_2^\circ + \frac{0.0592}{n} \log \frac{[\text{Ox}_2]}{[\text{Red}_2]} \qquad (7\cdot18)$$

式 (7・18) を整理すると

$$E_1^\circ - E_2^\circ = \frac{0.0592}{n} \log \frac{[\text{Red}_1][\text{Ox}_2]}{[\text{Ox}_1][\text{Red}_2]} \qquad (7\cdot19)$$

さらに，式 (7・15) から

$$E_1^\circ - E_2^\circ = \frac{0.0592}{n} \log K \qquad (7\cdot20)$$

式 (7・20) を経て

$$\log K = \frac{n}{0.0592}(E_1^\circ - E_2^\circ) \qquad (7\cdot21)$$

$$\therefore \quad K = 10^{\left\{\frac{n}{0.0592}(E_1^\circ - E_2^\circ)\right\}} \qquad (7\cdot22)$$

が得られる。

ここで，式 (7・15) の反応が定量的（反応率が 99.9% 以上）に進行するとした場合，平衡定数 $K = (0.999 \times 0.999)/(0.001 \times 0.001) \fallingdotseq 1 \times 10^6$ である。この条件を満たすには，2つの半反応の標準電極電位の差（$E_1^\circ - E_2^\circ$）を ΔE° とすると，式 (7・22) より ΔE° が $(0.0592 \times 6)/n$ volt 以

上であればよいことになる．さらに $n=1$ の系であるならば ΔE° は約 0.36 V となり，標準電極電位の差が 0.36 V 以上となる半反応を組み合わせると，(1 : 1) 反応は定量的に進行すると予想できる（実際には確認を要する）．

(2) 当量点での電位

Ox_1 と Red_2 とを等モル（C mol）ずつ混合して反応し，生成物が x mol ずつ生じて平衡となったときの溶液の電位（酸化還元滴定における当量点での電位）について考えよう．反応前後の各物質量の変化は以下のようになる．

	Ox_1	+	Red_2	$\rightleftarrows$	Red_1	+	Ox_2
反応前	C mol		C mol		0		0
平衡時	$C-x$ mol		$C-x$ mol		x mol		x mol

このときの各半反応の電位を E_1 および E_2 とすると

$$E_1 = E_1^\circ + \frac{0.0592}{n} \log \frac{C-x}{x} \qquad (7\cdot 23)$$

$$E_2 = E_2^\circ + \frac{0.0592}{n} \log \frac{x}{C-x} \qquad (7\cdot 24)$$

これらを次のように変形し

$$\frac{0.0592}{n} \log \frac{C-x}{x} = E_1 - E_1^\circ \qquad (7\cdot 25)$$

$$\frac{0.0592}{n} \log \frac{C-x}{x} = -(E_2 - E_2^\circ) \qquad (7\cdot 26)$$

よって

$$E_1 - E_1^\circ = -(E_2 - E_2^\circ) \text{ を経て}$$
$$E_1 + E_2 = E_1^\circ + E_2^\circ \qquad (7\cdot 27)$$

を得る．ここで，$E_1 = E_2$ であり，ともに平衡時の電位として E_{eq} と書くと

$$E_{eq} = (E_1^\circ + E_2^\circ)/2 \qquad (7\cdot 28)$$

となる．

7-3-2 ($m : n$) 反応の場合

(1) 平衡定数

酸化還元反応で両半反応の移動する電子の物質量が異なる場合は，式 (7・29) に示すように ($m : n$) 反応となる．この場合の平衡定数 K ついても先と同様に導いてみよう．

$$\text{Ox}_1 + ne \rightleftarrows \text{Red}_1 \qquad \text{標準電極電位の値} = E_1^\circ$$

$$\text{Ox}_2 + me \rightleftarrows \text{Red}_2 \qquad \text{標準電極電位の値} = E_2^\circ$$

$$m\text{Ox}_1 + n\text{Red}_2 \rightleftarrows m\text{Red}_1 + n\text{Ox}_2, \qquad K = \frac{[\text{Red}_1]^m[\text{Ox}_2]^n}{[\text{Ox}_1]^m[\text{Red}_2]^n} \qquad (7 \cdot 29)$$

各半反応の電位を E_1 および E_2 とすると

$$E_1 = E_1^\circ + \frac{0.0592}{n} \log \frac{[\text{Ox}_1]}{[\text{Red}_1]} \qquad (7 \cdot 30)$$

$$E_2 = E_2^\circ + \frac{0.0592}{m} \log \frac{[\text{Ox}_2]}{[\text{Red}_2]} \qquad (7 \cdot 31)$$

で与えられる。平衡状態では，$E_1 = E_2 = E_{\text{eq}}$ であるから

$$E_1^\circ + \frac{0.0592}{n} \log \frac{[\text{Ox}_1]}{[\text{Red}_1]} = E_2^\circ + \frac{0.0592}{m} \log \frac{[\text{Ox}_2]}{[\text{Red}_2]} \qquad (7 \cdot 32)$$

整理すると

$$E_1^\circ - E_2^\circ = \frac{0.0592}{mn} \log \frac{[\text{Red}_1]^m[\text{Ox}_2]^n}{[\text{Ox}_1]^m[\text{Red}_2]^n} \qquad (7 \cdot 33)$$

さらに，式 (7・29) の関係から

$$E_1^\circ - E_2^\circ = \frac{0.0592}{mn} \log K \text{ を経て, } K = 10^{\left\{\frac{m \cdot n}{0.0592}(E_1^\circ - E_2^\circ)\right\}} \qquad (7 \cdot 34)$$

が得られる。

(2) 当量点での電位

Ox_1 と Red_2 とをモル比 ($m:n$) で混合した溶液の電位について考えよう。反応前後の各物質量の変化は以下のようになる。

$$\begin{array}{ccccc}
 & m\,\text{Ox}_1 & + & n\,\text{Red}_2 & \rightleftarrows & m\,\text{Red}_1 & + & n\,\text{Ox}_2 \\
\text{反応前} & mC\,\text{mol} & & nC\,\text{mol} & & 0 & & 0 \\
\text{平衡時} & m(C-x)\,\text{mol} & & n(C-x)\,\text{mol} & & mx\,\text{mol} & & nx\,\text{mol}
\end{array}$$

このときの各半反応の電位を E_1 および E_2 とすると

$$E_1 = E_1^\circ + \frac{0.0592}{n} \log \frac{m(C-x)}{mx} \qquad (7 \cdot 35)$$

$$E_2 = E_2^\circ + \frac{0.0592}{m} \log \frac{nx}{n(C-x)} \qquad (7 \cdot 36)$$

これらを次のように変形し

$$0.0592 \log \frac{C-x}{x} = n(E_1 - E_1^\circ) \qquad (7 \cdot 37)$$

$$0.0592 \log \frac{C-x}{x} = -m(E_2 - E_2^\circ) \qquad (7 \cdot 38)$$

よって

$$n(E_1 - E_1^\circ) = -m(E_2 - E_2^\circ) \text{ を経て}$$
$$nE_1 + mE_2 = nE_1^\circ + mE_2^\circ \qquad (7 \cdot 39)$$

を得る。ここで、$E_1 = E_2$ であり、平衡時の電位を E_{eq} と書くと

$$E_{eq} = \frac{nE_1^\circ + mE_2^\circ}{n+m} \qquad (7 \cdot 40)$$

となる。

7-4 酸化還元滴定法

応用範囲の広い容量分析法の1つに、酸化還元滴定法がある。この分析法では用いる標準溶液の性質と種類によって酸化法と還元法に分類される。酸化法としては過マンガン酸カリウム法、二クロム酸カリウム法、ヨウ素法、硫酸セリウム（Ⅳ）法が、還元法としては塩化スズ（Ⅱ）法、亜ヒ酸法などがあげられる。いずれも、強い酸化剤あるいは還元剤である。

7-4-1　滴定曲線

酸化還元滴定における標準溶液の滴定量と滴定溶液の電位変化との関係は、滴定曲線で表わされ、次のような計算で予め求めることができる。

例として、$Fe^{2+} + Ce^{4+} \rightleftarrows Fe^{3+} + Ce^{3+}$ なる酸化還元反応（ただし、$Fe^{3+} + e \rightleftarrows Fe^{2+}$ $E^{\circ\prime}_{Fe^{3+},Fe^{2+}} = +0.771 \text{ V}$、$Ce^{4+} + e \rightleftarrows Ce^{3+}$ $E^{\circ\prime}_{Ce^{4+},Ce^{2+}} = +1.695 \text{ V}$）を利用して、0.10 M Ce（Ⅳ）溶液で 0.080 M Fe（Ⅱ）溶液 25.00 mL を滴定するときの滴定曲線を求めてみよう。

まず、両半反応の標準電極電位の差が 0.924 V であることから、この反応は定量的に進行すると考えられるが、その平衡定数は、式（7・22）より以下のように求められる。

$$\log K = (E^{o'}_{Ce^{4+},Ce^{2+}} - E^{o'}_{Fe^{3+},Fe^{2+}})/0.0592$$
$$= (1.695 - 0.771)/0.0592 = 15.61$$
$$\therefore \quad K = 4.07 \times 10^{15}$$

この値は十分に大きく，反応は定量的に進行することが期待される（事実，定量的に反応する）。このことから，当量点までの溶液の電位は $[Fe^{3+}]$ と $[Fe^{2+}]$ の比による電位変化としてよいことになる。また。当量点以降の電位については，$[Ce^{4+}]$ と $[Ce^{3+}]$ の比による電位としてよい。

1) **滴定前の電位**：Fe(Ⅱ) 溶液は溶存酸素により空気酸化を受けて，ごくわずかに Fe(Ⅲ) が存在するかもしれないが，後者の濃度が不明であり電位は計算できない。

2) **滴定開始直後から当量点までの電位**：Ce(Ⅳ) 溶液を 2.50 mL 添加したとする。このとき，Ce(Ⅳ) の物質量に相当する Fe(Ⅱ) が消費されて Fe(Ⅲ) が生じるので
   $[Fe^{2+}] = (0.080 \times 25.00 - 0.10 \times 2.50)/(25.00 + 2.50)$
   $[Fe^{3+}] = (0.10 \times 2.50)/(25.00 + 2.50)$
   $\therefore E = 0.771 + 0.0592 \log(0.10 \times 2.50)/(0.080 \times 25.00 - 0.10 \times 2.50) = 0.721$ V

3) **当量点における電位**：Ce(Ⅳ) 溶液の 20.00 mL を添加したとき当量点となる。式 (7・28) より，$E_{eq} = (1.695 + 0.771)/2 = 1.233$ V

4) **当量点以降の電位**：Ce(Ⅳ) 溶液の 21.00 mL を添加したとする。過剰に Ce(Ⅳ) 溶液を加えても，Fe(Ⅱ) は存在しないので Ce(Ⅳ) は消費されない。
   $[Ce^{3+}] = (0.10 \times 20.00)/(25.00 + 21.00)$
   $[Ce^{4+}] = (0.10 \times 21.00 - 0.080 \times 25.00)/(25.00 + 21.00)$
   $\therefore E = 1.695 + 0.0592 \log(0.10 \times 21.00 - 0.080 \times 25.00)/(0.10 \times 21.00) = 1.618$ V

このようにして求めた滴定量に対する電位を図 7-2 に示す。

7-4-2 酸化還元指示薬

当量点付近において電位は，図 7-2 に示すように，急激に変化する。化学分析では，この電位変化に対応して可逆的に還元体 $\rightleftarrows$ 酸化体となり変色する物質が指示薬として用いられる。その選択にあたり，分析目的の系について式 (7・28) あるいは式 (7・40) より当量点での電位を求め，その値と指示薬の酸化還元電位ができるだけ近いことが要求される。これらの指示薬の酸化還元電位も溶液の pH に依存するので，実

環境保全

我々の生活環境を保全するために，環境基本法が制定されている。環境のあるべき姿として，大気汚染，水質汚濁および土壌汚染に関わる物質とその濃度（基準値）が定められている。実験者はその達成に注意を払わなければならないが，罰則をともなう大気汚染防止法・水質汚濁防止法の各々に許容濃度（通常は環境基準より1桁大きい値）が示されている。実験に取りかかる前に，該当する物質とその許容濃度に注意を払い，処理方法なども調べておかねばならない。

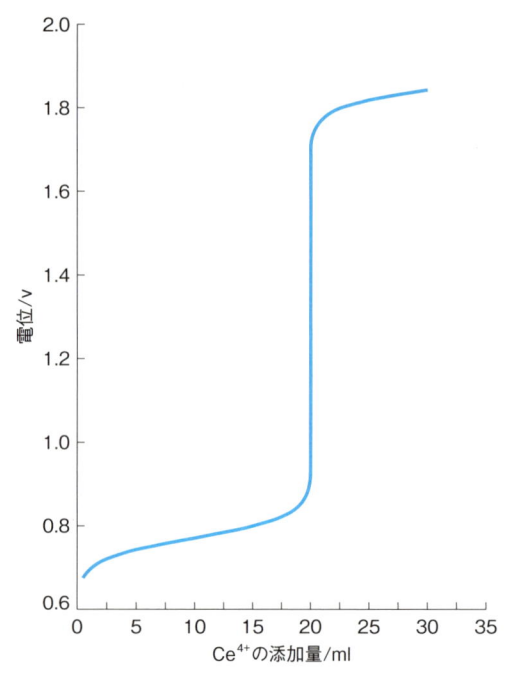

図 7-2　8.00×10^{-2} M Fe^{2+} 溶液 の 25.00 mL を 0.100 M Ce^{4+} 溶液で滴定するときの滴定曲線

際に使用する場合にはこの点にも注意しなければならない。表 7-3 に，代表的な指示薬を色および酸化還元電位を示す。なお，後述する過マンガン酸カリウム法では，MnO_4^- 自体が強い色を持ち，その還元体である Mn^{2+} は極わずかなピンク色（実際にはほとんど無色に見える）を呈するので，滴定試薬自体が指示薬の代わりをする。

表 7-3　代表的な酸化還元指示薬

指示薬の名称	色の変化 （還元体⇌酸化体）	酸化還元電位／volt （1M H_2SO_4 中）
ビス（ジメチルグリオキシマト）鉄（Ⅱ）錯体	赤⇌黄	1.25（20℃）
1,10-フェナントロリン鉄（Ⅱ）錯体	赤⇌淡青	1.06（25℃）
エリオグラウシン A	赤⇌青	1.00（20℃）
ジフェニルアミン-4-スルホン酸	無⇌赤紫	0.83（30℃）
ジフェニルアミン	無⇌紫	0.76（30℃）
メチレンブルー	無⇌紫	0.53（30℃）
インジゴスルホン酸	無⇌青	0.26（30℃）

日本化学会編，「実験化学ガイドブック」，丸善出版（1984），p. 742 より

7-4-3　酸化還元滴定の実際

(1) 過マンガン酸カリウム法

過マンガン酸カリウムは，強い酸化剤であり，それ自身を指示薬ともなり終点の決定も容易なので，還元性物質の定量によく利用される。た

だし，滴定溶液の pH によって半反応が異なるので，その影響が物質収支の計算におよぶことに注意しなければならない．

硫酸酸性では $MnO_4^- + 8H^+ + 5e \rightleftarrows Mn^{2+} + 4H_2O$
$$E^o = +1.51 \text{ V}$$
中性またはアルカリ性では $MnO_4^- + 4H^+ + 3e \rightleftarrows$
$$MnO_2 + 2H_2O \quad E^o = +1.70 \text{ V}$$

例えば，鉄（II）との反応を考えると，$KMnO_4$ の 1 モルは，硫酸酸性では鉄（II）の 5 モルに相当するが，中性，アルカリ性では 3 モルに相当する．

過マンガン酸カリウム法の代表的な応用例として，化学的酸素要求量（COD: chemical oxygen demand）の測定が上げられる（化学的酸素消費量とも呼ばれる）．産業排水などに一定量の $KMnO_4$ 溶液を加え，水に含まれている還元性物質（Fe^{2+}, NO_2^-, S^{2-} や有機物）を酸化するのに要した過マンガン酸カリウムを求め，これを酸素量（mgO/L: ppm）に換算して水質汚濁の指標の 1 つとしている．その他の応用例を反応式で示す．

なお，$KMnO_4$ 標準溶液は，使用前に式（7・41）あるいは式（7・42）の反応により第 1 次標準溶液である $Fe(NH_4)_2(SO_4)_2$ または $Na_2C_2O_4$ で濃度標定しなければならない．詳細については実験書を参照されたい．

$$2\,KMnO_4 + 10\,Fe(NH_4)_2(SO_4)_2 + 8\,H_2SO_4 = K_2SO_4 + 2\,MnSO_4$$
$$+ 5\,Fe_2(SO_4)_3 + 8\,H_2O + 10\,(NH_4)_2SO_4 \quad (7\cdot41)$$
$$2\,KMnO_4 + 5\,Na_2C_2O_4 + 8\,H_2SO_4 = K_2SO_4 + 2\,MnSO_4 + 5\,Na_2SO_4$$
$$+ 8\,H_2O + 10\,CO_2 \quad (7\cdot42)$$
$$2\,KMnO_4 + 5\,KNO_2 + 3\,H_2SO_4 = K_2SO_4 + 2\,MnSO_4 + 5\,KNO_3 + 3\,H_2O$$
$$(7\cdot43)$$

$KMnO_4$ 標準溶液の調製時の注意点

過マンガン酸カリウムは水溶液の状態で，水溶液中に含まれる有機物や光，熱によって徐々に分解される．その水溶液は中性〜弱アルカリ性なので，その半反応 $MnO_4^- + 4H^+ + 3e \rightleftarrows MnO_2 + 2H_2O$ からわかるように分解生成物は酸化マンガン（IV）である．これらの点に，注意して標準溶液の調製は次のように行う．

1) その調製には，イオン交換水が用いられるのが一般的である．イオン交換水は水道水中のイオンを取り除かれているが，有機物が含まれている．溶液を調製する際，約 1 時間，中性の条件で加熱

実験に用いる水

イオン交換水（ion exchanged water）：脱イオン水（deionized water）とも呼ばれる．水道水を強酸性陽イオン交換樹脂と強塩基性陰イオン交換樹脂のモノベッドカラムに通じて溶存イオンを取り除いた水をいう．電気伝導率が $2\,\mu S \cdot cm^{-1}$（at 25℃）以下となるが，非電解質の有機物や無機物は除けない．また，空気中の二酸化炭素が溶解するので，脱気していない場合は pH 5.6 程度であることに注意を要する．

蒸留水（distilled water）：ステンレス製容器，ガラス製容器または石英製容器で水を蒸発させて，流出してくる蒸気を冷却して造られる．電気伝導率は $5 \times 10^{-6}\,\mu S \cdot cm^{-1}$（at 25℃）程度である．pH 値は脱イオン水と同じ 5.6 である．酸化剤に $KMnO_4$-NaOH を用いて有機物などを分解させ，混入を防ぐ方法もある．また，二酸化炭素を含まないように熱い蒸気を直接捕集容器に通じ，一定量の熱水がたまった時点で急冷・密栓する方法もある．

して，有機物を分解させる。1夜放置したのちガラスフィルター (No. 5G) で MnO$_2$ をろ別し，遮光性の褐色びんに保存する。実際に用いる直前に，秤量瓶に一定量のシュウ酸ナトリウムを秤取り，秤量びんごとビーカーに入れ，KMnO$_4$ 標準溶液で全量滴定を行い，濃度標定する。

2) 上記の溶液調製において，下線部1)の加熱分解の操作を省くと，調製時から混在する有機物が実際のCOD測定でプラス誤差をもたらす。また，下線部2)でろ過を怠ると，実際のCOD測定において，MnO$_4^-$ + 8 H$^+$ + 5 e $\rightleftarrows$ Mn^{2+} + 4 H$_2$O に加えて混入する MnO$_2$ + 4 H$^+$ + 2 e $\rightleftarrows$ Mn^{2+} + 2 H$_2$O E° = 1.23 V が作用するため，誤差を誘発する。

3) 下線部2)のろ過は，吸引濾過を意味するが，ここでは沈殿を洗浄する必要はなく，新たな脱イオン水を加えることのないように注意する。

(2) ニクロム酸カリウム法

K$_2$Cr$_2$O$_7$ は KMnO$_4$ のように強く着色していないので，酸化還元指示薬を必要とするなどの不利な点があるが，加熱によってそれ自身変化しにくいので，アルコールなどの有機化合物の分析に用いられる。また，表2-3に示したように K$_2$Cr$_2$O$_7$ は第1次標準試薬として市販されており，一定量を水に溶かしてそのまま標準溶液とすることができる。欧米では，KMnO$_4$ による COD 測定（COD$_{Mn}$ 法）にかわる測定法としてニクロム酸カリウムによる測定法（COD$_{Cr}$ 法）や塩化物イオンが多い海水などに用いられる COD$_{OH}$ 法（アルカリ性過マンガン酸カリウム法）がある。その他の応用例を反応式で示す。

$$2 K_2Cr_2O_7 + 3 C_2H_5OH + 8 H_2SO_4$$
$$= 2 K_2SO_3 + 2 Cr_2(SO_4)_3 + 3 CH_3COOH + 11 H_2O \quad (7・44)$$
$$K_2Cr_2O_7 + 6 FeSO_4 + 7 H_2SO_4$$
$$= K_2SO_4 + 2 Cr_2(SO_2)_3 + 3 Fe_2(SO_4)_3 + 7 H_2O \quad (7・45)$$
$$K_2Cr_2O_7 + 6 KI + 14 HCl = 8 KCl + 2 CrCl_3 + 3 I_2 + 7 H_2O \quad (7・46)$$

ニクロム酸カリウムを用いる場合の注意点

水質汚濁防止法に基づく排水基準の健康項目として，6価クロムが上げられ，その排水への許容濃度は0.5 mg/Lである。また，滴定後の廃液に含まれるクロムについては，生活環境項目の許容濃度2 mg/Lと制限されており，無闇に流しに捨てることはできないので，廃液を回収しなければならない。これに対して，KMnO$_4$ の0.25 % 水溶液は洗口液（センコウエキ）として，また1 % 水溶液は手の消毒液として利用され

毒性の表し方

天然に存在する物質から合成された物質について，毒性を示す基準として致死量がある。急性毒性の指標で，正確には半数致死量 LD$_{50}$: lethal dose, 50 % といい，その物質を投与した動物の半数が死亡する量を示し，体重1 kgあたりの投与量で示す。マウスなどの動物実験での結果をもとに記載されている。例えば，ふぐ毒であるテトロドトキシンのLD$_{50}$ は0.01 mg/kg，エタノールのそれは5000～14000 mg/kg である。

酸化状態による毒性のちがい

人間は地球で誕生したといわれており，体内には34種類の元素が存在する。有害とされるヒ素，鉛，カドミウムなども含まれる。そのなかで，6価クロムは体内に吸収されやすく，LD$_{50}$ は80 mg/kgである。吸収された6価クロムは体内の還元性物質で還元されて3価となるが，その途中で生じる5価クロムはDNAを切断するといわれている。そのようなクロムでも，3価クロムは必須元素 (essential element) である。体重70 kgの成人に約2 mg存在し，糖やコレステロールの代謝に不可欠で，不足すると糖尿病になるといわれている。

るなど環境にやさしい試薬といえる。このため水質汚濁防止法の生活環境項目にある溶解性マンガンの許容限度も緩く，10 mg/L となっている。

(3) ヨウ素法

ヨウ素の半反応（$I_3^- + 2e \rightleftarrows 3I^-$）の標準酸化還元電位が $E^\circ = +0.5355$ V であり中程度の酸化力を有する。ヨウ素法では通常の直接滴定法と間接滴定法がある。**直接滴定法**は**ヨージメトリー**（iodimetry）と呼ばれ，式（7・47）に示すように還元性物質を標準ヨウ素溶液で滴定する。当量点の少し手前で指示薬としてのデンプン液を加え，過剰の I_3^- がデンプンに包接されて生じる深青色の呈色で終点を決定する。滴定誤差が無視できるほど極めて鋭敏である。

$$\text{還元体} + I_3^- \rightleftarrows \text{酸化体} + 3I^- \tag{7・47}$$

一方，**間接滴定法**は**ヨードメトリー**（iodometry）と呼ばれ，式（7・48）に示すように，酸化体に過剰の I^- を反応させ，遊離する I_3^- をチオ硫酸ナトリウム（$Na_2S_2O_3$）の標準溶液で滴定する方法である。この場合もヨウ素-デンプン反応により終点が決定される。

$$\text{酸化体} + \text{過剰}\,I^- \rightleftarrows \text{還元体} + I_3^-$$
$$I_3^- + S_2O_3^{2-} \rightleftarrows 3I^- + S_4O_6^{2-} \quad S_4O_6^{2-}:4\text{チオン酸イオン} \tag{7・48}$$

ヨウ素は水に難溶であるが，ヨウ化物イオンを加えると $I_2 + I^- \rightleftarrows I_3^-$ が進行し，その溶解度は非常に増加する。これを利用して滴定に用いるヨウ素溶液が調製される。0.1 M ヨウ素溶液の調製：フラスコ内で KI の約 12 g を少量の水に溶かし，これに I_2 を約 6.5 g 加えて溶解させた後，水を加えて 1 L とする。その濃度標定は式（7・49）の反応により $Na_2S_2O_3$ 標準溶液で行われる。ここで，$I_3^- + 2e \rightleftarrows 3I^-$ は $I_2 + I^- + 2e \rightleftarrows 3I^-$ であり，$I_2 + 2e \rightleftarrows 2I^-$ と略せるので，その様に記す。

1）ヨージメトリーの応用例：

$$2\,Na_2S_2O_3 + I_2 = Na_2S_4O_6 + 2\,NaI \tag{7・49}$$
$$Na_3AsO_3 + I_2 + H_2O = Na_3AsO_4 + 2\,HI \tag{7・50}$$
$$Na_2SO_3 + I_2 + H_2O = Na_2SO_4 + 2\,HI \tag{7・51}$$
$$H_2S + I_2 = 2\,HI + S \tag{7・52}$$

2）ヨードメトリーの応用例：

酸化体にヨウ化カリウムを作用させ，生じる I_2 を式（7・49）の反

化合物の昔の名前と俗称

ニクロム酸カリウムの古い名称：重クロム酸カリウム

火薬の原料，染色用媒染剤や皮をなめすのに使われる。

チオ硫酸ナトリウム・五水和物の俗称：ハイポ

ネガフィルムが使用されていた頃の写真の定着剤や金魚を飼う水槽の水を入れ替える際の塩素を還元する（脱ハロゲン剤）として用いられる。

COD 測定における酸化率の違い

有機物	COD_{Mn} 法における酸化率（/%）	COD_{Cr} 法における酸化率（/%）
ギ酸	14	98
酢酸	7	96
クエン酸	60	82
酒石酸	93	99
ホルムアルデヒド	18	42
アセトアルデヒド	8	42
アセトン	0	86
メタノール	27	96
エタノール	11	95
グリセリン	52	97
ベンゼン	0	17
フェノール	70	99
グルコース	59	98
可溶性でんぷん	61	87
グリシン	3	104

応により滴定する。

$$2\,CuSO_4 + KI = Cu_2I_2 + I_2 + 2\,K_2SO_4 \quad (7\cdot53)$$
$$K_2Cr_2O_7 + 6\,KI + 14\,HCl = 8\,KCl + 2\,CrCl_3 + 3\,I_2 + 7\,H_2O \quad (7\cdot54)$$
$$2\,KMnO_4 + 10\,KI + 16\,HCl = 12\,KCl + 2\,MnCl_2 + 5\,I_2 + 8\,H_2O \quad (7\cdot55)$$
$$KBrO_3 + 6\,KI + 6\,HCl = KBr + 3\,I_2 + 6\,KCl + 7H_2O \quad (7\cdot56)$$

このほか，H_2O_2，ClO^-，SbO_4，$[Fe(CN)_6]^{3-}$ なども定量できる。また，ヨードメトリーによる環境基準の生活環境項目にみる **溶存酸素量**（dissolved oxygen）の測定が有名であり，**ウィンクラー法**（Winkler method）と称される。その概略は以下のとおりである。

一定容積の酸素びんに検水を採取して，わずかに塩酸酸性とした $MnCl_2$ 溶液と濃厚な水酸化ナトリウムを含む KI 溶液を加える。検水に酸素が含まれない場合は，白色の $Mn(OH)_2$ が沈殿する。酸素が存在すると存在量に応じて式（7・57）の反応が進行し，褐色の $MnO(OH)_2$ が生成する。このようにして溶存酸素を固定する。固定してから1時間後から10時間以内の間に測定する。

$$Mn^{2+} + \frac{1}{2}O_2 + 2\,OH^- \longrightarrow MnO(OH)_2 \quad (7\cdot57)$$

滴定に際して，塩酸または硫酸を加えて酸性にすると，式（7・58）の反応により I_2 が遊離する。

$$MnO(OH)_2 + 2\,I^- + 4\,H^+ \longrightarrow Mn^{2+} + I_2 + 3\,H_2O \quad (7\cdot58)$$

遊離した I_2 を式（7・49）により $Na_2S_2O_3$ 溶液で滴定する。1モルのチオ硫酸ナトリウムは電子1モルに相当する。一方，酸素の半反応は $O_2 + 4\,H^+ + 4\,e \rightleftharpoons 2\,H_2O$ であり，両者から，チオ硫酸ナトリウムの1モルは酸素分子の1/4モル相当することがわかる。

溶存酸素量

水質汚濁に係る環境基準が定められており，河川，湖沼，海域ともその水域の類型（最もよい類型は AA で利用目的として水道1級で溶存酸素量 7.5 mg/L 以上）に応じた基準が示されている。通常の水質汚濁項目では数値が低いほど水質が良いといえるが，DO 値については数値が低いほど水質が悪いことを示す。

練習問題

7–1

次の化学変化について問いに答えよ。

1) 過酸化水素が水に変化する場合の半反応式を記せ。
2) 過酸化水素が上記のように変化する際，酸化剤・還元剤の何れで働くか。
3) 過酸化水素が酸素に変化する場合の半反応を記せ。
4) 過酸化水素が自己分解する際の反応を記せ。
5) 塩素酸イオンが塩化物イオンに変化する場合の半反応式を記せ。

6) ヨウ化物イオンがヨウ素に変化する場合の半反応式を記せ。
7) 塩素酸イオンとヨウ化物イオンとを反応させたときに起こる化学変化を反応式で記せ。

7-2
次の反応が起こるか否かではなく，反応式の書き方について正誤を判断し，間違っている場合は，間違いを正せ。

1) $Sn^{2+} + Fe^{3+} \longrightarrow Sn^{4+} + Fe^{2+}$
2) Co^{2+} を含む水溶液を酢酸酸性とし，亜硝酸カリウムの飽和溶液を反応させるとヘキサニトロコバルト（III）酸カリウムの沈殿が生じる。この反応は，Co^{2+} の確認に利用され，反応式は $Co^{2+} + 6\,KNO_2 \longrightarrow K_3[Co(NO_2)_6] + 3\,K^+$ で表わされる。
3) $2\,MnO_4^- + Cr_2O_7^{2-} + 14\,H^+ \longrightarrow 2\,MnO_2 + 2\,Cr^{3+} + 7\,H_2O$
4) $Ce^{4+} + H_2O_2 + 2\,H^+ \longrightarrow Ce^{3+} + 2\,H_2O$

以降の練習問題における電位等の計算では，温度 25℃，対標準水素電極の値とする。

7-3
次の 1)〜3) の各系の電極電位を求めよ。

1) $Ag\,|\,Ag^+\,(1.00 \times 10^{-3}\,M)$
2) $Ag\,|\,[Ag(NH_3)_2]^+\,(1.00 \times 10^{-3}\,M),\,NH_3\,(1.00\,M)$
3) $Ag\,|\,AgCl,\,Cl^-\,(0.100\,M)$

ただし，$E°_{Ag^+,Ag} = +0.799\,V$，Ag のアンミン錯イオンの逐次生成定数は，$K_1 = 2.0 \times 10^3$，$K_2 = 8.5 \times 10^3$ とする。

7-4
次の電池 $|Fe\,|\,Fe^{2+}\,(1.50\,M)\,\|\,Cd^{2+}\,(1.00 \times 10^{-3}\,M)\,|\,Cd|$ について，1)〜3) の問いに答えよ。

1) 上記電池式の各記号を説明せよ。
2) 両電極の電位の差は，起電力と称される。起電力の値を求めよ。
3) この条件では，反応がどちらの方向に進むか。両電極の電位の差から判断せよ。

7-5
酸化還元指示薬であるビス（ジメチルグリオキシマト）鉄（II）錯体：$[Fe(Hdmg)_2]$ について，次の問いに答えよ。なお，この鉄錯体の変色に伴う半反応は 1 電子過程であり，その標準酸化還元電位は 1.25 V

で，1.31 V で赤から黄色に変色する．
1) 赤から黄色に変色する時の酸化体と還元体の比を求めよ．
2) このとき存在する酸化体は何 % の割合で存在するか計算せよ．

7-6

次に示すガルバニ電池の起電力は，飽和甘こう電極が正極で +0.441 V であった．この結果より，弱酸 HA の酸解離定数を求めよ．

$$\text{Pt, } H_2(101.32 \text{ kPa}) | HA(0.100 \text{ M}) \| KCl(飽和), Hg_2Cl_2 | Hg$$

なお，$E^\circ_{Hg_2Cl_2, Hg} = +0.2412$ V である．

7-7

次に示すガルバニ電池の起電力は，飽和甘こう電極が正極で +0.110 V であった．この結果より，AgBr の溶解度積を求めよ．

$$Ag | AgBr, Br^-(0.100 \text{ M}) \| KCl(飽和), Hg_2Cl_2 | Hg$$

7-8

次に示すガルバニ電池の起電力は，水素電極が正極で +0.258 V であった．この結果より，Cu-EDTA 錯体（$[CuY]^{2-}$）の安定度定数を求めよ．

$$Cu | [CuY]^{2-}(2.00 \times 10^{-4} \text{ M}),$$
$$Y^{4-}(4.0 \times 10^{-3} \text{ M}) \| H^+(1.00 \text{ M}) | H_2(101.32 \text{ kPa}), Pt$$

7-9

硫酸酸性条件下における $KMnO_4$ と $FeSO_4$ との酸化還元反応について，1)〜3) の問に答えよ．
1) この酸化還元反応をイオン反応式で示せ．
2) 平衡定数を標準酸化還元電位の値から算出し，この反応が定量的か否かを判断せよ．
3) 上記の反応が硫酸酸性で行われ，塩酸酸性では行なわれない．その理由を算出した平衡定数に基づいて解説せよ．

7-10

スズ（II）が鉄（III）を還元し，鉄（II）とスズ（IV）を生ずる反応について，1)〜3) の問いに答えよ．

1) 平衡定数を標準酸化還元電位の値から算出せよ.
2) 鉄（Ⅲ）イオンを含む溶液にスズ（Ⅱ）を加えて反応させたところ, スズ（Ⅱ）, スズ（Ⅳ）および鉄（Ⅱ）イオンの濃度が各々 1.00×10^{-1} M となったところで平衡状態に達した. 平衡状態に達した溶液中に存在する鉄（Ⅲ）イオン濃度を求めよ.
3) 鉄（Ⅲ）をスズ（Ⅱ）で滴定したい. この系に適した指示薬を表 7-3 に求められるか.

7-11

$KMnO_4$ 溶液を用いる酸化還元定量に関する 1)〜3) の問いに答えよ.

1) $KMnO_4$ の濃度標定：乾燥した $Na_2C_2O_4$ の 0.1850 g をビーカーに秤取り, 水に溶かし, 希硫酸を加えて $KMnO_4$ 溶液で滴定したところ, 25.22 mL を要した. $KMnO_4$ 溶液のモル濃度を求めよ.

2) $Fe(NH_4)_2(SO_4)_2 \cdot 6H_2O$ と不活性物質を含む試料 5.0153 g を希硫酸に溶かして 250 mL とし, その 25.00 mL を上記の濃度の $KMnO_4$ 溶液で滴定したところ, 11.48 mL を要した. 試料中の $Fe(NH_4)_2(SO_4)_2 \cdot 6H_2O$ の含有率を求めよ.

3) $KMnO_4$ 溶液による COD の測定：湖等で採取した試料水 V mL をホールピペット (HP と略) で 300 mL 三角フラスコに量り取る. 硫酸 (1+2) 溶液の 5 mL を駒込ピペットで加えたのち, 硫酸銀*の 0.5 g を加える. 次いで, 0.005 M $KMnO_4$ 溶液 (factor＝既知：f_{KMnO_4} とする) の 10 mL を HP で加えてよく降り混ぜ, 三角フラスコを沸騰する水浴中に入れ, 30 分間煮沸させる. その後, 0.125 M $Na_2C_2O_4$ 標準溶液 10 mL を HP で加え, 溶液の温度を約 80℃ に保ちながら, 0.005 M $KMnO_4$ 溶液 (factor＝既知) で逆滴定を行う. この滴定で要した 0.005 M $KMnO_4$ 溶液の体積を a mL とする. 別に, 試料水の代わりに蒸留水 50 mL をとり, 同様に操作により空実験を行い, その滴定に要した 0.005 M $KMnO_4$ 溶液の体積を b mL とする. 次の問いに答えよ.
① $MnO_4^- \rightarrow Mn^{2+}$ となる変化をイオン反応式で示せ.
② $O_2 \rightarrow H_2O$ となる変化をイオン反応式で示せ.
③ COD は水中に溶解した有機物により消費される酸素の量を表わそうとしたもので, 有機物の酸化に要した $KMnO_4$ の物質量を酸素 O_2 に換算し, mg/L 表示したものである. 上記の実験から得られる COD の値を a, b, V および f_{KMnO_4} を含む文字式で示せ.

＊練習問題 7-9 による Cl^- により MnO_4^- が消費されるのをさけるために AgCl として沈殿させる目的で添加される.

課題 7–1　0.050 M Fe^{2+} 溶液 25.0 mL を 0.100 M Ce^{4+} 溶液で滴定するときの滴定曲線を描け。

課題 7–2　酸化還元反応を利用して，水質汚濁が調査される。上述したCOD 以外に，**生物化学的酸素消費量**（**BOD**: biological oxygen demand）について，どのように測定されているか，測定法の概要を調べよ。

宿題

❶　実験などで使用するガラス器具，天秤，測定装置にみる測定できる数値を調べよ。

付　　録

定量的な実験を行った際に得られる測定結果としての数値をどのように記載し，どのように扱うかについて学ぶ。

> より詳細な内容が必要な場合，化学同人編集部編「実験データを正しく扱うために」化学同人を参照せよ。

A-1　指数と対数の計算

桁の大きく異なる測定結果を見やすくする操作に指数（indices）あるいは対数（logarithm）が使われる。対数計算を行うとき，対象によって自然対数（natural logarithm; ln）または常用対数（common logarithm; log）が用いられるので，混乱を避けるために，これらについて触れる。

(1) 指　　数

指数表示：有効数字が3桁の測定結果を指数表示すると，次のようになる。

測定結果	指数表示
0.00335	3.35×10^{-3}
0.453	4.53×10^{-1}
0.99978	1.00
584	5.84×10^{2}
73540	7.35×10^{4}

指数計算：指数の計算では，次のようになる。

$N^a N^b = N^{a+b}$　　　例：$10^2 \times 10^3 = 10^5$
　　　　　　　　　　　例：$3.35 \times 10^{-3} \times 4.53 \times 10^{-1} = 1.52 \times 10^{-3}$

$N^a / N^b = N^{a-b}$　　　例：$10^4 / 10^2 = 10^2$
　　　　　　　　　　　例：$3.35 \times 10^{-3} / 4.53 \times 10^{-1} = 7.40 \times 10^{-3}$

$(N^a)^b = N^{a \times b}$　　　例：$(10^3)^2 = 10^6$
　　　　　　　　　　　例：$(3.35 \times 10^{-3})^3 = 3.76 \times 10^{-8}$

$\sqrt[a]{N^b} = N^{b/a}$　　　例：$\sqrt{10^6} = 10^3$, $\sqrt[3]{10^9} = 10^3$
　　　　　　　　　　　例：$\sqrt[3]{(3.35 \times 10^{-3})} = 1.50 \times 10^{-1}$

(2) 対　　数

実数 N が $N = a^b$ のとき，対数で表すと $\log_a N = b$ となる。ここで，b は a を底（base）とする N の対数という。

底（a）を10とした対数は常用対数といい，$b = \log_{10} N$ または底を省略して $b = \log N$ で表わされる。水素イオン指数の計算では，常用対数が用いられ，pH $= -\log [\mathrm{H}^+]$ で計算される。

底（a）をネイピア数 e（その値は 2.718281……）とした対数は自然対数といい，$b = \log_e N$ または底を省略して $b = \ln N$ で表される。<u>活性化エネルギーなど熱力学的パラメータの計算では，自然対数が用いられる</u>。例えば，$\Delta G° = -RT \ln K_P$ である。

常用対数と自然対数の間の換算は
$\ln x = \ln 10 \times \log x = 2.303 \times \log x$ で行える。

電卓では，［log］&［ln］の計算ボタンが用意されているので，混同しないように，注意してほしい。

A-2　二次方程式

中学の数学で習った二次方程式の解き方を忘れた人のために，解の公式を記す。

一般式　$ax^2 + bx + c = 0$ となるように整理したのち，解の公式で x を求めることができる。

$$x = \frac{-b \pm \sqrt{(b^2 - 4ac)}}{2a}$$

A-3　有効数字

測定した結果の最後の桁の値だけが誤差を含むとして，それを除く測定値の数字を有効数字（significant figures）とみなす考え方と，測定値のすべてを有効数字とみなす考え方がある。

有効数字については，演習やテストでは非常に気にされるが，実験結果を記録する際にはあまり顧みられていないように感じる。実験を行うときにこそ，有効数字にこだわってほしい。というのは，同じ実験操作を行っても，用いる器具によって有効数字が大きく異なるためである。

例えば，ある物質の重さを化学天秤[*1]（chemical balance：秤量 200 g，最小表示 0.1 mg）で計ると 10.2340 g であったとする。この場合の有効数字は 6 桁である。また，実際に化学天秤を使った経験者であれば，6 桁目の値が ±1〜2 で変動しやすく，最後の桁に不確実さが含まれることを理解できるであろう。このため，6 桁目の値がゼロであっても省略せずに記載しなければならない。一方，同じ物質を上皿天秤[*1]（even balance：秤量 1000 g，最小表示 0.1 g）で計り，20.2 g であったとする。この場合の有効数字は 3 桁である。そこで

[*1] 天秤の名称と秤量・感量
以前は化学天秤あるいは直視天秤，上皿天秤などの名称で秤量と感量（reciprocal sensibility：感じうる微小質量）を示した。最近，電子天秤が主流となり，様々な秤量と感量の機種が市販されているので，実験目的にそって天秤も選ばなくてはならない。

> **問** 両者を合わせた場合，10.2345 + 20.2 = 30.4345 g と書くことが可能か．
>
> **解答** 書くことはできない．合わせた物質の質量は 30.4 g と表示することになる．

このことから，次の2つの事態が想定される．
1) 合成実験で，どの程度反応するか不明のときには，有効数字3桁の器具を用いるだけで十分で，わざわざ化学天秤で6桁も計る必要がない．
2) 定量分析実験のときには，有効数字の小さな器具の使用によって，分析結果の桁が決定されるので，器具を選択する際に配慮を要する．

体積を計る場合も同様である．ある溶液をビュレット，ホールピペット，メスピペットまたはメスシリンダーを用いて，ビーカ，マイエルまたはメスフラスコに量りとり，水を加えて一定の体積とするとき，組合せによって有効数字の桁が大きく変わることが理解できるであろう．いいかえると，実験者が選択した器具によって，有効数字の桁が制限されるので，実験では器具の選択が重要となり，その値の記載についても注意を要する．また，電卓で計算し，表示された値については，実験者が有効桁数を判断して実験ノートに記録すべきで，冗長な数値を羅列することは避けねばならない．

A-4 測定結果の整理と記載

(1) 守るべき事柄

実験ノートや報告書に結果として得た数値およびそれらを用いた計算結果を記載するときに，守るべき事柄を示す．
1) 測定した数値を記載する場合：下桁の値がゼロであっても省略せずに記載する．
2) 加減の計算を施した場合：加算や減算する数値のうち，数値の位の高いほうに合わせる．
3) 乗除の計算を施した場合：数値の桁数の少ないほうの桁に合わせる．例えば，$25.361 \div 4.01 = 6.3244$ となるが記載する数値は，6.32 とする．
4) 対数から真数への変換またはその逆の場合：例えば，$[H^+] = 2.0 \times 10^{-5}$ M を pH に変換するような場合，$-\log 2.0 \times 10^{-5} = -(0.30 +$

銅鉄実験

銅鉄実験とは，銅を用いてある実験を行い，ある結果を得たので，鉄を用いて同じ実験を行い，同じような結果を得た．という意味で，ルーチンワークの実験を揶揄する言葉である．一方，赤外分光法，核磁気共鳴分光法など，データの蓄積があってはじめて利用価値が向上することもある．論文数を増やすには，銅鉄実験が不可欠とする世相に移ったかと思える研究テーマもある．昨今では，捏造，改竄なる銅鉄実験以下の言葉も新聞紙上に踊っている．

$(-5)|=4.70$ と記す。

一方，その逆では，$10^{-4.70}=1.995\times10^{-5}=2.0\times10^{-5}$ と記す。

(2) 数値の丸め方

精密さを問題にしないのであれば，余分の桁を1段階的に四捨五入して丸めればよい。JISによる丸め方は，誤差の影響を最小限にするように工夫されており，つぎのようにして数値を丸める。

計算結果で有効数字の一桁小さな値が

ⓐ 4以下であれば切り捨てる。例えば，6.32④ であれば 6.32 とする。

ⓑ 6以上であれば切り上げる。例えば，6.32⑥ であれば 6.33 とする。

ⓒ 5であり，さらにその下位にゼロ以外の数値がある場合は切り上げる。例えば，6.32⑤③ であれば 6.33 とする。

ⓓ 5であり，さらにその下位の桁がゼロで，有効数字の桁の値が ㋐ ゼロを含み偶数の場合は，切り捨てる。例えば，6.32⑤⓪ であれば，6.32 とする。㋑ 奇数である場合は切り上げる。例えば，6.33⑤⓪ であれば，6.34 とする。

B-1 測定結果の処理について

分析データーの基礎的な統計処理を取り上げる。

B-1-1 正確さと精度

実験者であれば誰しも，正確さ*2（accuracy）と精度（presicion）を追い求めて実験する。正確さとは，真の値にどれだけ近いかを意味し，精度とは測定結果の再現性を意味する。

*2 正確さと精度
accuracy は正確さと精度の総合した概念で，正確さは trueness とする意見もある。

例 題

酸塩基滴定を想定し，4名の実験者がいずれも，反応系に適した指示薬を選択し，繰り返し5回の滴定を誤りなく行ったと仮定する。

　実験者ⓐ：第1回目操作で求めた終点が正確であると思われ，以後の指示薬の変色も同じように見えるまで試薬を滴下した。試薬量はほとんど変わらず，5回で±0.2 mL以内であったが，調製された実際の濃度より5％濃い結果であった。

　実験者ⓑ：指示薬の変色の度合いをあまり気にせず試薬を滴下し終点を求めた。滴下した試薬量は0.2～0.8 mLの間で変動し，求めた濃度もそれぞれかなり異なっていた。

　実験者ⓒ：指示薬がわずかに変色するところを終点とし，滴定

した。滴下した試薬量は5回にわたり±0.2 mL以内で，求めた濃度は調製された濃度とほぼ一致した。

実験者ⓓ：指示薬の変色の度合いをあまり気にせず試薬を滴下し終点を求めた。滴下した試薬量は0.2～0.8 mLの間で変動したが，それら濃度の平均値は，調製された濃度とほぼ一致した。

次の①～④に一致する実験者をそれぞれ選べ。

① 正確さと精度の両方に優れる
② 正確さに優れるが精度が劣る
③ 正確さは劣るが精度がすぐれる
④ 正確さと精度の両方とも劣る

解 答 ①：ⓒ，②：ⓓ，③：ⓐ，④：ⓑ

おおむね，正確さと精度について理解できたと思われるが，このような差が現れるのは，測定値のすべてに必ず誤差が含まれるからである。その誤差について，概説する。

B-1-2 系統誤差と偶然誤差

化学分析のみならず機器分析においても誤差（error）は必ず付随する。計測用語にみる誤差とは，測定値（X_i）から真の値（μ）を引いた値と記載されており，式（B・1）で示される。

$$E = X_i - \mu \tag{B・1}$$

実際には，標準試料を用いた実験であっても真の値はわからないので，誤差を誘引する項目を回避しながら，繰り返し測定と結果の統計的処理を通じて，分析結果の正確さを求めることになる。

誤差には，系統誤差（systematic error）と偶然誤差（random error）があるといわれている。

系統誤差は，機器の欠陥（物理的誤差）や用いる試薬の純度（化学的誤差），人為的誤差，方法誤差に起因するもので，繰り返し測定を行っても一定の方向にほぼ同じ程度に生じる誤差をいう。このため，化学分析の項において述べたように，理論的計算により補正を行うとともに機器の校正，空実験を行うことで補正できる。

偶然誤差は，過失誤差ともいわれ，すべての測定において避けることのできないノイズや実験条件や実験者の判断の変動に基づくといわれる。偶然誤差は確率的に発生する傾向があり，繰り返し測定したとき，測定値がXとなる確率yは正規分布（normal distribution）に従い，式

> **理論は淘汰されるが実験事実は不変**
>
> 多くの理論は，新たな実験事実の出現で見直され，新たな理論に置き換わっている。実験事実は変化しないので，説明に窮する事実や不都合と思われる実験結果が生じたとき，新たな研究テーマの出現・チャンスととらえたいものである。そのためには，確実で間違いのない操作で実験を行い，得られた結果を例外と片付けない心をもつことが大切である。

(B・2) で表される。

$$y = \frac{1}{\sqrt{2\pi}\sigma} \exp\left\{-\frac{(X-\overline{X})^2}{2\sigma^2}\right\} \tag{B・2}$$

ここで，$\overline{X}$ は測定値の平均値（mean），σ は測定値の標準偏差である。$\overline{X}$ は，式（B・3）で与えられる。

$$\overline{X} = \frac{1}{N}\sum_{i=1}^{N} X_i \tag{B・3}$$

ここで，N は測定値の数，X_i は i 番目の測定値を示す。系統誤差を可能な限り小さくして得られた $\overline{X}$ は，真の値に対する最も確からしい推定値となる。測定値の確からしさを評価するために用いられる相対誤差と相対標準偏差などの求め方を以下に示す。

B-1-3　測定値の精度

測定値の精度は以下に示すいずれかの方法で表示され，その数値が小さいほど精度が高いことを表わす。

(1) 標準偏差（standard deviation）：σ

標準偏差は，式（B・4）で示され，測定値の精度の最も一般的な表示法である。

$$\sigma = \sqrt{\frac{\sum_{i=1}^{N}(X_i - \overline{X})^2}{N-1}} = \sqrt{\frac{\sum_{i=1}^{N} X_i^2 - \frac{1}{N}\left(\sum_{i=1}^{N} X_i\right)^2}{N-1}} \tag{B・4}$$

測定回数より1回少ない $N-1$ は，その系の自由度（degree of freedom）と呼ばれる。経済分野では，N が採用されるが，科学の分野ではもっぱら $N-1$ が使われる。測定値が正規分布する場合，測定値が $\overline{X}\pm\sigma$, $\overline{X}\pm 2\sigma$, $\overline{X}\pm 3\sigma$ の範囲に収まる確率は，それぞれ 68.26 %，95.46 %，99.73 % である。なお，標準偏差の二乗を分散といい，測定値1個あたりのバラツキを示す。

(2) 公算誤差（probable error）：ε

測定値の半数が $\overline{X}\pm\varepsilon$ の範囲に収まるとき，ε の値を公算誤差または確率誤差という。測定値が正規分布をなす場合の ε は 0.6745σ に等しい。

(3) 平均偏差（mean deviation）：$\overline{D}$

平均偏差は，式（B・5）で定義され，平均誤差ともいわれる。

$$\overline{D} = \frac{1}{N}\sum_{i=1}^{N}|X_i - \overline{X}| \qquad (B\cdot 5)$$

測定値が正規分布をなす場合の $\overline{D}$ は 0.7979σ に等しい。

B-1-4 平均値の精度

測定値の平均値 $\overline{X}$ の精度は，次のいずれかの方法で表示される。いずれの方法においても，測定回数を増すことによって，平均値の精度が向上することを示している。

(1) 平均値の標準偏差：$\hat{\sigma}$

測定値の平均値 $\overline{X}$ の標準偏差 $\hat{\sigma}$ は，標準誤差とも呼ばれ，式 (B・6) で示される。

$$\hat{\sigma} = \frac{\sigma}{\sqrt{N}} = \sqrt{\frac{\sum_{i=1}^{N}(X_i - \overline{X})^2}{N(N-1)}} \qquad (B\cdot 6)$$

(2) 平均値の公算誤差：$\hat{\varepsilon}$

測定値の平均値 $\overline{X}$ の公算誤差 $\hat{\varepsilon}$ は式 (B・7) で示される。

$$\hat{\varepsilon} = \frac{\varepsilon}{\sqrt{N}} = 0.6745\hat{\sigma} \qquad (B\cdot 7)$$

$\overline{X} \pm \hat{\varepsilon}$ は 50 % の確率で真の値が見出される範囲を表わす。

B-1-5 測定値の棄却

異常に大きな偏差を示す測定値は，偶然誤差以外の誤差を含んでいる可能性が大きいので，その測定値を棄却することとし，統計処理をあらためてやり直す。棄却する基準を以下に示す。

1) 3σ 法：測定値の標準偏差を求め，測定値が $\overline{X} \pm 3\sigma$ の範囲に収まらない場合は，棄却することになる。上述したように，測定値が正規分布していれば，その 99.73 % が $\overline{X} \pm 3\sigma$ の範囲に収まる。これに収まらない 0.27 % の測定値を棄却することとなる。$\overline{X} \pm 2.5\sigma$ に収まらない測定値は，1.24 % に相当する。

2) $4\overline{D}$ 法：平均偏差を求め，$\overline{X} \pm 4\overline{D}$ の範囲に収まらない測定値を棄却する。この場合，0.14 % の測定値が棄却される。

練習問題解答

1章

1-1

① 水素化ナトリウム　Na：＋1, H：－1
② 水素化カルシウム　Ca：＋2, H：－1
③ 二フッ化酸素　O：＋2, F：－1
④ 塩化クロム(Ⅲ)　Cr：＋3, Cl：－1
⑤ 亜リン酸ナトリウム　Na：＋1, P：＋3, O：－2
⑥ 亜リン酸二水素ナトリウム　Na：＋1, H：＋1, P：＋3, O：－2
⑦ 亜硫酸鉛　Pb：＋2, S：＋4, O：－2
⑧ 硫酸鉄(Ⅱ)　Fe：＋2, S：＋6, O：－2
⑨ 硫酸鉄(Ⅲ)　Fe：＋3, S：＋6, O：－2
⑩ 硝酸鉛　Pb：＋2, N：＋5, O：－2
⑪ KNO_3
⑫ $NaNO_2$
⑬ MnO
⑭ Mn_2O_7
⑮ Na_2O_2
⑯ $KClO$
⑰ $KClO_3$
⑱ $NaHSO_3$
⑲ Na_2SO_4
⑳ $NaIO_3$

Naは＋1なので，陰イオン(PO_3^{3-})の酸化数の合計が－3。これより，Oは－2，Pは＋3とわかる。以下同様に考える。

SO_3^{2-} なので，Pbは＋2とわかり，Oは－2，ついでSは＋4とわかる。

1-2

1) $20.0/150 \times 100 = 13.3\ \%_{(w/w)}$
2) $20.0/(20.0+150) \times 100 = 11.8\ \%_{(w/w)}$
   以下の問いについては，未知数を x として，(1·1)式に当てはめた後，代数計算するだけで求められる。
3) 溶質を x として，式(1·1)にあてはめると，$B = x/(A+x) \times 100$ となり，$x = AB/(100-B)$ となる。
4) 溶液を y として，式(1·1)にあてはめる。$D = C/y \times 100$ となり，$y = 100C/D$ となる。
5) 4)のように溶液の重さを求め，式(1·1)にあてはめると $100E/(FG)$ g を得る。
6) 溶質の質量は：$OP/100$，溶液の体積は P/R を式(1·2)にあてはめると，$C_M = OP/(100Q) \times 1000/(P/R)$ より，$10OR/Q$ mol/L を得る。

「溶液＝溶質＋溶媒」を知りながら，1)と2)の違いを理解できない人は，注意力不足です。文学・小説等を読み，読解力を養いなさい

濃度の定義がわかっていながら答えを導けない場合，中学の数学の復習が不可避。文章の意味を理解できるように注意して読んで，簡単な数式を解くのが濃度関係の問題である。特別な知識は必要でない。

1-3

1) このような場合，水溶液の体積を1Lで考えるのが便利である。
   溶液1Lの質量は，$1000 \times 1.041 = 1041$ g その中に酢酸が $36.0\ \%_{(w/w)}$ で含まれるので，その質量は $1041 \times 0.360 = 374.8$ g，酢酸のモル質量は 60.05 g/mol
   ∴ $C_M = 374.8/60.05 \times 1000/1000 = 6.241$ M
2) 1)を経て，考える。必要な体積を x mL とすると
   $1.00 = (6.241 \times x \times 10^{-3}) \times (1000/500)$ より $x = 80.1$ mL となる。
   また，必要な体積を x mL とし，直接的に考え，式(1·2)にあてはめ

ると

$$1.00 = \frac{(x \times 1.041 \times 0.360)}{60.05} \times \left(\frac{1000}{500}\right)$$ となる。これより，$x = 80.1$ mL

となる。

以下の問いについても同様に考えるとよい。

1–4

1) モル濃度×体積は物質量。∴ $AB \times 10^{-3}$ mol
2) 質量は物質量×モル質量。∴ $ABC \times 10^{-3}$ g
3) $\dfrac{ABC \times 10^{-3}}{B} \times 10^6 = AC \times 10^3$ ppm

1–5

1) $BaCl_2 \longrightarrow Ba^{2+} + 2Cl^-$ であり，$[Cl^-] = 0.220$ M
2) $BaCl_2 \cdot 2H_2O$ のモル質量は 244.23 g/mol　$0.110 \times 750 \times 10^{-3} \times 244.23 = 20.1$ g
3) 追加する水の体積を x mL とすると，$0.050 = 0.110 \times 750 \times 10^{-3} \times \dfrac{1000}{750+x}$ より $x = 900$ mL
4) 2.00 L に含まれる Ba^{2+} および Cl^- の質量は
   Ba^{2+}: $0.050 \times 10 \times 10^{-3} \times 137.33 = 0.0687$ g，　Cl^-: $0.050 \times 10 \times 10^{-3} \times 2 \times 35.45 = 0.03545$ g
   よって，各々を ppm で表わすと
   $[Ba^{2+}] = \dfrac{0.0687}{2000} \times 10^6 = 34$ ppm，　$[Cl^-] = \dfrac{0.03545}{2000} \times 10^6 = 18$ ppm
5) 溶液の体積を y とすると
   $\left(\dfrac{0.0687}{y}\right) \times 10^6 = 20$ ppm より，$y = 3.4$ L

1–6

1) NaCl，$Fe(NO_3)_3$，$Al_2(SO_4)_3$
2) 58.44 g/mol，241.88 g/mol，342.17 g/mol
3) NaCl，$10/58.44 = 0.171$ mol
4) $\dfrac{10.0}{58.44} \times \dfrac{1000}{350} = 0.489$ M，$\dfrac{10.0}{241.88} \times \dfrac{1000}{350} = 0.118$ M，
   $\dfrac{10}{342.17} \times \dfrac{1000}{350} = 8.35 \times 10^{-2}$ M
5) 塩化銀のモル質量は 143.35 g/mol，$2.55 \times 10^{-2} \times 25.0 \times 10^{-3} \times 143.35 = 9.14 \times 10^{-2}$ g
6) 水酸化鉄(Ⅲ)のモル質量は 106.87 g/mol，$2.55 \times 10^{-2} \times 25.0 \times 10^{-3} \times 106.87 = 6.81 \times 10^{-2}$ g
7) 鉄イオンの濃度：$(2.55 \times 10^{-2} \times 25.0 \times 10^{-3} \times 55.85)/1000 \times 10^6 = 35.6$ ppm
   硝酸イオンの濃度：$(2.55 \times 10^{-2} \times 25.0 \times 10^{-3} \times 3 \times 62.01)/1000 \times 10^6 = 119$ ppm

質量/モル質量=物質量なので，モル質量の最も小さい NaCl の物質量が最大となることは計算しなくともわかるので，機械的に計算してから比較すべきでない。

このような問いでは，必ず反応式「$NaCl + AgNO_3 \longrightarrow AgCl + NaNO_3$」を理解した上で解答するよう心がけること

同様の理由により，$Fe(NO_3)_3 + 3NaOH \longrightarrow Fe(OH)_3 + 3NaNO_3$

1–7

1) $2NaHCO_3 \longrightarrow Na_2CO_3 + H_2O + CO_2$
2) Na_2CO_3 の物質量は $NaHCO_3$ の物質量の 1/2 で，$(0.3000/84.01)/2 =$

1.786×10^{-3} mol，その質量は，$[(0.3000/84.01)/2] \times 105.99 = 0.1892$ g

3) 不純物の化学式を A とすると，反応式：$2\,\mathrm{NaHCO_3} + \mathrm{A} \longrightarrow \mathrm{Na_2CO_3} + \mathrm{A} + \mathrm{H_2O} + \mathrm{CO_2}$

$\mathrm{NaHCO_3}$ の質量を x g，A の質量を a g とすると，$x + a = 0.3000$ ……(1)
$[(x/84.01)/2] \times 105.99 + a = 0.1980$ ……(2) が成り立つ。
これらを解くと，$x = 0.2763$ g，$a = 0.0237$ g ∴ 純度は，
$(0.2763/0.3000) \times 100 = 92.1\%$

3)′ 別解

1)の反応式より，$\mathrm{NaHCO_3}$ の 2 mol より $\mathrm{H_2O}$ と $\mathrm{CO_2}$ が 1 mol ずつ発生し，残渣として $\mathrm{Na_2CO_3}$ と不純物が残ると考える。
$0.3000 - 0.198 = 0.1020$ g その物質量は，$0.1020/(44.01 + 18.016) = 1.644 \times 10^{-3}$ mol
これより，$\mathrm{NaHCO_3}$ の物質量は，$1.644 \times 10^{-3} \times 2 = 3.289 \times 10^{-3}$ mol
その質量は $3.288 \times 10^{-3} \times 84.01 = 0.2762$ g と求められる。

1-8

NaCl を x g　KCl を y g とすると
$x + y = 0.5311$ …(1)
$x/58.44 + y/74.55 = 1.1519/143.32$ …(2) が成り立つ。
連立方程式を解いて，$x = 0.2469$ g，$y = 0.2842$ g ∴ NaCl の含有率は 46.49%

これまで比例計算で解答していた場合は，この付近から問題が解けなくなる。物質量で考える習慣を身につけること。

1-9

1) ① S: $+6$，② Br: $+1$，③ Cr: $+6$，④ Fe: $+3$
2) ① $\mathrm{S^{2-}} + 4\,\mathrm{H_2O} \rightleftarrows \mathrm{SO_4^{2-}} + 8\,\mathrm{H^+} + 8\,e$
   ② $\mathrm{BrO^-} + 2\,\mathrm{H^+} + 2\,e \rightleftarrows \mathrm{Br^-} + \mathrm{H_2O}$
   ③ $\mathrm{Cr_2O_7^{2-}} + 14\,\mathrm{H^+} + 6\,e \rightleftarrows 2\,\mathrm{Cr^{3+}} + 7\,\mathrm{H_2O}$
   ④ $\mathrm{Fe^{2+}} \rightleftarrows \mathrm{Fe^{3+}} + e$
   ⑤ $\mathrm{H_2O_2} + 2\,\mathrm{H^+} + 2\,e \rightleftarrows 2\,\mathrm{H_2O}$
   ⑥ $\mathrm{H_2O_2} \rightleftarrows \mathrm{O_2} + 2\,\mathrm{H^+} + 2\,e$
3) ①と②：$\mathrm{S^{2-}} + 4\,\mathrm{BrO^-} \rightleftarrows \mathrm{SO_4^{2-}} + 4\,\mathrm{Br^-}$
   ③と④：$\mathrm{K_2Cr_2O_7} + 6\,\mathrm{FeSO_4} + 7\,\mathrm{H_2SO_4} \rightleftarrows \mathrm{Cr_2(SO_4)_3} + 3\,\mathrm{Fe_2(SO_4)_3} + \mathrm{K_2SO_4} + 7\,\mathrm{H_2O}$
   ⑤と⑥：$2\,\mathrm{H_2O_2} \rightleftarrows 2\,\mathrm{H_2O} + \mathrm{O_2}$

元素の酸化数を求められない場合は，1-1-2 に戻って，復習せよ。覚えるだけでは限界がくる。

1-10

5.00×10^{-1} M HCl の場合：$a_{\mathrm{H^+}} = 0.757 \times 5.00 \times 10^{-1} = 3.79 \times 10^{-1}$ M
pH $= -\log 3.79 \times 10^{-1} = 0.42$
1.00×10^{-2} M HCl の場合：$a_{\mathrm{H^+}} = 0.924 \times 1.00 \times 10^{-2} = 9.24 \times 10^{-3}$ M
pH $= -\log 9.24 \times 10^{-3} = 2.03$

1-11

$\mu = 1/2\,\Sigma\,(0.1 \cdot 1^2 + 0.1 \cdot 1^2) = 0.1$ を式(1・13)に当てはめて
$-\log f_{\mathrm{Na^+}} = 0.114$，∴ $f_{\mathrm{Na^+}} = 0.769$，$-\log f_{\mathrm{Cl^-}} = 0.123$，∴ $f_{\mathrm{Cl^-}} = 0.753$，また $f_\pm = \sqrt{0.769 \times 0.753} = 0.761$
同様にして，$\mu = 1/2\,\Sigma\,(0.001 \cdot 1^2 + 0.001 \cdot 1^2) = 0.001$
$-\log f_{\mathrm{Na^+}} = 1.545 \times 10^{-2}$，∴ $f_{\mathrm{Na^+}} = 0.965$，$-\log f_{\mathrm{Cl^-}} = 1.561 \times 10^{-2}$
∴ $f_{\mathrm{Cl^-}} = 0.965$，また $f_\pm = 0.965$

2章

2-1
① $[Na^+] + 2[Ca^{2+}] + 3[Cr^{3+}] = [Cl^-]$
② $2[Co^{2+}] + [CoCl^+] + [Na^+] = [Cl^-] + [CoCl_3^-] + 2[CoCl_4^{2-}]$

> 電荷均衡則では電気的に中性な化学種，この場合は $CoCl_2$, の濃度は無関係である。

2-2
熱力学的平衡定数 $K = \dfrac{a_C^p a_D^q}{a_A^m a_B^n}$，濃度平衡定数 $K' = \dfrac{[C]^p[D]^q}{[A]^m[B]^n}$

活量と濃度の関係，$a_i = f_i C_i$ を熱力学的平衡定数に代入すると

$\dfrac{a_C^p a_D^q}{a_A^m a_B^n} = \dfrac{f_C^p[C]^p f_D^q[D]^q}{f_A^m[A]^m f_B^n[B]^n}$ となり，$K = \dfrac{f_C^p f_D^q}{f_A^m f_B^n} \times K'$ となる。

2-3
熱力学的平衡定数より，$\Delta G^\circ = -8.3145 \times (25+273) \times 2.303 \times \log 3.98 \times 10^{10} = -6.05 \times 10^4 \text{ J mol}^{-1}$ を得る。また，式(1·20)より
$-6.05 \times 10^4 = -56.5 \times 10^3 - (25+273) \times \Delta S^\circ$ となり
$\Delta S^\circ = 13.4 \text{ J mol}^{-1}\text{deg}^{-1}$

2-4
1) $K = \dfrac{[HI]^2}{[H_2][I_2]} = \dfrac{(1.80 \times 10^{-2})^2}{(2.50 \times 10^{-3}) \times (2.50 \times 10^{-3})} = 5.18 \times 10$

2) HI の生成したときの濃度を $2x$ mol/L とすると

$5.18 \times 10 = \dfrac{(2x)^2}{(0.400-x)(0.400-x)}$

より，$x = 0.313$ mol/L

∴ $[HI] = 0.626$ mol/L, $[H_2] = [I_2] = 8.70 \times 10^{-2}$ mol/L

> 得られた数値の妥当性を考慮せよ。

2-5
1) $T_1 = 10 + 273 = 283$ K，$T_2 = 40 + 273 = 313$ K で $k_2/k_1 = 4$ を式(2·22)にあてはめると
$\ln 4 = -E_a/8.3145 \times (1/313 - 1/283)$ より，$E_a = 3.40 \times 10^4 \text{ J mol}^{-1}$ を得る。

2) $T_1 = 283$ K，$T_2 = 373$ K，上で求めた活性化エネルギーを用いると，
$\ln k_2/k_1 = -3.40 \times 10^4/8.3145 \times (1/373 - 1/283)$　$k_2/k_1 = 32.7$ 倍となる。

2-6
1) 氷酢酸の必要量を x mol とすると

$K = \dfrac{[CH_3COOC_2H_5][H_2O]}{[CH_3COOH][C_2H_5OH]} = \dfrac{(4.00 \times 0.85)^2}{(x - 4.00 \times 0.85)(4.00 - 4.00 \times 0.85)} = 3.30$

よって，$x = 9.24$ mol

2) 本文中の例の後半の続きと考えると，氷酢酸 1.00 mol に無水エタノール 2.00 mol を反応させた場合は，前述のように次式により，生成する酢酸エステルは 0.825 mol となる。

$3.30 = \dfrac{[CH_3COOC_2H_5][H_2O]}{[CH_3COOH][C_2H_5OH]} = \dfrac{x^2}{(1.00-x)(2.00-x)}$　　　$x = 0.825$ mol

よって，反応終了後の各物質の物質量は

$[CH_3COOH] = 0.175$ mol, $[C_2H_5OH] = 1.175$ mol, $[CH_3COOC_2H_5] = [H_2O] = 0.825$ mol

となっている。これに水 0.400 mol を加えたことにより，新たな平衡状態になり，その際，減少すると思われる酢酸エステルの物質量を y mol とする

と

$$3.30 = \frac{[CH_3COOC_2H_5][H_2O]}{[CH_3COOH][C_2H_5OH]} = \frac{(0.825-y)(1.225-y)}{(0.175+y)(1.175+y)} \quad y = 0.050 \text{ mol}$$

残存する酢酸エステルは $0.825-0.050=0.775$ mol と求められる。しかし，数値を見れば途中の計算が複雑になることはさけられないことがわかる。

そこで，氷酢酸 1.00 mol に無水エタノール 2.00 mol と水 0.400 mol 含む系で，生成する酢酸エステルを z mol と考えるとよい。

$$3.30 = \frac{[CH_3COOC_2H_5][H_2O]}{[CH_3COOH][C_2H_5OH]} = \frac{z \times (0.400+z)}{(1.00-z)(2.00-z)} \quad z = 0.775 \text{ mol}$$

当然，両方の系で存在する酢酸エステルの物質量は同じとなる。
このような扱い方もできるので，質量作用の法則は便利である。

2-7

1) $\dfrac{[C][D]}{[A][B]}=3.30$ は $\dfrac{[C]^2}{[A]^2}=\dfrac{[D]^2}{[B]^2}=3.30$ である。$\therefore \dfrac{[C]}{[A]}=\dfrac{[D]}{[B]}=\sqrt{3.30}$

$\dfrac{[C]}{[A]}=\dfrac{[D]}{[B]}=1.82$ と求まる。反応前の A は，反応後残存する A と生じた C となるので

$$\text{反応率は} \quad \frac{[C]}{[A]+[C]} \times 100 \text{ or } \frac{[D]}{[B]+[D]} \times 100 = 64.5\%$$

2) この場合の反応式に，質量作用の法則を適用すると，平衡定数 K は

$$K = \frac{[C][D]}{[A][B]^2} = \frac{(0.999)^2}{(1.00-0.999)(2-2\times 0.999)^2} \fallingdotseq 2.5 \times 10^8$$

$$\therefore K \geqq 2.5 \times 10^8$$

2-8

$\dfrac{[C][D]}{[A][B]}=2.00\times 10^{15}$ と等モル反応で定量的とした場合の平衡定数の値 ($K>10^6$) より 10^9 大きいので，用いた A の全てが反応すると考えられるが，残存する微量の A の濃度を x とすると，各々の量関係は次のように書ける。

	A	+	B	$\rightleftarrows$	C	+	D
反応前	0.200		0.400				
平衡時	x		$(0.400-0.200)+x$		$0.200-x$		$0.200-x$

ここで，0.200 に比べて x は極めて小さい予想されるので，$0.200+x \fallingdotseq 0.200$ また $0.200-x \fallingdotseq 0.200$ と近似できる。

このような希薄な濃度の測定は，現在の技術では不可能である。

$$\therefore \frac{[C][D]}{[A][B]} = \frac{0.200^2}{x \times 0.200} = 2.00 \times 10^{15} \text{ と簡略化でき，} x = 1.00 \times 10^{-16} \text{ となる。}$$

2-9

AB $\rightleftarrows$ A+B のような解離反応でも練習問題 2-8 の場合と同様に近似するとよいが，無視せずに考えてみよう。

$\dfrac{[A][B]}{[AB]}=2.00 \times 10^{-6}$ であることから，用いた AB の全てが解離することなく残存すると考えられるが，解離する微量の A の濃度を x とすると，各々の量関係は次のように書ける。

$$\begin{array}{ccccc} & AB & \rightleftarrows & A & + & B \\ 解離前 & 0.100 & & & & \\ 平衡時 & 0.100-x & & x & & x \end{array}$$

これを平衡定数に当てはめ

$$\frac{x^2}{0.100-x}=2.00\times10^{-6}$$ より，$x^2=2.00\times10^{-7}-2.00\times10^{-6}x$，整理して

$$x^2+2.00\times10^{-6}x-2.00\times10^{-7}=0$$

解の公式に当てはめて

$$x=\frac{-2.00\times10^{-6}+\{(2.00\times10^{-6})^2+4\times2.00\times10^{-7}\}^{1/2}}{2}$$ より

$x=4.46\times10^{-4}$ と求められる。

よって，解離後の[AB] $=0.100-4.46\times10^{-4}=9.96\times10^{-2}$ と 99.6 % 残存する。

このような場合，次のように近似するのが便利である。

0.100 に比べて x は著しく小さいと予測されるので，$0.100-x=0.100$ と見なせる。

よって，$\frac{x^2}{0.100}=2.00\times10^{-6}$ と書け，$x=4.47\times10^{-4}$ と求まる。

すなわち，近似しない場合とほぼ同じ値となる。

2-10

反応せずに残る A を x とすると，B は $2x$，生じる C は $0.20-2x$ となり，次式が成り立つ。

$$\therefore \frac{(0.2-2x)^2}{x\times(2x)^2}=2.0\times10^{10}$$

しかし，$K=2\times10^{10}$ と大きな値であり，生成物 C は，ほぼ 0.2 mol 生じ，それに比べて，$2x$ は著しく小さいと考えられる。

よって，$\frac{(0.2)^2}{x\times(2x)^2}=2.0\times10^{10}$ としてよいので，$x=(4\times10^{-2}/(8\times10^{10}))^{1/3}$ $=7.94\times10^{-5}$ M となる。

$\therefore [A]=7.9\times10^{-5}$ M, $[B]=1.6\times10^{-4}$ M, $[C]=0.2-7.9\times10^{-5}\cong0.20$ M

平衡定数に関わる問題は，すべて理解し解答できなければならない。章が進むにつれて複数の化学平衡を組み合せて扱うことになるので，十分理解できないのであれば，2-2-4 を復習せよ。

3 章

3-1

HF の $K_a=7.2\times10^{-4}$，HCl はほぼ完全解離，HCN の $K_a=4\times10^{-10}$
HF の場合，$[H^+]=[F^-]=(7.2\times10^{-4}\times0.010)^{1/2}=2.7\times10^{-3}$ M, $[HF]=0.010-2.7\times10^{-3}=7.3\times10^{-3}$ M, $[OH^-]=1\times10^{-14}/(2.7\times10^{-3})=3.7\times10^{-12}$ M, pH $=-\log2.7\times10^{-3}=2.57$
HCl の場合，$[H^+]=[Cl^-]=0.010$ M, $[HCl]=0.0$ M, $[OH^-]=1\times10^{-14}/0.010=1.0\times10^{-12}$ M, pH $=-\log0.010=2.00$
HCN の場合，$[H^+]=[CN^-]=(4\times10^{-10}\times0.010)^{1/2}=2.0\times10^{-6}$ M, $[HCN]=0.010-2.0\times10^{-6}=0.010$ M, $[OH^-]=5\times10^{-9}$ M, pH $=-\log2.0\times10^{-6}=5.70$

3-2

CH_3COOH の $K_a=1.80\times10^{-5}$

$$[OH^-]=\left(\frac{1\times10^{-14}}{1.80\times10^{-5}}\times0.050\right)^{\frac{1}{2}}=5.27\times10^{-6} \text{ M}$$

$[H^+]=1\times10^{-14}/5.27\times10^{-6}=1.90\times10^{-9}$ M $\therefore$ pH $=8.72$

3-3

CH$_3$COONa: 82.03 g/mol　pH 5.20 ⟶ [H$^+$] = $10^{-5.2}$ = 6.31×10^{-6} M　必要な酢酸ナトリウムの質量を x g とすると

$$6.31 \times 10^{-6} = \frac{0.100}{C_b} \times 1.80 \times 10^{-5}\text{ より } C_b = 2.85 \times 10^{-1}\text{ M}$$

$$\therefore 2.85 \times 10^{-1} = \frac{x}{82.03} \times \frac{1000}{500} \quad \therefore x = 11.7\text{ g}$$

3-4

HA ⇌ H$^+$ + A$^-$　K_a = [H$^+$][A$^-$]/[HA]
A$^-$ + H$_2$O ⇌ HA + OH$^-$ では[H$_2$O]は一定とみなせ，K_b = [HA][OH$^-$]/[A$^-$]
両式を組み合わせると，K_a = [H$^+$][OH$^-$]/K_b　∴ $K_a K_b = K_w$

3-5

NH$_3$ の $K_b = 1.81 \times 10^{-5}$

$$[\text{H}^+] = [\text{NH}_3] = \left(\frac{1 \times 10^{-14}}{1.81 \times 10^{-5}} \times 0.0100\right)^{\frac{1}{2}} = 2.35 \times 10^{-6}\text{ M}$$

[NH$_4^+$] = $0.0100 - 2.35 \times 10^{-6} = 1.00 \times 10^{-2}$ M，[OH$^-$] = $1 \times 10^{-14}/(2.35 \times 10^{-6}) = 4.26 \times 10^{-9}$ M

$$\therefore \text{pH} = 5.63$$

3-6

H$_2$S の $K_1 = 1.1 \times 10^{-7}$, $K_2 = 1.3 \times 10^{-14}$ である。
これらの電離定数にみるように，$K_1 \gg K_2$ では第2段の電離を無視して水素イオン濃度が近似できる。
すなわち，その際の仮定が[H$^+$] ≅ [HS$^-$]であり，K_2 = [S^{2-}]となる。
溶液のpH条件を考慮した近似は，式(3・52)に従う。塩酸酸性で[H$^+$] = 0.30 M とした場合

$$\frac{[\text{S}^{2-}]}{C_a} = \frac{K_1 K_2}{[\text{H}^+]^2 + K_1[\text{H}^+] + K_1 K_2}\text{ に代入。}$$

$$\frac{[\text{S}^{2-}]}{0.050} = \frac{1.1 \times 10^{-7} \times 1.3 \times 10^{-14}}{0.30^2 + 0.30 \times 1.1 \times 10^{-7} + 1.1 \times 10^{-7} \times 1.3 \times 10^{-14}}$$

$$\therefore [\text{S}^{2-}] = 7.9 \times 10^{-22}\text{ M}$$

3-7

体積が倍となるので，濃度は $\frac{1}{2}$ の 0.010 M となる。

HCN の場合

$$[\text{OH}^-] = \left(\frac{1 \times 10^{-14}}{4.0 \times 10^{-10}} \times 0.010\right)^{1/2} = 5.0 \times 10^{-4}\text{ M}$$

[H$^+$] = $1 \times 10^{-14}/5.0 \times 10^{-4} = 2.0 \times 10^{-11}$ M　∴ pH = 10.7
変色域 pH 10〜12　アリザリンエロー GG

HClO の場合

$$[\text{OH}^-] = \left(\frac{1 \times 10^{-14}}{2.95 \times 10^{-8}} \times 0.010\right)^{1/2} = 5.8 \times 10^{-5}\text{ M}$$

[H$^+$] = $1 \times 10^{-14}/5.8 \times 10^{-5} = 1.7 \times 10^{-10}$ M　∴ pH = 9.8
変色域 pH 8.3〜10.0 のフェノールフタレイン

CH$_3$COOH の場合

$$[\text{OH}^-] = \left(\frac{1 \times 10^{-14}}{1.80 \times 10^{-5}} \times 0.010\right)^{1/2} = 2.4 \times 10^{-6}\,\text{M}$$

$[\text{H}^+] = 1 \times 10^{-14}/2.4 \times 10^{-6} = 4.2 \times 10^{-9}\,\text{M}$ ∴ pH = 8.4

変色域 pH 8.0〜9.5 のチモールブルー（アルカリ側）がそれぞれ，最適と考えられる。

> 被滴定溶液の濃度によっても最適指示薬が異なる点にも注意を要する。

3-8

1) 式 (3·37) により，$[\text{H}^+] = (C_a/C_b) \times K_a = 1.80 \times 10^{-5}\,\text{M}$ ∴ pH = 4.74

2) 問いでは，濃度が同じであるが，濃度が異なるときのことも考えて解答する。

   残存する酸の濃度は，$C_a = \{(1.00 \times 10^{-1} \times 100 - 1.00 \times 10^{-1} \times 2) \times 10^{-3}\} \times 1000/102 = 9.61 \times 10^{-2}\,\text{M}$

   生じる塩の濃度は，$C_b = \{(1.00 \times 10^{-1} \times 100 + 1.00 \times 10^{-1} \times 2) \times 10^{-3}\} \times 1000/102 = 1.00 \times 10^{-1}\,\text{M}$

   となり，$[\text{H}^+] = (9.61 \times 10^{-2}/1.00 \times 10^{-1}) \times 1.80 \times 10^{-5} = 1.73 \times 10^{-5}\,\text{M}$，∴ pH = 4.76。

   <u>C_a および C_b を求める式で，{ } 内は物質量を表わす。ここで，溶液の体積換算『1000/102』を忘れても，分子分母にキャンセルされるので，正答となるが，当量点での pH 計算には，体積を考慮しない場合，不正解となる。滴定に関わる計算には，体積変化を考慮に入れよ。</u>

3) 同様にして，$[\text{H}^+] = (1.00 \times 10^{-1}/9.61 \times 10^{-2}) \times 1.80 \times 10^{-5} = 1.87 \times 10^{-5}\,\text{M}$，∴ pH = 4.73

3-9

滴定誤差は，式 (3·90)，式 (3·91) で求められる。
この場合，未中和の HCl の物質量 / 中和されるべき HCl の物質量）×100 で表されるので

中和されるべき HCl の物質量：$0.10 \times 25.0 \times 10^{-3}$ mol
滴定量はほぼ 25 mL 必要なので，$1.00 \times 10^{-5} \times (25+25) \times 10^{-3}$ mol
∴ $(1.00 \times 10^{-5} \times 50 \times 10^{-3})/(0.10 \times 25.0 \times 10^{-3}) \times 100 = 2.0 \times 10^{-2}$ % で当量点前なので，-2.0×10^{-2} % のマイナス誤差となる。

3-10

1) NaOH と HCl との反応は NaOH + HCl ⟶ NaCl + H₂O なので，
   NaOH 溶液のモル濃度を x とすると，$x \times 25.00 = 0.1200 \times 21.15$ より，$x = 0.1015\,\text{M}$
   ∴ $0.1015 \times 750 \times 10^{-3} \times 40.00 = 3.045$ g

2) NaHCO₃ と HCl との反応は NaHCO₃ + HCl ⟶ NaCl + CO₂ + H₂O なので
   NaHCO₃ のモル質量は 84.00 g/mol，HCl 溶液のモル濃度を x とすると，$0.3360/84.00 = x \times 38.09 \times 10^{-3}$ ∴ $x = 0.1050\,\text{M}$

3) メチルオレンジ終点では
   HCl + NaOH ⟶ NaCl + H₂O　　ⓐ
   H₃PO₄ + NaOH ⟶ NaH₂PO₄ + H₂O　　ⓑ
   ブロモチモールブルー終点では
   NaH₂PO₄ + NaOH ⟶ Na₂HPO₄ + H₂O　　ⓒ
   ⓒより，Na₂HPO₄ の物質量は，H₃PO₄ の物質量と等しい。
   ∴ H₃PO₄ の物質量は，$0.2000 \times 10 \times 10^{-3} = 2.000 \times 10^{-3}$ mol
   H₃PO₄ のモル濃度は，$2.000 \times 10^{-3} \times 1000/100 = 2.000 \times 10^{-2}\,\text{M}$

> 課題3-2に取り組み，図3-4のような滴定曲線を描けるようになれば，酸塩基平衡を理解しているとみなされる。難しい場合は，3-7-1を復習せよ。

ⓐ，ⓑより HCl の中和に要する NaOH の体積は，$25.00 - 10.00 = 15.00$ mL

∴ HCl のモル濃度は，$0.200 \times 15.00 \times 10^{-3} \times 1000/100 = 3.000 \times 10^{-2}$ M

4章

4-1

1) 塩化銀
2) ① ⓐ AgCl，ⓓ MnS，ⓔ PbS
   ② ⓑ クロム酸銀，③ ⓒ 塩化鉛，④ ⓒ 塩化鉛で $S = 1.59 \times 10^{-2}$ M，
   ⑤ ⓒ 塩化鉛で $[Pb^{2+}] = 1.59 \times 10^{-2}$ M

4-2

両液の濃度及び体積は不明であるが，沈殿生成平衡とは，AgCl の飽和溶液であるので，常に溶解度積が成り立っている。

∴ $[Ag^+][Cl^-] = 1.50 \times 10^{-3} \times [Cl^-] = 1.80 \times 10^{-10}$ より $[Cl^-] = 1.20 \times 10^{-7}$ M

4-3

確認の意味で，電離平衡の式を記した上で，計算するように心がけよ。
①では，$AgBr \rightleftarrows Ag^+ + Br^-$

$AgBr(187.8 \text{ g/mol}) \quad S = [Ag^+] = [Br^-] = \dfrac{1.35 \times 10^{-4}}{187.8} = 7.19 \times 10^{-7}$ M

$K_{sp} = [Ag^+][Br^-] = 5.17 \times 10^{-13}$

②では，$Ag_2MoO_4 \rightleftarrows 2\,Ag^+ + MoO_4^{2-}$

$Ag_2MoO_4(375.7 \text{ g/mol}) \quad S = [MoO_4^{2-}] = \dfrac{3.90 \times 10^{-2}}{375.7} = 1.04 \times 10^{-4}$ M

$[Ag^+] = 2[MoO_4^{2-}] \quad K_{sp} = [Ag^+]^2[MoO_4^{2-}] = 4.50 \times 10^{-12}$

③では，$Ag_3PO_4 \rightleftarrows 3\,Ag^+ + PO_4^{3-}$

$Ag_3PO_4(418.6 \text{ g/mol}) \quad S = [PO_4^{3-}] = \dfrac{6.73 \times 10^{-3}}{418.67} = 1.61 \times 10^{-5}$ M

$[Ag^+] = 3[PO_4^{3-}] \quad K_{sp} = [Ag^+]^3[PO_4^{3-}] = 1.81 \times 10^{-18}$

4-4

① $S = [CrO_4^{2-}] = \left(\dfrac{1.90 \times 10^{-12}}{4}\right)^{\frac{1}{3}} = 7.80 \times 10^{-5}$ M

② $S = [CrO_4^{2-}] = 7.80 \times 10^{-5}$ M，$\quad [Ag^+] = 2[CrO_4^{2-}] = 1.56 \times 10^{-4}$ M

③ $Ag_2CrO_4 \rightleftarrows 2\,Ag^+ + CrO_4^{2-}$
   $Na_2CrO_4 \longrightarrow 2\,Na^+ + CrO_4^{2-}$

   Ag_2CrO_4 の解離で生じる $[CrO_4^{2-}]$ より Na_2CrO_4 の解離によって生じる $[CrO_4^{2-}]$ が極めて大きく無視できる。
   $1.90 \times 10^{-12} = [Ag^+]^2 \times 0.070 \quad ∴ [Ag^+] = 5.21 \times 10^{-6}$ M
   この値は Ag_2CrO_4 の溶解により生じているので，$2S = [Ag^+]$ なので，
   $S = 2.61 \times 10^{-6}$ M

④ $Ag_2CrO_4(331.8 \text{ g/mol})$ 純水中では，$7.80 \times 10^{-5} \times 500 \times 10^{-3} \times 331.8 = 1.29 \times 10^{-2}$ g 溶けるが
   0.070 M Na_2CrO_4 共存下では $2.61 \times 10^{-6} \times 500 \times 10^{-3} \times 331.8 = 4.33 \times 10^{-4}$ g

   ∴ $1.29 \times 10^{-2} - 4.33 \times 10^{-4} = 1.25 \times 10^{-2}$ g 沈殿する。

4-5

まず，イオン強度を式(1・17)に従い求める。

AgCl の飽和溶液中の Ag^+，Cl^- の濃度は，共存する K^+，NO_3^- の濃度に比べて無視できるので，イオン強度の計算は，硝酸カリウムの濃度より求める。$\mu = 1/2(1.00 \times 10^{-2} \times 1^2 + 1.00 \times 10^{-2} \times 1^2) = 0.01$ となる。

多くの 1 価イオンの $a = 3 \times 10^{-8}$ であり，Debye-Hükelr 理論の式(1・14)従い，活量係数を求めると

$-\log f_{Ag^+} = 0.51 \times 1^2 \times 0.01^{1/2}/(1+0.01^{1/2}) = 0.046$

$-\log f_{Cl^-} = 0.51 \times (-1)^2 \times 0.01^{1/2}/(1+0.01^{1/2}) = 0.046$

$f_{Ag^+} = f_{Cl^-} = 0.899$

これらの活量係数を式(4・10)に当てはめると

$[Ag^+][Cl^-] = 1.80 \times 10^{-10}/(0.899)^2 = 2.23 \times 10^{-10}$ を得る。

4-6

Ag_2SO_4(311.87 g/mol)，$Ag_2SO_4 \rightleftharpoons 2\,Ag^+ + SO_4^{2-}$，$BaSO_4$(233.37 g/mol)，$BaSO_4 \rightleftharpoons Ba^{2+} + SO_4^{2-}$

1) Ag_2SO_4 の場合：$C_{Ag_2SO_4} = \dfrac{1.240}{311.87} \times \dfrac{1000}{250} = 1.590 \times 10^{-2}$ M

    $\therefore [SO_4^{2-}] = 1.590 \times 10^{-2}$ M，$[Ag^+] = 3.181 \times 10^{-2}$ M

    $BaSO_4$ の場合：$C_{BaSO_4} = \dfrac{2.258 \times 10^{-3}}{233.40} \times \dfrac{1000}{250} = 3.870 \times 10^{-5}$ M

    $\therefore [SO_4^{2-}] = [Ba^{2+}] = 3.870 \times 10^{-5}$ M

2) Ag_2SO_4 の $S = 1.590 \times 10^{-2}$ M，$BaSO_4$ の $S = 3.870 \times 10^{-5}$ M

3) Ag_2SO_4 の $K_{sp} = [Ag^+]^2[SO_4^{2-}] = 1.609 \times 10^{-5}$，$BaSO_4$ の $K_{sp} = [Ba^{2+}][SO_4^{2-}] = 1.498 \times 10^{-9}$

4) 沈殿し始めるときの $[Ba^{2+}] = 1.498 \times 10^{-9}/(1.0 \times 10^{-3}) = 1.498 \times 10^{-6}$ M
   SO_4^{2-} が定量的に沈殿したとき，溶液中に残存する $[SO_4^{2-}] = 1.0 \times 10^{-6}$ M
   $\therefore [Ba^{2+}] = 1.498 \times 10^{-9}/(1.0 \times 10^{-6}) = 1.498 \times 10^{-3}$ M

4-7

1) 両者が沈殿し始めるときの $[Ag^+]$ を求めると

    AgCl の場合，$[Ag^+] = \dfrac{1.80 \times 10^{-10}}{[Cl^-]} = \dfrac{1.80 \times 10^{-10}}{2.50 \times 10^{-2}} = 7.20 \times 10^{-9}$ M

    Ag_2CrO_4 の場合，$[Ag^+] = \left(\dfrac{1.90 \times 10^{-12}}{[CrO_4^{2-}]}\right)^{1/2} = \left(\dfrac{1.90 \times 10^{-12}}{1.00 \times 10^{-2}}\right)^{1/2}$
    $= 1.38 \times 10^{-5}$ M

    AgCl の場合に必要とする $[Ag^+]$ が Ag_2CrO_4 が沈殿し始める濃度と比べて 4 桁小さいので，AgCl が先に沈殿する。

2) AgCl が定量的(99.9 % 以上)に沈殿すると，溶液中に残存する $[Cl^-]$ は始めの 0.1 % となるので
   $[Cl^-] = 2.50 \times 10^{-5}$ M

   この時の $[Ag^+] = \dfrac{1.80 \times 10^{-10}}{2.50 \times 10^{-5}} = 7.20 \times 10^{-6}$ M である。

3) 当初の塩化物イオン濃度と等しくなるように $AgNO_3$ 溶液の体積を x mL とすると，
   $2.50 \times 10^{-2} \times 10.0 \times 10^{-3} = 1.00 \times 10^{-2} \times x \times 10^{-3}$　$x = 25.0$ mL。これを加えた時が飽和溶液と同じであり，小過剰となる②の条件になるために必要な $AgNO_3$ 溶液の体積を y mL とすると
   $7.20 \times 10^{-6} = 1.00 \times 10^{-2} \times y \times 10^{-3} \times 1000/(35.0 + y)$ より $y = 0.025$ mL

よって，必要な AgNO₃ 溶液の体積 = 25.0 + 0.025 = 25.25 mL

4) 3)では，溶液中の$[Ag^+] = 7.20 \times 10^{-6}$ M を目標に AgNO₃ 溶液を加えている。
Ag_2CrO_4 が沈殿し始めるときの$[Ag^+] = 1.38 \times 10^{-5}$ M の 1/10 の濃度なので，Ag_2CrO_4 は沈殿しない。

4-8

両者の K_{sp} の値より，CaF_2 が先に沈殿することがわかる。
Ca^{2+} が定量的に沈殿すると，$[Ca^{2+}] = 1.00 \times 10^{-5}$ M。このときの$[F^-] = \{1.70 \times 10^{-10}/(1.00 \times 10^{-5})\}^{1/2} = 4.12 \times 10^{-3}$ M。
BaF_2 が沈殿し始めるときの$[F^-] = \{2.40 \times 10^{-5}/(1.00 \times 10^{-2})\}^{1/2} = 4.90 \times 10^{-2}$ M。
よって，$[F^-]$ の濃度範囲は，4.90×10^{-2} M $> [F^-] \geq 4.12 \times 10^{-3}$ M

4-9

沈殿が溶解して生じるクロム酸イオンは次のように酸と会合する。

$$H^+ + CrO_4^{2-} \rightleftarrows HCrO_4^- \quad K_2 = \frac{[H^+][CrO_4^{2-}]}{[HCrO_4^-]} = 3.2 \times 10^{-7} \quad ①$$

$$H^+ + HCrO_4^- \rightleftarrows H_2CrO_4 \quad K_1 = \frac{[H^+][HCrO_4^-]}{[H_2CrO_4]} = 1.0 \times 10^{-1} \quad ②$$

物質収支から $[Ag^+] = 2([CrO_4^{2-}] + [HCrO_4^-] + [H_2CrO_4])$
$[H^+] = 1.0 \times 10^{-1}$ を ①，② に代入すると
$[HCrO_4^-] = (1.0 \times 10^{-1}/3.2 \times 10^{-7})[CrO_4^{2-}] = 3.13 \times 10^5 [CrO_4^{2-}]$
$[H_2CrO_4] = 3.13 \times 10^5 [CrO_4^{2-}]$
∴ $[Ag^+] = 2[CrO_4^{2-}](1 + 3.13 \times 10^5 + 3.13 \times 10^5)$
$= 1.25 \times 10^6 [CrO_4^{2-}]$
これより，$[CrO_4^{2-}] = 8.00 \times 10^{-7}[Ag^+]$ となり，これを $K_{sp} = [Ag^+]^2[CrO_4^{2-}]$ に代入すると，$K_{sp} = 8.00 \times 10^{-7}[Ag^+]^3$ となる。
Ag_2CrO_4 の $K_{sp} = 1.90 \times 10^{-12}$ なので，$1.90 \times 10^{-12} = 8.00 \times 10^{-7}[Ag^+]^3$ より $[Ag^+]$ を求めると，$[Ag^+] = 1.33 \times 10^{-2}$ M。
よって $S = [CrO_4^{2-}] = [Ag^+]/2$ より
$S = 6.67 \times 10^{-3}$ M となる。

4-10

1) モール法
2) NaCl 溶液のモル濃度を x とすると
   $5.000 \times 10^{-2} \times (22.85 - 0.15) = x \times 25.00$ より，4.540×10^{-2} M
3) $4.540 \times 10^{-2} \times 750 \times 10^{-3} \times 58.44 = 1.990$ よって，1.990 g

4-11

1) ホルハルト法
2) 加えた AgNO₃ の物質量：$0.2000 \times 25.00 \times 10^{-3} = 5.000 \times 10^{-3}$ mol
   余剰の AgNO₃ の物質量：$0.1000 \times 30.50 \times 10^{-3} = 3.050 \times 10^{-3}$ mol
   その差は，Br^- と反応した Ag^+ の物質量
   ∴ 試薬中の KBr の質量：$(5.000 - 3.050) \times 10^{-3} \times 119.00 = 0.2321$ g
   試薬の純度は，$(0.2321/0.2456) \times 100 = 94.5\%$

分別沈殿の条件設定ができれば，沈殿平衡と酸塩基平衡の競合を理解できているとみなされる。

5章

5-1
① ニトロペンタアンミンコバルト(Ⅲ)塩化物
② イソチオシアナトペンタアクアクロム(Ⅲ)イオン
③ トリス(オキサラト)クロム(Ⅲ)酸ヘキサアンミンコバルト(Ⅲ)
④ テトラキス(メチルアミン)カドミウム(Ⅱ)イオン
⑤ ビス(エチレンジアミン)カドミウム(Ⅱ)イオン
⑥ ブロモトリアンミン白金(Ⅱ)亜硝酸塩
⑦ テトラキス(イソチオシアナト)ジアンミンクロム(Ⅲ)酸ビス(イソチオシアナト)テトラアンミンクロム(Ⅲ)

❶ $[Co(ONO)(NH_3)_5]Cl_2$, ❷ $[Cr(SCN)(OH_2)_5]^{2+}$,
❸ $[Cr(NH_3)_6][Co(C_2O_4)_3]$, ❹ $[Cr(NH_3)_6][Cr(NCS)_6]$,
❺ $[CoBr(NH_3)_5]SO_4$, ❻ $[CoSO_4(NH_3)_5]Br$, ❼ $[PtNO_2(NH_3)_3]Br$

> 記載されている化学式を漠然とながめるのではなく，その名称やどのような性質かを推察しながら，文章を読むこと。興味を抱けば，性質，意味など辞典で調べよ。記載内容を理解できてはじめて，文を読んだことになる。理解できない場合は，事典などで調べよ。

5-2
1) ⓐ pentaamminenitorocobalt(Ⅲ)chloride，ニトロペンタアンミンコバルト(Ⅲ)塩化物
ⓑ potassiumhexakis(thiocyanato)ferrate(Ⅲ)，ヘキサチオシアナト鉄(Ⅲ)酸カリウム
ⓒ tetraaquadichlorochromium(Ⅲ)chloride dihydrate，ジクロロテトラアクアクロム(Ⅲ)塩化物・二水和物

2) ⓐ $[CoCl(NH_3)_5]NO_2$，クロロペンタアンミンコバルト(Ⅱ)亜硝酸塩
ⓑ $K_3[Fe(NCS)_6]$，ヘキサキス(イソチオシアナト)鉄(Ⅲ)酸カリウム
ⓒ $[CrCl(H_2O)_5]Cl_2 \cdot H_2O$，クロロペンタアクアクロム(Ⅲ)塩化物・一水和物，$[Cr(H_2O)_6]Cl_3$，ヘキサアクアクロム(Ⅲ)塩化物

> 和名がわかるようになれば，英名も書けるようにしてほしい。「実験化学講座，無機錯体・キレート錯体」，丸善出版には，様々な錯体の合成法と名称が記載されている。

5-3
配位数6の金属イオン(M)と2座配位子(L)との錯体生成は3段階で進行すると考える。

1) $M + L \rightleftarrows ML$,　$ML + L \rightleftarrows ML_2$,　$ML_2 + L \rightleftarrows ML_3$

2) $K_1 = \dfrac{[ML]}{[M][L]}$,　$K_2 = \dfrac{[ML_2]}{[ML][L]}$,　$K_3 = \dfrac{[ML_3]}{[ML_2][L]}$

3) $\beta_3 = K_1 \cdot K_2 \cdot K_3 = 1.50 \times 10^8 \times 2.50 \times 10^5 \times 3.30 \times 10^3 = 1.24 \times 10^{17}$

4) $C = [M] + [ML] + [ML_2] + [ML_3]$ の両辺を $[M]$ で除す。

$\dfrac{C}{[M]} = 1 + \dfrac{[ML]}{[M]} + \dfrac{[ML_2]}{[M]} + \dfrac{[ML_3]}{[M]}$, これに2)の平衡定数を整理して代入し

$= 1 + K_1[L] + K_1K_2[L]^2 + K_1K_2K_3[L]^2$ を得る。これを逆数にして

$\beta_0 = \dfrac{[M]}{C} = \dfrac{1}{1 + K_1[L] + K_1K_2[L]^2 + K_1K_2K_3[L]^3}$ となる。

5-4
溶液を等量で混合しているので，体積が2倍となり，濃度は半分，$C_{Ag} = 2.50 \times 10^{-3}$ M，$C_{NH_3} = 2.50 \times 10^{-1}$ M となる。ここで，アンモニアが大過剰で存在しているので，Ag^+ のほとんどが $[Ag(NH_3)_2]^+$ として存在すると仮定できる。よって，錯形成していない NH_3 の濃度は，$2.50 \times 10^{-1} - 2.50 \times 10^{-3} \times 2 = 2.45 \times 10^{-1}$ M とみなされる。

式(5・16)より，$\beta_0 = [Ag^+]/C_{Ag} = [Ag^+]/2.50 \times 10^{-3}$

$= 1/\{1 + 2.0 \times 10^3 \times 2.45 \times 10^{-1} + 2.0 \times 10^3 \times 8.5 \times 10^3 \times (2.45 \times$

$10^{-1})^2\} = 9.80 \times 10^{-7}$　　∴ $[Ag^+] = 2.45 \times 10^{-9}$ M

式(5·17)より，$\beta_1 = [Ag(NH_3)^+]/C_{Ag} = [Ag(NH_3)^+]/2.50 \times 10^{-3}$
$= \beta_0 K_1[L] = 9.80 \times 10^{-7} \times 2.0 \times 10^3 \times 2.45 \times 10^{-1}$
$= 4.80 \times 10^{-4}$　　∴ $[Ag(NH_3)^+] = 1.20 \times 10^{-6}$ M

式(5·18)より，$\beta_2 = [Ag(NH_3)_2^+]/C_{Ag} = [Ag(NH_3)_2^+]/2.50 \times 10^{-3}$
$= \beta_0 K_1 K_2[L]^2 = 9.80 \times 10^{-7} \times 2.0 \times 10^3 \times 8.5 \times 10^3 \times (2.45 \times 10^{-1})^2 = 1.00$　　∴ $[Ag(NH_3)_2^+] = 2.50 \times 10^{-3}$ M となる。

> 初めに仮定した考え方『$[Ag^+]$のほとんどが$[Ag(NH_3)_2]^+$として存在する』が妥当であることがわかる。

5–5

$AgBr + 2 NH_3 \rightleftharpoons [Ag(NH_3)_2]^+ + Br^-$ に質量作用の法則を適用すると，
$K = ([Ag(NH_3)_2^+][Br^-])/[NH_3]^2$
$= \{([Ag(NH_3)_2^+][Br^-])/[NH_3]^2\} \times [Ag^+]/[Ag^+]$ とすると，
$= [Ag(NH_3)_2^+]/([NH_3]^2 \times [Ag^+]) \times [Ag^+] \times [Br^-]$，すなわち
$= K_{Ag(NH_3)_2^+} \times K_{sp(AgBr)}$ と書けるので
$= 1.7 \times 10^7 \times 5.0 \times 10^{-13} = 8.5 \times 10^{-6}$

いま，AgBr のモル溶解度を S とすると，錯生成していないアンモニアの濃度は，$[NH_3] = 0.100 - 2S$

$S = [Ag(NH_3)_2^+] + [Ag^+] = [Br^-]$ でなので，$S^2/(0.100 - 2S)^2 = 8.5 \times 10^{-6}$
より，$S = 2.9 \times 10^{-4}$ M となり，5–3–1 で扱った答えが妥当であることが確認できる。なお，繰り返しになるが本文中では次のように考えている。
AgBr の溶解度が小さいので$[NH_3]$は消費されても変化せず，0.100 M とし，錯形成していない金属イオンのモル分率を求めると

式(5·16)より，$\beta_0 = [Ag^+]/C_{Ag}$
$= 1/\{1 + 2.0 \times 10^3 \times 0.100 + 2.0 \times 10^3 \times 8.5 \times 10^3 \times (0.100)^2\}$
$= 5.88 \times 10^{-6}$

式(5·25)より $S = (K_{sp}/\beta_0)^{1/2} = \{(5.0 \times 10^{-13})/5.88 \times 10^{-6}\}^{1/2} = 2.9 \times 10^{-4}$ M
得られた AgBr のモル溶解度は近似値であるが，この銀イオンに比べてアンモニアは大過剰で存在するので，溶解した銀イオンは全て$[Ag(NH_3)_2]^+$であると仮定できる。この条件で残存するアンモニアの濃度を求めると，
$[NH_3] = 0.100 - 2 \times [Ag(NH_3)_2^+] = 0.100 - 2 \times 2.9 \times 10^{-4} = 0.099$ M となる。
この値を用いて，$\beta_0 = [Ag^+]/C_{Ag}$ を求めると
$= 1/\{1 + 2.0 \times 10^3 \times 0.099 + 2.0 \times 10^3 \times 8.5 \times 10^3 \times (0.099)^2\}$
$= 5.99 \times 10^{-6}$

この値を用いて，モル溶解度を求めると，$S = (K_{sp}/\beta_0)^{1/2} = \{(5.0 \times 10^{-13})/(5.99 \times 10^{-6})\}^{1/2} = 2.9 \times 10^{-4}$ M となる。最初の仮定は妥当と判断される。

5–6

$[Ag(CN)_2]^- \rightleftharpoons Ag^+ + 2 CN^-$ で示されるように，まず，ジシアノ銀酸イオンが解離して生じる銀イオンの濃度を求める。純粋中において$[Ag(CN)_2]^-$が解離して生じる$[Ag^+]$を x mol とすると，$(0.10-x)/\{x(2x)^2\} = 1.0 \times 10^{20}$ が成り立ち，$x = 6.3 \times 10^{-8}$ M となる。

ついで，4·2 で述べたように，この溶液に NaCl を加えて AgCl が沈殿し始めるのに必要な$[Cl^-]$を求めるとよい。$[Cl^-] = 1.80 \times 10^{-10}/6.3 \times 10^{-8} = 2.86 \times 10^{-3}$ M とするには，$2.86 \times 10^{-3} \times 200 \times 10^{-3} \times 58.45 = 3.34 \times 10^{-2}$ g が必要である。

5–7

1)　$AgI + 2 S_2O_3^{2-} \rightleftharpoons [Ag(S_2O_3)_2]^{3-} + I^-$
2)　AgI を溶解させるためには，反応式より AgI の倍の物質量 0.020 mol の

$S_2O_3^{2-}$ が必要とわかる。

よって残った $[S_2O_3^{2-}] = 0.36 - 0.02 = 0.34$ M

一方,溶解度積より $[Ag^+] = 8.5 \times 10^{-17}/0.01 = 8.5 \times 10^{-15}$ M

$$K_{Ag(S_2O_3)_2^{3-}} = \frac{[Ag(S_2O_3)_2^{3-}]}{[Ag^+][S_2O_3^{2-}]^2}$$

∴錯生成定数は
$$= \frac{0.01 - 8.5 \times 10^{-15}}{\{(8.5 \times 10^{-15})(0.34 + 2 \times 8.5 \times 10^{-15})^2\}}$$
$$= 1.02 \times 10^{13}$$

3) 溶解平衡定数は $K = \dfrac{[Ag(S_2O_3)_2^{3-}][I^-]}{[S_2O_3^{2-}]^2} = \dfrac{[Ag(S_2O_3)_2^{3-}][I^-]}{[S_2O_3^{2-}]^2} \times \dfrac{[Ag^+]}{[Ag^+]}$

∴ $K = K_{Ag(S_2O_3)_2^{3-}} \times K_{sp} = 1.02 \times 10^{13} \times 8.5 \times 10^{-17} = 8.7 \times 10^{-4}$

5-8

1) $\alpha_4 = (1.02 \times 10^{-2} \times 2.14 \times 10^{-3} \times 6.92 \times 10^{-7} \times 5.50 \times 10^{-11}) / \{(3.16 \times 10^{-6})^4 + 1.02 \times 10^{-2} \times (3.16 \times 10^{-6})^3 + 1.02 \times 10^{-2} \times 2.14 \times 10^{-3} \times (3.16 \times 10^{-6})^2 + 1.02 \times 10^{-2} \times 2.14 \times 10^{-3} \times 6.92 \times 10^{-7} \times 3.16 \times 10^{-6} + 1.02 \times 10^{-2} \times 2.14 \times 10^{-3} \times 6.92 \times 10^{-7} \times 5.50 \times 10^{-11}\} = 3.12 \times 10^{-6}$

2) 式(5·38) $K'_{MY} = K_{MY} \alpha_4$ により,$K'_{MY} > 1 \times 10^6$ を満足すればよいので,$1 \times 10^6 > K_{MY} \times 3.12 \times 10^{-6}$ ∴ $K_{MY} \geq 3.2 \times 10^{11}$ であれば良い。

5-9

1) $Ca^{2+} + Mg^{2+}$ の合計の濃度を x とすると,$0.01 \times 1.026 \times 15.72 \times 10^{-3} = x \times 100 \times 10^{-3}$

$x = 1.613 \times 10^{-3}$ M

pH 13 では Ca^{2+} のみの濃度が求められる。

Ca^{2+} の濃度を y とすると,$0.01 \times 1.026 \times 5.65 \times 10^{-3} = y \times 100 \times 10^{-3}$

$y = 5.797 \times 10^{-4}$ M

これらより,Mg^{2+} の濃度は,$1.613 \times 10^{-3} - 5.797 \times 10^{-4} = 1.033 \times 10^{-3}$ M

2) アメリカ式硬度では,Ca^{2+} と Mg^{2+} の合計の濃度を $CaCO_3$ (100 g/mol)の質量に換算して mg(mgCaCO$_3$/L)として表す。

∴ $1.613 \times 10^{-3} \times 100 \times 10^3 = 161.3$ (mgCaCO$_3$/L)

参考 ドイツ式硬度では,1 L 中の Ca^{2+} と Mg^{2+} の合計濃度を CaO(56 g/mol)に換算し,さらに 10 mgCaO/L を 1°として表す。上記のアメリカ式硬度をドイツ式硬度で表わすと,9.0°となる。

5-10

Cr^{3+} の質量は,$(1.00 \times 10^{-2} \times 25.00 \times 10^{-3} - 1.00 \times 10^{-2} \times 15.55 \times 10^{-3}) \times 52.00 = 4.914 \times 10^{-3}$ g*

∴ Cr^{3+} の含有率は,$4.914 \times 10^{-3}/1.5345 \times 100 = 0.320$%

5-11

反応式は,$SO_4^{2-} + \text{ecess } BaCl_2 \longrightarrow BaSO_4 \downarrow + \text{rest } BaCl_2 + 2Cl^-$

$[SO_4^{2-}] = \{1.00 \times 10^{-2} \times (25.00 - 14.56) \times 10^{-3}\} \times (1000/100) = 1.044 \times 10^{-3}$ M

6章

6-1

1) ⓐ 40 mL 水溶液に含まれる化合物 A の質量は,$40.0 \times 10^{-3} \times 20.0 \times 10^{-3} = 0.800$ mg

* EDTA 溶液および Th^{4+} 溶液の濃度が異なる場合を想定して,各濃度を省略せずに記した。

EDTA 滴定の pH 条件の設定ができれば,理解できているとみなされる。自ら設定した条件と表 5-4 を比較対象として,妥当か否かを確認するとよい。

式(6·5)より，水相に残る化合物 A の質量を W_1 とすると
$W_1 = [40.0/\{(5.00\times 40.0)+40.0\}]\times 0.800 = 0.133$ mg　∴ $E(\%) = (0.800-0.133)/0.800\times 100 = 83.3\%$

ⓑ 同様にして
$W_1 = [40.0/\{(5.00\times 400)+40.0\}]\times 0.800 = 1.57\times 10^{-2}$ mg　∴ $E(\%) = (0.800-1.56\times 10^{-2})/0.800\times 100 = 98.0\%$

2) 定量的に抽出したときに水相に残る質量，$0.800\times 0.001 = 8.00\times 10^{-4}$ mg とするのに，必要な体積を x mL とすると
$[40.0/\{(5.00\times x)+40.0\}]\times 0.800 = 8.00\times 10^{-4}$ g より，$x = 7992$ mL，
　∴ 8.00 L

6-2

ⓐ 抽出前の水溶液 80.0 mL 中での存在量を W_0 g とすると，1 回の抽出で水相に残る化合物の質量 W_1 は
$W_1 = \{80.0/(6.70\times 100+80.0)\} W_0 = 0.107 W_0$
抽出率 $E(\%) = \{(W_0-W_1)/W_0\}\times 100$ に代入すると
　　　$E(\%) = \{(1-0.107)/1\}\times 100 = 89.3\%$

ⓑ 同様に，トルエン 20.0 mL ずつで 5 回抽出した後に水相に残る化合物の質量 W_5 は，
$W_5 = \{80.0/(6.70\times 20.0+80.0)\}^5 W_0 = 7.30\times 10^{-3} W_0$
$E(\%) = \{(1-7.30\times 10^{-3})/1\}\times 100 = 99.3\%$。ⓑの条件が有効。

6-3

分配比の値を D とし，式(6·6)にあてはめる。
$0.0100 = \{80.0/(D\times 30.0+80.0)\}^2$ より $D = 24.0$

6-4

必要な抽出回数を n とし，式(6·6)に必要な数値をあてはめる。
$W_n/W_0 = (100-99.9)/100 = [10.0/\{(9.0\times 10.0)+10.0\}]^n$　$n = 3$ 回

6-5

6-4 と同じ。
$W_n/W_0 = (100-99.5)/100 = [150/\{(7.00\times 50.0)+150\}]^n$ より，$0.3^n = 0.005$，より $n = 4.4$
よって，少なくとも 5 回抽出操作が必要である。
$n=1$ では，$W_1 = 0.300^1 W_0$　∴ $0.800\times(1-0.30) = 0.560$ g 以下同様にして
$n=2$ では，$W_2 = 0.300^2 W_0$　∴ $(0.800-0.560)\times(1-0.09) = 0.218$ g
$n=3$ では，$W_3 = 0.300^3 W_0$　∴ $(0.800-0.560-0.218)\times(1-0.027) = 2.14\times 10^{-2}$ g
$n=4$ では，$W_4 = 0.300^4 W_0$　∴ $(0.800-0.560-0.218-2.14\times 10^{-2})\times(1-0.0081) = 5.95\times 10^{-4}$ g
$n=5$ では，$W_5 = 0.300^5 W_0$　∴ $(0.800-0.560-0.218-2.14\times 10^{-2}-5.95\times 10^{-4})\times(1-0.00243) = 5.00\times 10^{-6}$ g

6-6

水相 20.0 mL 中の HA の物質量は，$0.1000\times 12.00\times 10^{-3}$ mol なので，抽出後の水相 100.0 mL には，その 5 倍である 6.00×10^{-3} mol が残存したことになる。
クロロホルム相 60.0 mL には，$0.1200\times 100\times 10^{-3}-6.00\times 10^{-3} = 6.00\times 10^{-3}$

mol 抽出されたことになる．よって，分配比 $D = (6.00 \times 10^{-3}/60.0)/(6.00 \times 10^{-3}/100.0) = 1.67$

6-7
水相に存在する化学種は HA および A^- であり，その濃度を $[HA]_a$，$[A^-]_a$ と記し，有機相に存在する化学種 HA の濃度を $[HA]_o$ と記すと，分配比 $D = [HA]_o/([HA]_a + [A^-]_a)$　①で表される．

弱酸の分配係数は $K_D = [HA]_o/[HA]_a$ ②であり

弱酸の解離定数は $K_a = [H^+]_a[A^-]_a/[HA]_a$ ③（水溶液中で起こるので a を記す）

の3つの平衡を考えることになる．これら3つの式を整理すると

$D = K_D \cdot [H^+]_a/([H^+]_a + K_a)$ を得る．

ここで，酸性水溶液では $[H^+]_a \gg K_a$ となり，$D \cong K_D$ と近似でき，HA が有機相に分配されやすいことを示す．

一方，アルカリ性水溶液では，$[H^+]_a \ll K_a$ となり，$D \cong K_D \cdot [H^+]_a/K_a$　HA は水相に分配されやすいことがわかる．

> 数値の近似の仕方がわからないときは，練習問題 2-9，または 3-1 の式 (3·3) が誘導できることを再確認せよ．

6-8
6-7 で導いた $D = K_D \cdot [H^+]_a/([H^+]_a + K_a)$ を用い，pH 6.50 = 3.16×10^{-7} などを代入すると

$D = 20.0/(100 - 20.0) = (35.0 \times 3.16 \times 10^{-7})/(3.16 \times 10^{-7} + K_a)$ となる．

∴ $K_a = 4.39 \times 10^{-5}$

6-9
1) 6-7 で導いた，$D = K_D \cdot [H^+]_a/([H^+]_a + K_a)$ を用いる．

HA_1 の場合：pH 4.0 では，$D_{HA_1} = 12 \times 1.0 \times 10^{-4}/(1.0 \times 10^{-4} + 1.0 \times 10^{-3}) = 1.1$

以下同様に pH 5.0：0.12, pH 6.0：1.2×10^{-2}, pH 7.0：1.2×10^{-3}, pH 8.0：1.2×10^{-4}

HA_2 の場合：pH 4.0 では，$D_{HA_2} = 1200 \times 1.0 \times 10^{-4}/(1.0 \times 10^{-4} + 1.0 \times 10^{-8}) = 1.2 \times 10^3$

以下同様に pH 5.0：1.2×10^3, pH 6.0：1.2×10^3, pH 7.0：1.1×10^3, pH 8.0：6.0×10^2

2) 上記の分配比を比較し，pH 5 で，$D_{HA_2}/D_{HA_1} = 10^4$ となる．

6-10
1) 水溶液中の BH 化学種は，BH_2^+, BH および B^- であり，有機相には中性の BH が抽出されるので

分配比 $D = (C_{BH})_o/(C_{BH})_a = [BH]_o/([BH_2^+]_a + [BH]_a + [B^-]_a)$ ……①で表される．

ここで，分配係数 $K_D = [BH]_o/[BH]_a = 720$ ……②

酸解離定数 $K_1 = [BH]_a[H^+]_a/[BH_2^+]_a = 8.0 \times 10^{-6}$ ……③

$K_2 = [B^-]_a[H^+]_a/[BH]_a = 1.5 \times 10^{-10}$ ……④

これらを式①に代入して整理すると

$D = ([BH]_o/([BH]_a \cdot 1/([H^+]_a/K_1 + 1 + K_2/[H^+]_a) = K_D \cdot 1/([H^+]_a/K_1 + 1 + K_2/[H^+]_a)$　⑤を得る．

2) D が最大となるには，⑤式の分母が最小のときであることがわかる．

そこで，$f([H^+]_a) = [H^+]_a/K_1 + 1 + K_2/[H^+]_a$ とおくと

1次微分では，$f'([H^+]_a) = 1/K_1 - K_2/[H^+]_a^2$

2次微分では，$f''([H^+]_a) = 2K_2/[H^+]_a^3$ を得る。
$f''([H^+]_a) > 0$，ゆえに，$f'([H^+]_a) = 0$ となるとき，$f([H^+]_a)$ は最小となる。
すなわち，$K_1 \cdot K_2 = [H^+]_a^2$，∴ pH = 1/2(p$K_1$+p$K_2$) であり，pH = 7.46 となる。

6-11
式(6·20)を $\log D = \log K_{ex} + n(\log [HL]_o + pH)$ とし

pH	2.0	2.5	3.0	3.5	4.0
D	2.4×10^{-4}	7.6×10^{-3}	0.24	7.6	240
$\log D$	−3.62	−2.12	−0.62	0.88	2.38
$\log [HL]_o + pH$	0.60	1.10	1.60	2.10	2.60

この $\log D$ の値を $(\log[HL]_o + pH)$ の値に対して，プロットし，最小自乗法で処理すると
傾き：3.00，切片：−5.42 を得る。よって，配位数 $n = 3$，$K_{ex} = 3.80 \times 10^{-6}$ となる。

7章

7-1
1) $H_2O_2 + 2H^+ + 2e \longrightarrow 2H_2O$
2) H_2O になるためには，相手から電子を奪わなければならないので，酸化剤として働く。
3) $H_2O_2 \longrightarrow O_2 + 2H^+ + 2e$
4) $2H_2O_2 \longrightarrow 2H_2O + O_2$
5) $ClO_3^- + 6H^+ + 6e \longrightarrow Cl^- + 3H_2O$
6) $2I^- \longrightarrow I_2 + 2e$
7) $ClO_3^- + 6H^+ + 6I^- \longrightarrow Cl^- + 3I_2 + 3H_2O$

7-2
1) $Sn^{2+} \longrightarrow Sn^{4+} + 2e$，$Fe^{3+} + e \longrightarrow Fe^{2+}$ なので
$Sn^{2+} + 2Fe^{3+} \longrightarrow Sn^{4+} + 2Fe^{2+}$
2) $Co^{2+} \longrightarrow Co^{3+} + e$，$NO_2^- + 2H^+ + e \longrightarrow NO + H_2O$，
$Co^{3+} + 6NO_2^- \longrightarrow [Co(NO_2)_6]^{3-}$ を組合わせて
$Co^{2+} + 7KNO_2 + 2H^+ \longrightarrow K_3[Co(NO_2)_6] + 4K^+ + NO + H_2O$
3) $MnO_4^- + 4H^+ + 3e \longrightarrow MnO_2 + 2H_2O$
$2Cr^{3+} + 7H_2O \longrightarrow 2Cr_2O_7^{2-} + 14H^+ + 6e$ を組み合わせて
$2MnO_4^- + 8H^+ + 2Cr^{3+} + 7H_2O \longrightarrow 2MnO_2 + 4H_2O + 2Cr_2O_7^{2-} + 14H^+$
両辺で同じ化学種は差し引きし
$2MnO_4^- + 2Cr^{3+} + 3H_2O \longrightarrow 2MnO_2 + 2Cr_2O_7^{2-} + 6H^+$
4) $Ce^{4+} + e \longrightarrow Ce^{3+}$，過酸化水素の半反応が間違いで，$H_2O_2 \longrightarrow O_2 + 2H^+ + 2e$ を組合せて
$2Ce^{4+} + H_2O_2 \longrightarrow 2Ce^{3+} + O_2 + 2H^+$

7-3
1) $E = E°_{Ag^+, Ag} + 0.0592/1 \times \log[Ag^+]$
$= 0.799 + 0.0592 \times \log(1.00 \times 10^{-3}) = 0.621 V$
2) アンモニアが大過剰の条件では，$[Ag(NH_3)_2]^+$，$[NH_3]$ も変化しないとみなせるので，錯生成定数の値から，$[Ag^+]$ を求める。
$K_{Ag(NH_3)_2^+} = [Ag(NH_3)_2^+]/\{[Ag^+][NH_3]^2\} = 1.70 \times 10^7$ に

抽出溶媒の選択と図6-3の誘導，式6·20の有用性を理解できればとクリアしているとみなされる。

酸化剤として働く場合の半反応は？と思考するのではない。半反応の書き方を理解したのち，その半反応が起こる場合，電子を必要とするなら酸化剤として働く。また，放出するなら還元剤として働くと考えるべきである。

酸化還元反応式に関わらず，反応式の両辺で電荷が釣り合っているか否かで，反応式が正しいかを判断できる。7-2 の問題において，元素の物質量は等しいので，一見間違っていないように見える。とくに，2)に関しては実験書で記載されている場合もあるが，明らかに間違いである

$[Ag(NH_3)_2^+] = 1.00 \times 10^{-2}$ M, $[NH_3] = 1.00$ M を代入し，$[Ag^+]$を求めると $[Ag^+] = 5.88 \times 10^{-11}$

∴ $E = E°_{Ag^+,Ag} + 0.0592/1 \times \log[Ag^+]$ に代入すると
$= 0.799 + 0.0592 \times \log(5.88 \times 10^{-11}) = 0.193$ V

3) 溶解度積より，$[Ag^+] = K_{sp(AgCl)}/[Cl^-]$ に当てはめると
$[Ag^+] = 1.81 \times 10^{-10}/0.100 = 1.81 \times 10^{-9}$

∴ $E = E°_{Ag^+,Ag} + 0.0592/1 \times \log[Ag^+]$ に代入すると
$= 0.799 + 0.0592 \times \log(1.81 \times 10^{-9}) = +0.281$ V

2) および 3) から想像できるように，電極電位は錯生成定数や溶解度積の算出にも利用できる。

7-4

1) |：界面を，‖：塩橋を表わす。電極として鉄の単体を 1.50 M の Fe^{2+} の溶液に浸し，一方，カドミウムの単体を電極とし，1.00×10^{-3} M の Cd^{2+} の溶液に浸し，両電極を電位差計に接続，両溶液間は塩橋で接続していることを表わす。

2) $E_{Fe} = E°_{Fe^{2+},Fe} + 0.0592/2 \times \log[Fe^{2+}] = -0.440 + 0.0592/2 \times \log 1.50 = -0.435$ V

一方，$E_{Cd} = E°_{Cd^{2+},Cd} + 0.0592/2 \times \log[Cd^{2+}] = -0.403 + 0.0592/2 \times \log 1.00 \times 10^{-3} = -0.492$ V

本来，$E°_{Cd^{2+},Cd} > E°_{Fe^{2+},Fe}$ であり，通常の濃度であれば，Cd 極は正，Fe 極は負となるが，この条件では，上記のように Fe 極の電位が高く，正極となり，EMF $= -0.435 - (-0.492) = +0.057$ V

3) Fe 極が正，Cd 極は負であり，電池として利用した場合，両者の酸化還元反応の進行にともなって，Fe 極の電位が低下し，逆に Cd 極の電位は増加する。すなわち，反応は

$Fe^{2+} + Cd \longrightarrow Fe + Cd^{2+}$

7-5

1) ジメチルグリオキシムは略記号で H_2dmg。配位する場合，$Hdmg^-$ なので，鉄(Ⅲ)錯体は $[Fe(Hdmg)_2]^+$ と記載することになり，この場合の半反応は

$[Fe(Hdmg)_2]^+ + e \rightleftarrows [Fe(Hdmg)_2]$ $E°_{Fe^{2+},Fe^{3+}complex} = +1.25$ V より

$E_{Fe^{2+},Fe^{3+}complex} = E°_{Fe^{2+},Fe} + 0.0592 \times \log\{[Fe(Hdmg)_2^+]/[Fe(Hdmg)_2]\}$

$1.31 = 1.25 + 0.0592 \times \log\{[Fe(Hdmg)_2^+]/[Fe(Hdmg)_2]\}$

$\log\{[Fe(Hdmg)_2^+]/[Fe(Hdmg)_2]\} = 1.01$ ∴ $[Fe(Hdmg)_2^+]/[Fe(Hdmg)_2] = 10.23$

2) 物質量比は，$[Fe(Hdmg)_2^+] : [Fe(Hdmg)_2] = 10.23 : 1$

$[Fe(Hdmg)_2^+]$ の割合 $= [Fe(Hdmg)_2^+]/([Fe(Hdmg)_2^+] + [Fe(Hdmg)_2]) \times 100$
$= 10.23/(10.23 + 1) \times 100 = 91.1$%

7-6

EMF $= E_{Hg_2Cl_2,Hg} - E_{H^+,H_2}$ より $+0.441 = +0.2412 - E_{H^+,H_2}$

∴ $E_{H^+,H_2} = 0.2412 - 0.441 = -0.200$ V

半反応は，$2H^+ + 2e \rightleftarrows H_2$ なので，$E_{H^+,H_2} = E°_{H^+,H_2} + 0.0592/2 \times \log[H^+]^2$
$-0.200 = 0.000 + 0.0592/2 \times \log[H^+]^2$

∴ $\log[H^+] = (-0.200/0.0592) = -3.38$ より，$[H^+] = 4.17 \times 10^{-4}$ M

$K_a = ([H^+][A^-])/[HA] = (4.17 \times 10^{-4})^2/(0.100 - 4.17 \times 10^{-4}) = 1.75 \times 10^{-6}$

7-7

EMF = $E_{Hg_2Cl_2, Hg} - E_{AgBr, Ag}$ より $0.110 = 0.2412 - E_{AgBr, Ag}$

∴ $E_{AgBr, Ag} = 0.2412 - 0.110 = 0.1312$ V であり

また $= 0.799 + 0.0592 \log [Ag^+]$

∴ $\log [Ag^+] = (0.1312 - 0.799)/0.0592 = -11.28$ より

$$[Ag^+] = 5.25 \times 10^{-12} \text{ M}$$

$K_{sp} = [Ag^+][Br^-] = 5.25 \times 10^{-12} \times 0.100 = 5.25 \times 10^{-13}$

7-8

EMF = $E_{H^+, H_2} - E_{CuY^{2-}, Cu} = 0.258$ V より

$E_{CuY^{2-}, Cu} = -0.258$ であり

また, $= E^\circ_{Cu^{2+}, Cu} + (0.0592/2) \log [Cu^{2+}]$ $E^\circ_{Cu^{2+}, Cu} = +0.337$ V であるので

$\log [Cu^{2+}] = -2 \times (0.258 + 0.337)/0.0592 = -20.1$, よって, $[Cu^{2+}] = 7.94 \times 10^{-21}$ M

$K_{CuY^{2-}} = [CuY^{2-}]/[Cu^{2+}][Y^{4-}] = 2.00 \times 10^{-4}/\{(7.94 \times 10^{-21})(4.0 \times 10^{-3})\} = 6.3 \times 10^{18}$

7-9

$$MnO_4^- + 8H^+ + 5e \longrightarrow Mn^{2+} + 4H_2O \quad E^\circ_{MnO_4^-, Mn^{2+}} = +1.51 \text{ V}$$
$$Fe^{3+} + e \longrightarrow Fe^{2+} \quad E^\circ_{Fe^{3+}, Fe^{2+}} = +0.771 \text{ V}$$
$$Cl_2 + 2e \longrightarrow 2Cl^- \quad E^\circ_{Cl_2, Cl^-} = +1.359 \text{ V}$$

1) $MnO_4^- + 5Fe^{2+} + 8H^+ \longrightarrow Mn^{2+} + 5Fe^{3+} + 4H_2O$

2) 式(8·34) $K = 10^{\left\{\frac{mn(E_1^\circ - E_2^\circ)}{0.0592}\right\}} = 10^{\left\{\frac{5 \times 1 \times (1.51 - 0.771)}{0.0592}\right\}} = 10^{62.42}$

∴ $K = 2.60 \times 10^{62}$ (ア)

1)の反応式に質量作用の法則を適用し, 定量的(反応率が99.9%)であるとしたときの平衡定数を求めると

$K = ([Mn^{2+}][Fe^{3+}]^5)/([MnO_4^-][Fe^{2+}]^5[H^+]^8)$

$= \{0.999 \times (0.999 \times 5)^5\}/\{0.001 \times (0.001 \times 5)^5 \times (0.001 \times 8)^8\} \fallingdotseq 6 \times 10^{34}$

(イ)

(ア)が(イ)の値より大きいので, この反応は定量的であるといえる。

3) 過マンガン酸イオンは塩化物イオンと反応すると考えられ, その反応式は

$2MnO_4^- + 10Cl^- + 16H^+ \longrightarrow 2Mn^{2+} + 5Cl_2 + 8H_2O$

であり, 上記のように1), 2)の順に考える。標準酸化還元電位から平衡定数を見積もると

$K = 10^{\left\{\frac{mn(E_1^\circ - E_2^\circ)}{0.05916}\right\}} = 10^{\left\{\frac{5 \times 2 \times (1.51 - 1.359)}{0.0592}\right\}} = 10^{25.51}$

∴ $K = 3.21 \times 10^{25}$ (ウ)

反応が定量的としたときの平衡定数は

$K = ([Mn^{2+}]^2[Cl_2]^5)/([MnO_4^-]^2[Cl^-]^{10}[H^+]^{16})$

$= \{(0.999 \times 2)^2 \times (0.999 \times 5)^5\}/\{(0.001 \times 2)^2 \times (0.001 \times 10)^{10} \times (0.001 \times 16)^{16}\} \fallingdotseq 1.7 \times 10^{58}$ (エ)

(ウ)が(エ)より小さいので, 過マンガン酸イオンと塩化物イオンとは, 定量的でないが, ある程度反応することがわかる。この反応により過マンガン酸イオンが消費されるので, 酸性とするのに塩酸を用いることはできない。言い換えると, 硫酸鉄(Ⅱ)は定量できるけれども, 塩化鉄(Ⅱ)は定量できないことがわかる。

7-10

反応式：$2Fe^{3+} + Sn^{2+} \longrightarrow 2Fe^{2+} + Sn^{4+}$　　$Sn^{4+} + 2e \longrightarrow Sn^{2+}$　　$E°_{Sn^{4+},Sn^{2+}} = +0.15V$

1) $K = 10^{\left[\frac{mn(E_1° - E_2°)}{0.0592}\right]} = 10^{\left[\frac{1 \times 2 \times (0.771 - 0.15)}{0.0592}\right]} = 10^{20.98}$

   $K = 9.55 \times 10^{20}$

   質量作用の法則より，定量的とした場合の平衡定数は
   $K = ([Fe^{2+}]^2[Sn^{4+}]/[Fe^{3+}]^2[Sn^{2+}])$
   $= \{(0.999 \times 2)^2 \times 0.999\}/\{(0.001 \times 2)^2 \times 0.001\} \fallingdotseq 1 \times 10^9$　よって，この場合の酸化還元反応は定量的であるといえる。

2) 題意より，鉄(Ⅲ)イオン濃度を x M とすると，$K = ([Fe^{2+}]^2[Sn^{4+}]/[Fe^{3+}]^2[Sn^{2+}])$ にあてはめて

   $9.55 \times 10^{20} = \{(1.00 \times 10^{-1})^2 \times 1.00 \times 10^{-1}\}/(x^2 \times 1.00 \times 10^{-1})$
   より，$x = 3.24 \times 10^{-12}$ M

3) 当量点における電位は，式(7・40) $E_{eq} = (nE_1° + mE_1°)/(m+n)$ に当てはめると

   $E_{eq} = (0.771 + 2 \times 0.15)/(1 + 2) = 0.357$ V

   変色する酸化還元電位が 0.29 V であるインジゴスルホン酸もしくは，0.53 V のメチレンブルーが最も近いが，適当でない。

7-11

1) $Na_2C_2O_4$ のモル質量：134.00 g/mol

   $KMnO_4$ と $Na_2C_2O_4$ との反応：$2MnO_4^- + 5C_2O_4^{2-} + 16H^+ \longrightarrow 2Mn^{2+} + 10CO_2 + 8H_2O$

   $KMnO_4$ 溶液のモル濃度を x とすると
   物質量比($KMnO_4 : Na_2C_2O_4$) は $x \times 25.22 \times 10^{-3} : 0.1850/134.00 = 2 : 5$ より

   $x = 2.190 \times 10^{-2}$ M

2) $Fe(NH_4)_2(SO_4)_2 \cdot 6H_2O$ のモル質量：392.17 g/mol

   $KMnO_4$ と $Fe(NH_4)_2(SO_4)_2 \cdot 6H_2O$ との反応：$MnO_4^- + 5Fe^{2+} + 8H^+ \longrightarrow Mn^{2+} + 5Fe^{3+} + 4H_2O$

   採取した 25.00 mL の Fe^{2+} の濃度を y とする。
   反応式より，鉄は過マンガン酸イオンの5倍量が必要なので
   $y \times 25.00 \times 10^{-3} = 2.190 \times 10^{-2} \times 11.48 \times 10^{-3} \times 5$ より
   $y = 5.028 \times 10^{-2}$ M

   試料を溶解させた 250 mL 中の鉄の物質量：$5.028 \times 10^{-2} \times 0.250$ mol
   $Fe(NH_4)_2(SO_4)_2 \cdot 6H_2O$ に換算すると，$5.028 \times 10^{-2} \times 0.250 \times 392.17 = 4.930$ g
   純度は，$4.930/5.0153 \times 100 = 98.3\%$

3) ① $MnO_4^- + 8H^+ + 5e \longrightarrow Mn^{2+} + 4H_2O$
   ② $O_2 + 4H^+ + 4e \longrightarrow 2H_2O$
   ③ 上記より，酸素の物質量は，$KMnO_4$ の物質量の5/4倍に相当する。
   　$0.005 \times f_{KMnO_4} \times (a-b) \times 10^{-3}$ は試料水中の汚濁物質の酸化に要した f_{KMnO_4} の物質量を表す。酸素の物質量は，その5/4倍である。これを酸素の質量で表わすと
   　$0.005 \times f_{KMnO_4} \times (a-b) \times 10^{-3} \times 5/4 \times 32.00$ g となる。
   これが V mL に対する必要な酸素量であり，ppm で表わすと
   $COD = [\{0.005 \times f_{KMnO_4} \times (a-b) \times 10^{-3} \times 5/4 \times 32.00\}/V] \times 10^6$ となり

反応式から量論計算ができるだけで満足すべきではない。類似する半反応によって，影響される問題点などに考えを広げられるように期待する。具体的には，問題 7·11 など実際の操作で誤差を招かないための必要事項を考えられるようになることを願う。

$COD = |200 \times (a-b) \times f_{KMnO_4}|/V$ で計算できる。

索　引

あ 行

亜塩素酸イオン　8
圧平衡定数　36
アボガドロ定数　15
アレニウス式　37

イオン化異性　100
イオン化傾向　141
イオン強度　23
一塩基酸　49, 58
一酸塩基　49
一兆分率濃度　18
陰イオン性の配位子　98

ウィンクラー法　70, 156
上皿天秤　162

液-液抽出　123
塩化銅（Ⅱ）二水和物　2
塩基性塩　49
塩橋　140
塩効果　80
塩析　134
塩素酸イオン　8
エンタルピー　24
エントロピー　24
エントロピー効果　105

王水　82
オキシダント　10
オキソニウムイオン　45
オストワルドの希釈率　35
オール化　91
温度の影響　74

か 行

外圏　10
解の公式　162
界面活性剤　133
解離定数　49
過塩素酸イオン　7
化学結合　122
化学式量　15
化学的酸素要求量　153
化学天秤　162
化学当量　17
化学反応式　7
化学分析　14
化学方程式　30
化学ポテンシャル　24
可逆反応　9
架橋　89
架橋配位子　101

化合物の名称　7
加水分解定数　55
硬い塩基　104
硬い酸　104
活性化エネルギー　37
活量　21
活量係数　21
過マンガン酸カリウム法　152
カルシウム硬度　115
環境計量士　12, 31
環境保全　151
環境ホルモン　134
還元　10, 139
還元剤　10, 139
還元体　10
甘汞　75
緩衝溶液　55, 60
緩衝容量　60
間接滴定法　116

機器分析　14
気体定数　25
規定濃度　17
起電力　143
揮発法　87
ギブズ（Gibbs）の自由エネルギー　24
逆抽出　124
逆滴定法　115
キャラクタリゼーション　3
吸引ろ過　89
吸蔵　90
強塩基　49
強酸　49
強酸を強塩基で滴定　63
共存塩の影響　75
共沈　90
共通イオン効果　77
協同効果　133
共役酸塩基対　55
極性溶媒　74, 122
キレート化合物　98
キレート環　106
キレート効果　98, 105
キレート剤　98
キレート滴定　109
均一沈殿法　89
銀-塩化銀電極　142
金属指示薬　114
銀滴定法　83

偶然誤差　165

系統誤差　165
結合異性　100
ケルダール法　71

原子量　14

工場排水試験方法　135
構造式　3
後沈　90
固-液抽出　123
国際純正・応用化学連合　15, 98
誤差　165
五座配位子　96
混合配位子錯体　133
混合溶液　61
混晶　90

さ 行

錯解離定数　103
錯体　96
錯体の化学式　98
錯滴定　108
三塩基酸　49
酸化　10, 139
酸化還元指示薬　152
酸化還元反応　9, 139
酸化剤　10, 139
酸化状態　10
酸化数　10, 11
酸化体　10
三座配位子　96, 97
三酸塩基　49
参照電極　142
酸性雨　47, 57
酸性塩　49
酸素酸　52

次亜塩素酸イオン　8
紫外・可視分光光度計　2
式量　15, 16
式量濃度　16
指示薬　63, 69
指示薬指数　69
指示薬の変色域　69
示性式　3
自然対数　161
自然ろ過　89
室温　46
実験式　3
質量作用の法則　32
質量対容量比濃度　16
質量百分率濃度　16
質量平衡　30
質量モル濃度　18
弱塩基　54
弱酸　53
弱酸を強塩基で滴定　64
十億分率濃度　18

終点　63
自由度　166
重量分析係数　91
熟成　90
主反応　38
条件生成定数　108
条件抽出定数　130
条件標準電位　142
条件平衡定数　38
昇汞　75
状態分析　3
常用対数　161
触媒　38
初濃度　19
親水基　122
親油基　122

水質汚濁防止法　3, 20, 34, 125
水素イオン指数　45
水相　123, 126
水素結合　122
水和　122
水和異性　100
数詞　99
数値の丸め方　164

正確さ　164
正規分布　165
静電的相互作用　121
精度　164
赤外分光法　3
絶対温度　24
全硬度　115
全生成定数　101

相互溶解度　124
相対分子質量　15
組成式　7
ソックスレー抽出器　123

た 行

大環状化合物　126
大気汚染防止法　20
多原子陰イオン　7
多座配位子　97
単原子陰イオン　7
単座配位子　96, 97
単体　11

置換活性　36
置換滴定法　116
置換反応　2, 9
置換不活性　36, 116
置換不活性錯体　36
逐次酸解離定数　57
逐次生成定数　101
逐次平衡定数　39
抽出　121

抽出百分率　127
中性塩　49
中性の配位子　99
直接滴定法　115
沈殿滴定　83
沈殿法　87, 88

定性分析　3
定量的な反応　9, 40
定量分析　3
滴定　62
滴定曲線　62, 83, 150
滴定誤差　63, 70, 86
電解法　88
電荷均衡則　50
電気陰性度　12
電気的中性の規則　31
電気二重層　86
電極電位　140
電子対供与体　48
電子対受容体　48
電池の式　140
電離　34
電離度　34

同位体　15
当量点　62
当量点での電位　146, 149
毒性等価係数　3
土壌汚染対策法　34
ドナー数　75

な 行

内圏　10
二塩基酸　49, 58
二クロム酸カリウム法　154
二座配位子　96, 97
二酸塩基　49
日本工業規格　33

熱分析装置　2
熱力学的平衡定数　26
ネルンストの式　140

濃度　14
濃度平衡定数　26, 33

は 行

配位異性　100
配位化合物　97
配位結合　2
配位原子　97
配位子　97
配位数　10
排水基準　125
排水基準値　3
倍数詞　99

反応次数　33
反応速度　32
反応速度定数　33
反応単位数　17
半反応　12
半反応式　139

比重　18
ヒドロニウムイオン　45
非プロトン性溶媒　48
百分率濃度　15, 18
百万分率濃度　18
標準誤差　166
標準酸化還元電位　141
標準自由エネルギー変化　25, 105
標準水素電極　141
標準電極電位　141
標準溶液　62
頻度因子　37

ファクター　19
ファヤンス法　86
不安定度定数　103
フォルハルト法　85
副反応　38
物質収支　30
物質量　15, 16
フリーの金属イオン　102
プロトン収支　32
プロトン性溶媒　48
分子間水素結合　122
分子式　3
分子量　15
分配係数　127
分配定数　127
分配比　127
分別沈殿　80
分別定量　110
分離・精製　3
分離係数　131

平均活量係数　23
平均値　166
平衡定数　146, 148
補助錯化剤　114

ま 行

マグネシウム硬度　115
マスキング　115, 133
マスキング剤　115

水のイオン積　45, 46
水の硬度　111
密度　18

無機酸　49, 52
無極性溶媒　75, 122

索　引　191

命名法　98

モール法　84
モル質量　15
モル濃度　16
モル分率　17, 59, 102
モル溶解度　75

や 行

軟らかい塩基　104
軟らかい酸　104

有機酸　49, 52
有機試薬　123
有機相　123
有機溶媒和　126
有効数字　162
誘電率　74, 121

溶液　14
溶解　14
溶解度　74
溶解度積　75, 76

溶質　14
ヨウ素法　155
溶存酸素量　156
溶媒　14
溶媒の影響　74
溶媒和　122
容量百分率濃度　16
ヨージメトリー　155
ヨードメトリー　155
四座配位子　96

ら 行

理想気体の状態方程式　36
硫酸銅（Ⅱ）五水和物　2
両性溶媒　48

ル・シャトリエの原理　9, 37

連続抽出　128

六座配位子　96, 98

わ 行

ワルダー法　71

欧 文

Arrhenius の定義　48
Brønsted－Lowry の定義　48
COD_{Cr} 法　154
COD_{Mn} 法　154
Debye-Hükel 理論　22
EDTA　98
EDTA 化学種　111
G.N.Lewis　23
HSAB 則　104
Lewis の定義　48
n-ヘキサン抽出物質　134
law of ideal gases　36
SATP　76
SI 接頭語　19
Stock 方式　99
STP　76
X 線光電子分光法　2

著者略歴

澁谷康彦（シブタニ　ヤスヒコ）
　1976 年　大阪工業大学大学院工学研究科修士課程修了
　現　　在　大阪工業大学名誉教授　工学博士
　専門分野　分析化学

森内隆代（モリウチ　タカヨ）
　1996 年　大阪大学大学院工学研究科博士後期課程修了
　現　　在　大阪工業大学工学部教授　博士（工学）
　専門分野　分子認識化学

藤森啓一（フジモリ　ケイイチ）
　1999 年　大阪府立大学大学院工学研究科博士後期課程修了
　現　　在　大阪工業大学工学部准教授　博士（工学）
　専門分野　環境化学

分析化学の学び方

2014 年 11 月 1 日　初版第 1 刷発行
2024 年 3 月 30 日　初版第 4 刷発行

　　　　　　　　　　　　澁　谷　康　彦
　　　　　Ⓒ　共著者　森　内　隆　代
　　　　　　　　　　　　藤　森　啓　一
　　　　　　　発行者　秀　島　　　功
　　　　　　　印刷者　江　曽　政　英

発行所　三共出版株式会社
郵便番号 101-0051
東京都千代田区神田神保町 3 の 2
振替 00110-9-1065
電話 03-3264-5711　FAX 03-3265-5149
https://www.sankyoshuppan.co.jp/

一般社団法人 日本書籍出版協会・一般社団法人 自然科学書協会・工学書協会　会員

Printed in Japan　　　　　　　　　　　印刷・製本　理想社

JCOPY 〈(一社)出版者著作権管理機構　委託出版物〉

本書の無断複写は著作権法上での例外を除き禁じられています。複写される場合は、そのつど事前に、(一社)出版者著作権管理機構（電話 03-5244-5088、FAX03-5244-5089、e-mail:info@jcopy.or.jp）の許諾を得てください。

ISBN 978-4-7827-0713-5

SI 基本単位

物理量	量の記号	SI 単位の名称	SI 単位の記号
長さ	l	メートル	m
質量	m	キログラム	kg
時間	t	秒	s
電流	I	アンペア	A
熱力学温度	T	ケルビン	K
物質量	n	モル	mol
光度	I_v	カンデラ	cd

SI 組立単位（誘導単位）

物理量	SI 単位の名称	SI 単位の記号	SI 基本単位による表現
周波数・振動数	ヘルツ	Hz	s^{-1}
力	ニュートン	N	$m\,kg\,s^{-2}$
圧力，応力	パスカル	Pa	$m^{-1}\,kg\,s^{-2}\,(=N\,m^{-2})$
エネルギー，仕事，熱量	ジュール	J	$m^2\,kg\,s^{-2}\,(=N\,m=Pa\,m^3)$
工率，仕事率	ワット	W	$m^2\,kg\,s^{-3}\,(=J\,s^{-1})$
電荷・電気量	クーロン	C	sA
電位差（電圧）・起電力	ボルト	V	$m^2\,kg\,s^{-3}\,A^{-1}\,(=JC^{-1})$

SI 基本単位と併用される単位

物理量	単位の名称		記号	SI 単位による値	
時間	分	minute	min	60	s
時間	時	hour	h	3600	s
時間	日	day	d	86400	s
平面角	度	degree	°	$(\pi/180)$	rad
体積	リットル	litre, liter	l, L	10^{-3}	m^3
質量	トン	tonne, ton	t	10^3	kg
長さ	オングストローム	ångström	Å	10^{-10}	m
圧力	バール	bar	bar	10^5	Pa
面積	バーン	barn	b	10^{-28}	m^2
エネルギー	電子ボルト	electronvolt	eV	1.60218	$\times 10^{-19}$ J
質量	ダルトン	dalton	Da	1.66054	$\times 10^{-27}$ kg
	統一原子質量単位	unified atomic mass unit	u		$1u=1\,Da$

基本物理定数の値

物理量	記号	数値	単位
真空中の透磁率*	μ_0	$4\pi \times 10^{-7}$	$N\,A^{-2}$
真空中の光速度*	c	299792458	$m\,s^{-1}$
真空の誘電率*	ε_0	$8.854187817 \times 10^{-12}$	$F\,m^{-1}$
電気素量	e	$1.602176487(40) \times 10^{-19}$	C
プランク定数	h	$6.62606896(33) \times 10^{-34}$	$J\,s$
アボガドロ定数	L, N_A	$6.02214179(30) \times 10^{23}$	mol^{-1}
電子の質量	m_e	$9.10938215(45) \times 10^{-31}$	kg
陽子の質量	m_p	$1.672621637(83) \times 10^{-27}$	kg
ファラデー定数	F	$9.64853399(24) \times 10^4$	$C\,mol^{-1}$
ボーア半径	a_0	$5.2917720859(36) \times 10^{-11}$	m
リュードベリ定数	R_∞	$1.0973731568527(73) \times 10^7$	m^{-1}
気体定数	R	$8.314472(15)$	$J\,K^{-1}mol^{-1}$
ボルツマン定数	k, k_B	$1.3806504(24) \times 10^{-23}$	$J\,K^{-1}$
水の三重点*	$T_{tp}(H_2O)$	273.16	K
セルシウス温度目盛のゼロ点*	$T(0℃)$	273.15	K
理想気体($1 \times 10^5\,Pa, 273.15K$)のモル体積	V_0	$22.710981(40)$	$L\,mol^{-1}$

* 定義された正確な値である。

ギリシャ語アルファベット

A	α	Alpha	アルファ	Ξ	ξ	Xi	グザイ
B	β	Beta	ベータ	O	o	Omicron	オミクロン
Γ	γ	Gamma	ガンマ	Π	π	Pi	パイ
Δ	δ	Delta	デルタ	P	ρ	Rho	ロー
E	ε	Epsilon	イプシロン	Σ	σ	Sigma	シグマ
Z	ζ	Zeta	ゼータ	T	τ	Tau	タウ
H	η	Eta	イータ	Υ	υ	Upsilon	ウプシロン
Θ	θ	Theta	シータ	Φ	ϕ	Phi	ファイ
I	ι	Iota	イオタ	X	χ	Chi	カイ
K	κ	Kappa	カッパ	Ψ	ψ	Psi	プサイ
Λ	λ	Lambda	ラムダ	Ω	ω	Omega	オメガ
M	μ	Mu	ミュー				
N	ν	Nu	ニュー				